成人高等教育系列教材

新编
计算机应用基础

Windows 8 + Office 2013

第二版

主编◎陈 军 肖 东 吴志攀

暨南大学出版社
JINAN UNIVERSITY PRESS
中国·广州

图书在版编目（CIP）数据

新编计算机应用基础（Windows 8 + Office 2013）/陈军，肖东，吴志攀主编 . —2 版 . —
广州：暨南大学出版社，2014.3（2018.8 重印）
（成人高等教育系列教材）
ISBN 978 - 7 - 5668 - 0943 - 8

I. ①新… II. ①陈…②肖…③吴… III. ①电子计算机—基本知识 IV. ①TP3

中国版本图书馆 CIP 数据核字（2014）第 034899 号

新编计算机应用基础（Windows 8 + Office 2013）
XINBIAN JISUANJI YINGYONG JICHU（Windows 8 + Office 2013）
主　编：陈　军　肖　东　吴志攀

出 版 人：徐义雄
责任编辑：古碧卡　刘慧玲
责任校对：周优绚　徐晓俊
责任印制：汤慧君　周一丹

出版发行：暨南大学出版社（510630）
电　　话：总编室（8620）85221601
　　　　　营销部（8620）85225284　85228291　85228292（邮购）
传　　真：（8620）85221583（办公室）　　85223774（营销部）
网　　址：http：//www.jnupress.com
排　　版：广州市科普电脑印务部
印　　刷：虎彩印艺股份有限公司
开　　本：787mm×1092mm　1/16
印　　张：16.5
字　　数：348
版　　次：2011 年 3 第 1 版　2014 年 3 第 2 版
印　　次：2018 年 8 月第 7 次
定　　价：39.80 元

修订版前言

由于计算机技术飞速发展，有关产品日新月异，学习计算机的人们也需不断更新相关知识，而《新编计算机应用基础》自2010年撰写并出版，至今已有三年，因此，依据这三年计算机技术的发展和产品的更新情况，作者对原版进行了改编和更新。重点修订内容如下：

第1章　对基础知识的实例和图片进行了更新。本章均采用最新的实例，并对实例的内容进行更详细的补充。

第2章　对操作系统进行了更新。本书写的是微软公司推出的最新个人操作系统——Windows 8，针对Windows 8操作系统的特色(如开始屏幕、磁贴、Charm菜单等)操作进行详细讲述，同时还保留了视窗操作系统的传统操作(如创建文件夹、重命名、拷贝文件等)。

第3~5章　对软件的版本进行了更新。本书所写的软件均是目前最新的版本，无论是操作技巧还是功能方面的内容均已更新，还增加了IPV6、MOOC等相关知识的介绍。

第6~7章　对Office软件的相关内容进行了更新。本书删除了介绍Access和FrontPage的章节，只介绍了三款2013年版Office软件(Word、Excel和PowerPoint)，并列举了大量实操性例子，同时增加了一些练习题和实验。

本书内容丰富新颖，作者参考了大量国内外资料，努力跟踪计算机科学的新发展、新技术、新产品，力求为读者提供最新的知识。但由于作者水平有限，加上编写时间较短，书中难免出现错误和失误，敬请读者指正。

陈　军

2013年12月

目 录

第3章　家庭上网

第4章　计算机安全

第5章　Internet应用技术

第6章 Word 2013实例教程

第7章　Excel 2013实例教程

第8章　PowerPoint 2013实例教程

第①章

计算机基础知识

本章要点

□ 计算机的发展
□ 计算机的特点
□ 计算机的社会应用
□ 计算机的发展趋势

自第一台计算机诞生至今仅几十年的时间，计算机在人类工作和生活中已经无处不在且无人不知。计算机成了人类最伟大的劳动工具，为人类社会的飞速发展提供了保障，人们在生活和工作中已经无法离开计算机了，因此，掌握计算机知识是现代人类的必备素质。

1.1 计算机的发展

人类历史上第一台电子多用途计算机ENIAC（爱尼阿克，英文全称为 Electronic Numerical Integrator And Computer，见图1-1）于1946年2月14日在美国宾夕法尼亚大学诞生，从此计算机正式登上了历史的舞台。

图1-1 ENIAC

相关说明：ENIAC长30.48米，重达30吨，占地170平方米，有17 468个真空电子管，6 000个开关，每小时耗电150千瓦，每秒执行5 000次加法，速度是手工计算的20万倍。

1.1.1　第一代计算机

从1946年至1956年，构成第一代计算机主要的电子元器件为电子管，计算机主频为几十至几万赫兹，主要存储器有磁芯、磁鼓、磁带等。除ABC（第一台电子计算机，Atanasoff-Berry Computer，阿塔纳索夫—贝瑞计算机）、ENIAC之外，第一台投入市场的计算机EDSAC（如图1-2所示）也属于第一代计算机的主要代表产品之一。

图1-2　EDSAC——第一台商用的程序内藏式电子计算机

相关说明：EDSAC于1949年5月6日首次试运行成功，它的商业机型LEO（Lyons Electronic Office）计算机由英国伦敦一家面包公司J. Lyons & Co. Ltd投资生产，并于1951年正式投入市场。

1.1.2　第二代计算机

从1957年至1964年，构成第二代计算机主要的电子元器件为晶体管，计算机主频为几十万至百万赫兹，主要存储器为磁芯存储器、磁带存储器和磁鼓存储器等。晶体管与第一台使用晶体管线路的计算机TRADIC如图1-3所示。

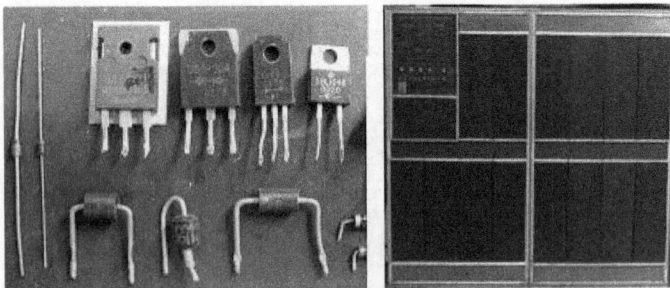

图1-3　晶体管与TRADIC（催迪克）

相关说明：TRADIC（催迪克）于1954年在美国贝尔实验室研制成功，是第一台使用晶体管线路的计算机，内装有800个晶体管。

1.1.3　第三代计算机

从1965年至1970年，构成第三代计算机主要的电子元器件为中小规模集成电路，计算机主频为一百万至几百万赫兹，主要存储器为磁芯存储器、磁带存储器、半导体存储器和磁盘存储器等。IBM公司的S/360（如图1-4所示）为第三代计算机的主要代表产品之一。

图1-4 第三代计算机（IBM公司的S/360）

相关说明：IBM公司的S/360于1961年底开始研发，IBM公司的CEO小汤姆·沃森将整个IBM都押上，共投入50亿美元的成本，此计算机为IBM带来巨大成功。

1.1.4 第四代计算机

从1971年至今，构成第四代计算机主要的电子元器件为大规模、超大规模集成电路，主频为几百万至几十亿赫兹，计算机主要存储器为半导体存储器，主要有磁带、磁盘、光盘、U盘和SSD等。微型计算机成为第四代计算机的主要代表产品，正是因为微型计算机的发展使计算机全面普及，图1-5为中国第一台高级中文微型计算机（长城0520CH型计算机），它是中国计算机工业发展史上最具历史意义的里程碑。

图1-5 中国第一台高级中文微型计算机（长城0520CH型计算机）

相关说明：长城0520CH型计算机于1985年6月在北京诞生，高级工程师严援朝为主要设计者，其CPU是8086处理器，内存为640KB，硬盘为10MB，显示器是单色CRT球面显示器，并拥有两个5英寸软驱。

1.2 计算机的特点

1.2.1 运算速度快

运算速度是指计算机每秒钟能执行的指令数［常用MIPS（兆指令每秒）表示］。2013年6月17日，在德国莱比锡举行的"国际超级计算大会"中，国防科技大学研制的"天河二号"超级计算机系统（如图1-6所示）正式被宣布为全球最快的计算机。其峰值运算速度为每秒5.49亿亿次（54.9petaflops）。

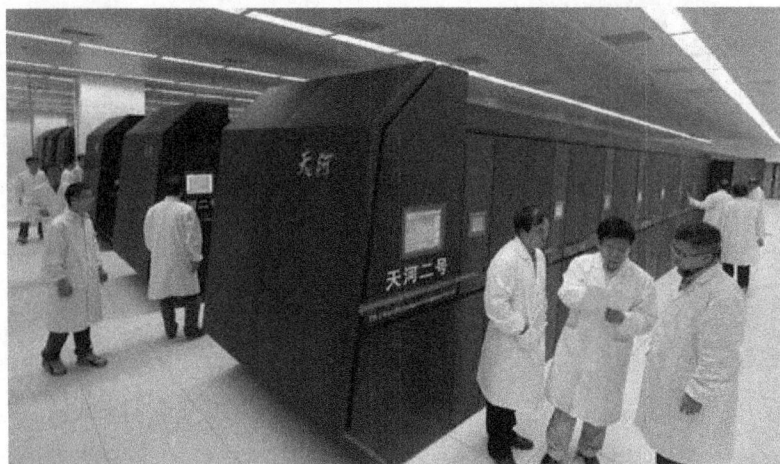

图1-6 天河二号

相关说明：首台"天河二号"在国防科技大学的"天河"大楼内，其机柜占用近800平方米的机房，包括125个计算机柜、8个服务机柜、13个通信机柜和24个存储机柜，共170个机柜。相比美国的"泰坦"超级计算机，"天河二号"的运算速度是它的2倍，计算密度是它的2.5倍。

2012年排名世界第一的美国"泰坦"超级计算机如图1-7所示，其浮点计算性能达到了每秒20千万亿次（20petaflops）。

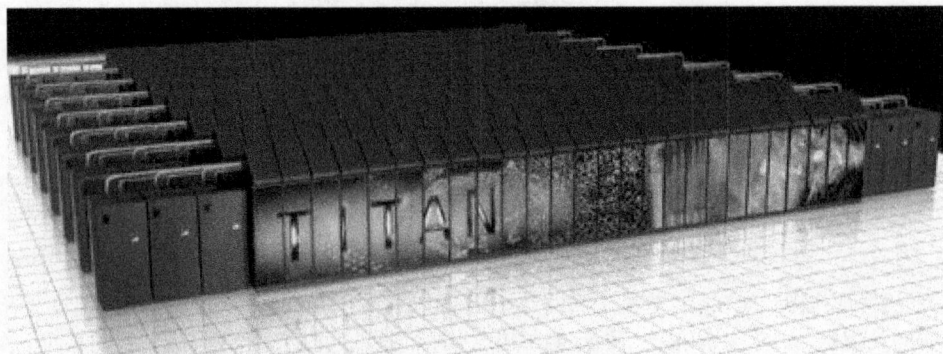

图1-7 "泰坦"超级计算机

扩展知识：单位换算表（如表1-1所示）。

表1-1　单位换算法

单位	英文全称	中文名称	单位描述
b	bit	位	一个二进制位，是计算机数据存储的最小单位
B	Byte	字节	8个位为一个字节，即1B＝8b
K	Kilo	千	1 K＝1 024，1 KB＝1 024 B
M	Mega	兆	1 M＝1 024 K＝1 048 576，1M常称为一百万
G	Giga	吉	1 G＝1 024 M，1G常称为10亿
T	Trillion	太	1T＝1 024G，TB单位常用于海量数据库
P	Peta	拍	1P＝1 024T，PB为大数据中常见的单位
E	Exa	艾	1E＝1 024P，2010年整个美国的数据存储约为16EB
Z	Zetta	泽它	1Z＝1 024E，2011年全世界的数据存储约为1.8ZB
Y	Yotta	尧它	1Y＝1 024Z，Y为较少使用的单位

课内练习题：2013年中国GDP能达到62万亿元，这是什么样的数字？

解答：62万亿＝62×10 000×10 000×10 000＝62 000 000 000 000≈62 000 000 000K≈
62 000 000M≈62 000G≈62T

1.2.2　计算精确度高

计算精确度高是指计算机能处理十几位甚至几百位有效数字的大数，从而保证了数据的准确性。比如：未来的天气情况是通过对大量数据的精确计算来预测的；中国的"嫦娥三号"月球卫星于2013年12月2日升空并准确地进入预定轨道，并准确地将"玉兔号"月球车（如图1-8所示）放到月球上，计算精确是关键因素之一。

图1-8　"玉兔号"月球车

相关说明："玉兔号"呈长方形盒状，长1.5米，宽1米，高1.1米，具备20度爬坡、20厘米越障能力，可六轮独立驱动，四轮独立转向；中国制造率达到100%；可耐受300摄氏度的温差，由移动、导航控制、电源、热控、结构与机构、综合电子、测控数传、有效载荷8个分系统组成。

1.2.3 记忆能力强

计算机能存储大量信息，如文字、图片、音乐、动画和视频等，几乎人类生活所有信息都能使用计算机存储。计算机有这一功能是因为在其内部有外存储器，现在主流个人计算机的硬盘（外存储器）的容量为1TB，假如在不考虑压缩的情况下，由于汉字在机器内部编码占2字节，若平均每本书35万字，则可以计算：

1TB＝1 024GB＝1 024×1 024MB＝1 024×1 024×1 024KB＝1 024×1 024×1 024×1 024B

1TB÷2÷35万字＝512×1 024×1 024×1 024汉字÷35万字≈157万册

即一台电脑可存储157万册图书，惠州学院2010年统计藏书约170万册，在不压缩的前提下，约1台个人计算机就能保存整个图书馆的信息。

注：计算机存储信息实质上是存储信息的编码，通常英文字符统一使用ASCII码，汉字的编码表示有输入码、国标码、机内码、字形码等。

举例："中国"的输入码：zhongguo（全拼）、khlg（五笔）

"中国"的国标码：5448 2590（十六进制）

"中国"的机内码：D6D0 B9FA（十六进制）

1.2.4 具有逻辑判断能力

计算机具有逻辑判断能力，能根据判断决定是否执行新指令，从而具有社会事务中的业务逻辑，并大大增强了社会服务的能力。计算机具有逻辑判断能力的原因是：计算机内部信息是以二进制数存储的。二进制数可以表述任何数据，能存储所有程序指令，更关键的是电子电路实现比较简单且稳定。

计算机常见的数制有二进制、八进制、十进制和十六进制，它们之间的转换可以使用计算器来实现。具体操作如下：

第一步　在"开始"界面中右击鼠标后，点击右下角的"所有应用"，然后点击"计算器"磁贴打开计算器。

第二步　点击菜单"查看"中的"程序员"菜单项。

第三步　点击选择要被转换的数据进制（如十进制），如图1-9所示。

图1-9　"程序员"计算器

6

第四步　输入数据（如789）。

第五步　点击选择要转换到的数据进制（如十六进制），得出结果（如315）。

课内练习计算器操作：请在下面表格中填写相应的各类进制的数

进制	数1	数2	数3	数4	数5	数6
十	423			32.5		
二		101101101				101
八			6573			
十六					A3D5	

1.2.5　自动化程度高

计算机的指令及其执行都是由程序控制的，当程序编制好后，运行程序，计算机就能自动地对相应事务进行处理。在现代化的工厂里，生产工艺都是由计算机通过程序对其进行自动控制，从而完成生产的。图1-10为广汽自动化生产线，该生产线是在焊装车间中进行车身自动总成的，全由计算机控制，自动操作。

图1-10　广汽自动化生产线

1.2.6　具有组网与协同工作能力

不同的计算机之间可以组成网络，不同的人（或程序）操作不同的电脑可以一起完成同一个任务，从而达到协同工作的目的。现在中国有很多公司都部署了计算机系统及网络，不同岗位的人员操作不同的计算机，通过网络完成公司的全部业务。就算公司在全国各地甚至世界各地，相互之间还可以通过网络协同工作，如图1-11为惠普公司的Halo协同工作室，其效果远超传统视频会议系统，该图展示的是公司对某款产品进行协同研究。

图1-11　惠普Halo协同工作室的效果远超传统视频会议系统

相关说明：惠普与梦工厂共同推出了Halo，在制作动画影片《史莱克 2》时，梦工厂使用Halo技术获得了巨大投资回报。

1.3　计算机的社会应用

从人类起源至今，制造了各种各样的劳动工具，唯有计算机这一劳动工具的应用普及全人类的各个角落，几乎所有的领域都使用了计算机，如工业、农业、教育、交通医疗卫生、军事及家庭生活等，具体可归纳为以下五个方面：

1．科学计算

科学计算又称为数值计算。第一台计算机就是两位数学家为了计算数学问题而研制出来的，随着科学技术的发展，计算机在尖端科学领域显得更为重要，例如，火箭卫星轨道计算、导弹制导、核弹爆炸模拟、气象天气演算等，都是通过使用计算机实现计算的。图1-12为气候模拟控制系统。

2．信息管理

信息管理是计算机在社会中最广泛的应用。常见的信息管理有营销管理、人事管理、财务管理、库存管理、图书资料管理、商业信息管理、学籍管理等。信息管理通过在计算机中运行软件系统使计

图1-12　气候模拟控制系统

算机系统参与人类社会活动，完成人们的部分工作量，从而提高人们的工作效率和管理水平。信息管理的软件系统有信息管理系统（MIS）、办公自动化系统（OAS）、决策支持系统（DSS）、专家系统（ES）等。图1-13为东风锻造厂的用友ERP解决方案。

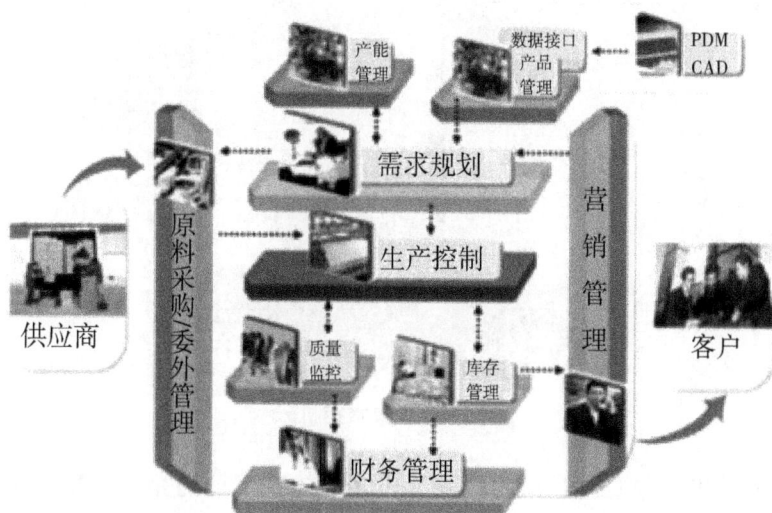

图1-13　东风锻造厂的用友ERP解决方案

3．过程控制

过程控制常指工业生产的过程采用计算机进行实时监控，并自动控制生产过程。此方面的用途广泛体现在机械加工、石油化工、电力、冶金和通信等各个行业，具体的过程控制有计算机控制生产线、计算机数控机床、实时控制高炉炼铁过程等。过程控制在现代化国防和航天航空方面应用广泛，如计算机广泛应用于导弹、人造卫星、宇宙飞船等的控制。

4．计算机辅助系统

计算机辅助系统指的是通过计算机辅助人类完成工作。通常在设计、制造、教学和测试等方面使用。具体为：

（1）计算机辅助设计（CAD）：辅助设计人员采用计算机代替画板和画笔，完成设计图纸的绘制，并且能提高设计质量、降低设计成本、缩短设计周期等。常用于机械设计、电子设计、服装设计、建筑设计等。

（2）计算机辅助制造（CAM）：使用计算机程序辅助工人制造产品，常采用的辅助制造流程为：首先由设计人员在计算机中设计出产品（常为CAD图），随后由程序人员编写制造程序（常为CAM程序），最后将程序输入数控机床辅助工人完成产品生产。计算机辅助制造能提高产品生产的质量、加快产品生产的速度、减少产品的次品数等。常见的应用有模具加工、雕花工艺等。图1-14为模具数控机床。

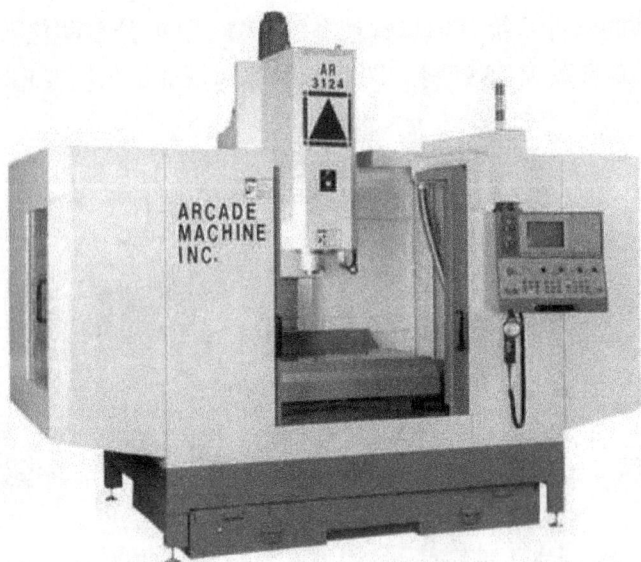

图1-14　模具数控机床

（3）计算机辅助教学（CAI）：使用计算机多媒体系统辅助完成教学，实现无尘化教学和无纸化测试。常见的辅助教学方式为：教师将教学资源（包括教学视频、测试题库、教学软件等）放入计算机，学生通过使用计算机进行学习，这样能实现不同的学生采用不同的进度进行学习的目的，从而提高学生的学习效果；因为教学资源在计算机内，其形式是图、文、声、像等多种媒体方式，使教学过程更加形象化，从而提高学生的学习兴趣；学生使用计算机完成学习，这将减少教师的参与度，从而减轻教师的工作量，节省了人力资源。

（4）计算机辅助测试（CAT）：利用计算机程序完成测试工作，测试工作往往是大量的、重复的和复杂的，因此使用计算机能更高效且出错率更低。

5．人工智能

人工智能简称 AI（Artificial Intelligence），是计算机模拟人类思维的一类科学。目前最主要的人工智能领域有：

（1）机器人。机器人是指使用计算机系统模拟人的动作和思维，协助或取代人类工作的机器装备。常见的机器人有"工业机器人"和"智能机器人"两类，前者主要用于工业生产中的危险工作，后者的研究不是很成熟，全世界有大量的科研工作者正在进行研究工作，在某些科研机构有些智能机器人能为科研人员服务。2008年在我国举行的残奥会中，服务大厅就有一个外形与吉祥物乐乐相同的智能机器人在为观众服务。

（2）专家系统。专家系统是指计算机通过程序学习大量同类专家的知识，并使用这些知识处理这类问题，比如医疗专家系统、计算机模拟医生给病人看病。

（3）识别系统。识别系统是指模仿人类的视觉和听觉，对人的图像和声音进行识别。常见的图像识别系统有人脸识别系统、手纹识别系统、车牌识别系统等。

1.4 计算机的发展趋势

随着科学技术的发展，计算机技术也不断发展。英特尔（Intel）创始人之一戈登·摩尔（Gordon Moore）提出摩尔定律：集成电路上可容纳的晶体管数目，约每隔18个月便会增加一倍，性能也将提升一倍，或者说，每一美元所能买到的电脑性能，每隔18个月将翻两倍以上。该定律虽只说明了计算机硬件的发展规律，但无论在硬件还是在软件方面都不断有新产品推出，总的发展趋势归纳为以下几方面：

1. 巨型化

所谓巨型化是指计算机的体积将越来越大。当计算机体积上变得更大后，便可集成更多的集成电路和CPU，集成更多的存储设备，计算机的运算速度将更快，存储容量将更大等。计算机的巨型化使计算机向超高速、大容量、强功能方面发展，也使计算机能更好地满足尖端科技、军事、气象和地质等领域的需要。

高性能计算机是目前计算机巨型化的主要发展方向。全球很多国家都投入大量的资金去研究高性能计算机。其中美国是起步最早的国家，但自2010年我国研制出万万亿次高性能计算机后，我国高性能计算机研究也进入世界前列，2010年我国的"天河一号"以及2013年我国的"天河二号"分别两次获得世界桂冠。目前国内高性能计算以国防科技大学、国家并行计算机工程技术研究中心和曙光三厂商的天河二号、神威蓝光（如图1-15所示）和曙光星云位于全国前列。

图1-15 神威蓝光

计算机在巨型化方面的发展，会随着社会科学技术的不断前进，速度越来越快，容量越来越大，功能越来越强。

2. 微型化

所谓微型化是指计算机将越来越小。随着微电子技术的发展，芯片的集成度越来越高，电子元器件越来越小，从而使得计算机体积变小、速度变快、可靠性变高、能耗变小、重量变轻和成本变低等。

2012年8月北京龙浩微动计算机有限公司正式推出了一系列超级微型计算机主机（龙浩微动的专利产品）。各系列主机的CPU功耗均不大于17瓦，内存为DDR3，最大可达16G，硬盘为PCI-E接口固态硬盘，容量最大可达512G，机箱外观尺寸为

$109 \times 105 \times 20 \text{mm}^3 \sim 109 \times 105 \times 34 \text{mm}^3$，整机重量不大于313g。"龙浩微动"为世界上最小且能安装普通软件系统的计算机。其在正常使用状态下，超级静音，采用科学合理的散热模组与机箱设计，使得其在100%负荷下连续运行12小时，CPU的温度也不到80℃，机箱表面温度不到46℃。

图1-16　龙浩微动高性能超微型计算机

近年，IMOVIO最新推出一款微型笔记本电脑，叫iKit。这个袖珍笔记本体积和普通的智能手机大小相仿，却采取了全尺寸QWERTY键盘设计，支持Wi-Fi和蓝牙，配备摄像头，可以播放视频和音乐。iKit的内存只有192MB（ROM+RAM），但可以通过SD卡扩充到8GB。它待机时间是250小时，实际使用时间是3小时，其操作系统则是Linux。

3．网络化

计算机的特点之一是组网，因为计算机形成网络后可以实现资源共享和协同工作。目前虽然分有线网络和无线网络，但不是所有的计算机都能随时连入网络中，因此，实现计算机更大程度的网络化是计算机发展趋势之一。微软董事会主席比尔·盖茨在2001年提出："未来十年，人类将迎来一个既个性化又全球化的数字时代。未来的电脑，会像一张纸那么大，它可以识别每一个人的声音，无论在何时、何地，人们都可以自由地与世界交流，再没有在线与否的限制。"近十年来，计算机网络的发展和普及速度相当快，但未来计算机网络化的方向还将进一步提升。

"物联网"是计算机网络化的一个方向。物联网（The Internet of things）的定义："通过射频识别（RFID）、红外感应器、全球定位系统、激光扫描器等信息传感设备，按约定的协议，把任何物品与互联网连接起来，进行信息交换和通信，以实现智能化识别、定位、跟踪、监控和管理的一种网络。"物联网的概念于1999年提出，意为"物物相连的互联网"，它包含两层意思：其一，物联网的核心和基础仍然是互联网，是在互联网基础上的延伸和扩展的网络；其二，其用户端延伸和扩展到了任何物品与物

图1-17　IMOVIO的iKit笔记本电脑

品之间，进行信息交换和通信。图1-18为物联网的概念图。

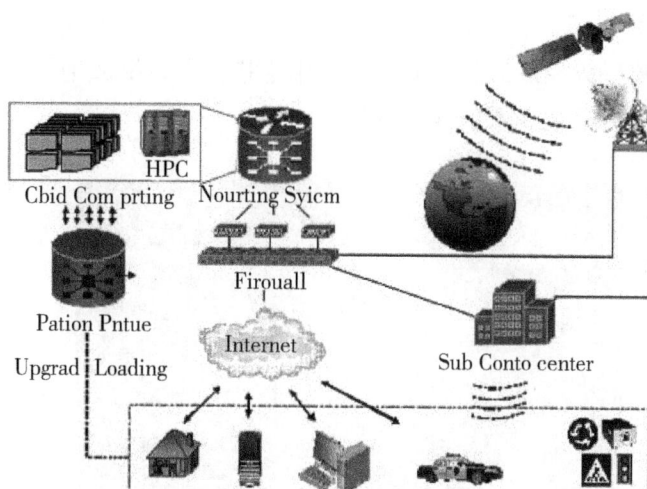

图1-18　物联网的概念图

目前智能物联网产品的十大主要应用领域：①智能家居；②智能医疗；③智能城市；④智能环保；⑤智能交通；⑥智能司法；⑦智能农业；⑧智能校园；⑨智能文博；⑩M2M平台。

4. 智能化

智能化是计算机未来的主要发展方向。智能计算机的概念代表着计算机技术的前沿，智能计算机研究的主要途径分别为符号处理与知识处理、人工神经网络、层次化的智力社会模型和基于生物进化的智能系统。

2008年来自英国的科学家们研制出全球首个生物脑智能机器人——"米特·戈登"（Meet Gordon，见图1-19），这是世界上第一个完全由生物脑控制的智能机器人，它的原始大脑灰质由30万个经培育的老鼠神经细胞缝合而成。

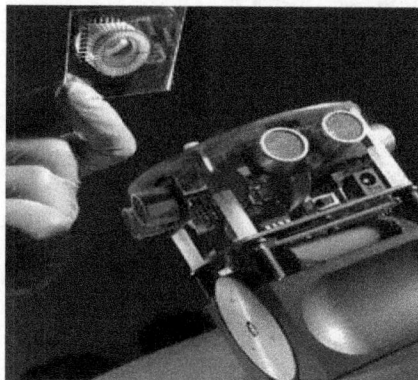

图1-19　全球首个生物脑智能机器人

麻省理工学院（MIT）媒体实验室（Media Lab）的印度学生普拉纳夫（Pranav

Mistry）于2009年发明一项结合实体世界和虚拟世界的科技——"SixthSense"（第六感，见图1-20）。第六感是一种可穿戴式手势界面控制系统，用户可利用身边的物理世界进行数字化操作以及手势控制。其功能包括：用手指拍照、缩放地图、打电话、手表、查阅电子邮件以及利用报纸观看新闻视频。

图1-20　SixthSense（第六感）

　　龙卫士DragonGuard X3系列单兵反恐机器人（如图1-21所示）是中国第一台单兵反恐机器人，广泛用于爆炸物处理、侦查、特种作业等反恐领域，适应全天候、全地形，展开迅速，操作简易，综合性能指标全球领先，中国公安和武警战士终于拥有了自己的反恐机器人伙伴！龙卫士反恐机器人的研制成功标志着中国在单兵反恐机器人方面进入世界先进行列。

图1-21　龙卫士DragonGuard X3系列单兵反恐机器人

　　相关说明：DG—X3B单兵反恐机器人EOD配置性能指标：高度为38.3~192.7cm，长度为68.5~85.2cm，宽度为58cm，手臂最大伸长为1.6m，重量为50kg。机器人越障能力为27°楼梯，30°斜坡，20cm垂直障碍物，可在草地、沙地、碎石地、雪地上运行。机器人手爪最大可张开尺寸为42cm，最大可张开角度为180°。机器人电池持续供电能力为2套24V，10Ah，可充电锂电池。机器人可连续工作1.5h，电池可快速更换，训练用AC-DC电源模块，可直接给机器人供电。

习　题

一、单选题

1. 第一代计算机的功能元件主要采用的是（　　　）。

A. 电子管　　　　　B. 晶体管　　　　C. 集成电路　　　　　D. 大规模集成电路

2. CAI是指（　　　）。

A. 计算机辅助教学　　　　　　　　B. 计算机辅助设计

C. 计算机辅助制造　　　　　　　　D. 计算机辅助管理

3. CAD是指（　　　）。

A. 计算机辅助教学　　　　　　　　B. 计算机辅助设计

C. 计算机辅助制造　　　　　　　　D. 计算机辅助管理

4. CAM是指（　　　）。

A. 计算机辅助教学　　　　　　　　B. 计算机辅助设计

C. 计算机辅助制造　　　　　　　　D. 计算机辅助管理

5. 在计算机存储中10MB表示（　　　）。

A. 10 000KB　　　B. 10 240KB　　　C. 10 000Byte　　　D. 10 240Byte

6. 十进制数118转换为二进制是（　　　）。

A. 110101　　　　B. 1110100　　　C. 1110110　　　　D. 10111011

7. 二进制数1111000转换成十进制数是（　　　）。

A. 134　　　　　　B. 124　　　　　C. 120　　　　　　D. 122

8. 微机486中的486是指计算机的（　　　）。

A. 品牌　　　　　　B. 型号　　　　　C. 字长　　　　　D. 速度

9. 目前我国速度最快的高性能计算机是（　　　）。

A. 龙浩微动　　　B. 神威蓝光　　　C. 天河二号　　　D. "泰坦"超级计算机

10. 下列不属于人工智能（AI）的是（　　　）。

A. 机器人　　　　B. 专家系统　　　C. 识别系统　　　D. 智能网络

二、填空题

1. 第一台计算机的名字是_____，于1946年产于_____国。

2. 从计算机诞生至今经历了四代，分别标志计算机年代的电子元器件有_____、_____、_____和_____。

3. 我国第一台台式微型计算机是_____。

4. 计算机的特点有：运算速度快、_____、记忆能力强、具有逻辑判断能力和_____等。

5. 一个320MB的存储器最多能存放_____个汉字机内码（B是字节，

一个汉字机内码为2字节）。

6. 有一个十进数为65534，它的十六进制数为＿＿＿＿＿＿＿＿＿＿，把它存入计算机内，则其二进制编码为＿＿＿＿＿＿＿＿＿＿＿＿＿＿＿。（试着使用计算器计算）

7. 计算机的社会应用有＿＿＿＿＿＿＿＿、＿＿＿＿＿＿＿＿、＿＿＿＿＿＿＿＿、计算机辅助系统、＿＿＿＿＿＿＿＿＿＿等。

8. 计算机辅助系统的类型有＿＿＿＿＿＿＿＿＿＿＿＿、＿＿＿＿＿＿＿＿＿＿＿＿、＿＿＿＿＿＿＿＿＿＿和＿＿＿＿＿＿＿＿＿＿＿＿等。

9. 计算机的发展趋势有＿＿＿＿＿＿＿＿＿＿、＿＿＿＿＿＿＿＿＿＿和＿＿＿＿＿＿＿＿＿＿。

10. 目前智能物联网产品的十大主要应用领域有＿＿＿＿＿＿＿＿＿＿、＿＿＿＿＿＿＿＿＿＿、＿＿＿＿＿＿＿＿＿＿、＿＿＿＿＿＿＿＿＿＿、＿＿＿＿＿＿＿＿＿＿、＿＿＿＿＿＿＿＿＿＿、智能校园、＿＿＿＿＿＿＿＿＿＿和M2M平台。

上机实验

实验1.1　规范指法训练

1. 实验目的

熟悉键盘操作，掌握规范指法的要领。

2. 实验环境

一台具有WINDOWS操作系统并安装了金山打字通软件的计算机。

3. 实验要求

（1）要求学会并记住指法规范；

（2）要求对规范指法进行强度训练；

（3）要求记住26个字母键的位置。

4. 实验内容

（1）学习并记住指法规范。

打开金山打字通软件，进入打字教程，学习认识键盘、打字姿势和打字指法三个部分。

（2）规范指法训练。

打开记事本软件（在"开始"处点击右键，点击"所有应用"后，点击"记事本"磁贴），如图1-22所示输入F、D、S、A、J、K、L和"；"，然后按回车键，并重复10次以上。完成后输入A、B……Z，然后按回车键，并重复10次以上。

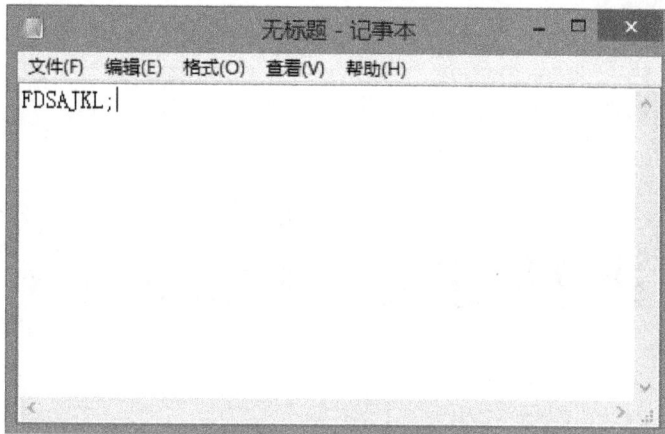

图1-22 "记事本"界面

要求以上输入严格按照规范指法进行。

（3）规范指法强化训练。

打开金山打字通软件，进入英文打字界面，并进行键位练习，高级键位练习的参考速度为15WPM。

实验1.2 英文输入练习

1. 实验目的

熟悉操作键盘，使学生拥有一定的英文输入能力。

2. 实验环境

一台具有WINDOWS操作系统并安装了金山打字通软件的计算机。

3. 实验要求

（1）要求练习英文输入每次达半小时以上；

（2）要求达到25WPM的英文输入速度。

4. 实验内容

（1）英文打字训练。

打开金山打字通软件，进入英文打字，并进行英文单词和英文文章训练，参考速度为20WPM。

（2）英文打字测试。

打开金山打字通软件，进入打字测试，并进行课程选择，选择英文文章，并设置1或2分钟为测试时间，测试结果为80KPM为达标、150KPM以上为优秀。

计算机组装与Windows 8

本章要点

□计算机的组成
□PC的硬件组装
□Windows 8简介
□Windows 8软件操作

计算机的功能之多，用途之广，已然成为人类社会工作和生活必不可少的工具。用户为使自己更好地理解和操纵计算机，则需要了解计算机的组成和学习计算机组装的相关知识。

2.1 计算机的组成

计算机的种类有很多，有巨型机、大型机、中型机、小型机、工作站和微型机，其中微型机还有台式机、笔记本、掌上电脑和单片机等。尽管它们的大小和性能相差甚远，但基本结构和工作原理是相同的。本书如无特别说明将只以微型机为例进行叙述。

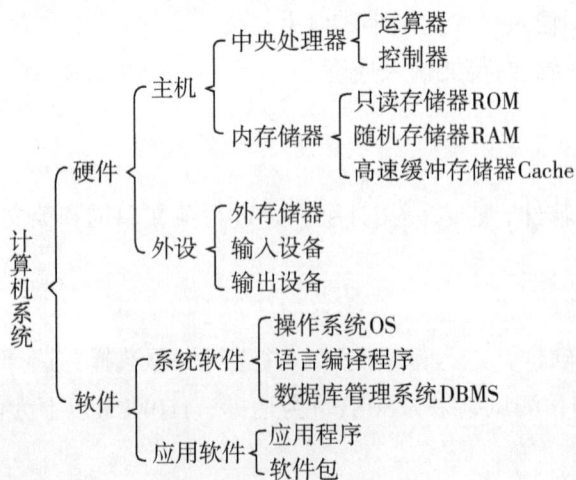

计算机系统
- 硬件
  - 主机
    - 中央处理器
      - 运算器
      - 控制器
    - 内存储器
      - 只读存储器ROM
      - 随机存储器RAM
      - 高速缓冲存储器Cache
  - 外设
    - 外存储器
    - 输入设备
    - 输出设备
- 软件
  - 系统软件
    - 操作系统OS
    - 语言编译程序
    - 数据库管理系统DBMS
  - 应用软件
    - 应用程序
    - 软件包

图2-1　计算机系统组成

计算机系统分为硬件和软件两部分。硬件是计算机的实体，所有人眼能看到的计算机部分都是硬件；目前主流计算机都是冯·诺依曼体系结构的计算机，其组成成分为运算器、控制器、存储器、输入设备和输出设备。软件是计算机的灵魂，没有安装软件的计算机通常称为"裸机"。图2-1为计算机系统组成图。

图中描述了计算机系统各组成的关系，其中运算器和控制器组合成中央处理器（简称CPU），其为计算机的核心，也称计算机的"大脑"。存储器分内存储器和外存储器两类。中央处理器与内存储器组合成主机。主机以外的计算机硬件设备称为外部设备。

2.2　PC的硬件组装

PC，全称为Personal Computer（个人电脑），通常是指微型计算机。在购买PC的时候，主要考虑计算机的硬件配置，包括硬件的品牌、型号、规格等参数。

2.2.1　CPU

CPU的性能决定了整台计算机的性能，购买计算机时对CPU的选择是最重要的。CPU的购买可根据其性价比考虑以下几个方面：

1. 字长

字（Word）是指CPU中运算器一次运算的数据的二进制数，该二进制数的位数即为字长。微型计算机的CPU又被称为MPU（Micro Processing Unit）。到目前为止计算机的字长有4位、8位、16位、32位、64位等，这也是微型计算机的五个发展时代。图2-2为多款MPU图片。目前流行的CPU为64位四核CPU。

图2-2　MPU实物图

相关说明：图中的人物为INTEL的工程师霍夫，他于1971年11月15日发明了世界上第一块个人微型处理器——4004。微型处理器经历了8088、8086、80286、80386、80486、Pentium、Pentium II、Pentium III、Pentium 4等，目前比较流行的MPU型号为Intel Core i7（酷睿i7）。

2．主频

主频是指CPU的时钟频率（CPU Clock Speed）。CPU的速度是指单位时间内处理数据的多少，处理越多速度越快，字长代表每次处理的数据位数，而主频则代表单位时间内能处理的次数，由此可见，字长越长越好，主频越大越好。目前主流CPU的主频在四核3.5GHz左右。例如"Intel酷睿i7 3770K"型CPU的主频为四核3.5GHz、"AMD A8-5600K"型CPU的主频为四核3.6GHz。

3．品牌与型号

品牌是指CPU的生产厂家，目前市场上有Intel和AMD两个品牌，都来自美国。我国的CPU品牌有"龙芯"，虽然"龙芯"有近十个产品，但目前在市场上还买不到，其生产工艺也比美国的两大品牌差很多。每个品牌都有很多种型号的CPU，通常把型号分成不同类别（系列），目前Intel主流CPU的类别有酷睿i3系列、酷睿i5系列、酷睿i7系列；AMD主流CPU的类别有FX-8000系列、A6系列、A8系列、A10系列。每个系列的CPU种类有许多，因此人们常常采用"品牌＋系列＋型号"来描述CPU。例如"Intel酷睿i7 3970X"型CPU是指品牌为Intel，系列为酷睿i7，型号为3970X，该款CPU是2014年初性能最好的热销CPU，其价格为8 000元左右，比一台普通学生电脑还贵。

4．内部缓存

CPU的数据是直接与内存交换的，但内存的速度比CPU的速度慢数百倍，因此为了使CPU与内存速度平衡，在CPU内部封装了高速缓存，称为内部缓存。目前主流CPU的内部缓存分为二级缓存（L2）和三级缓存（L3）。例如在"AMD羿龙 II X6 1055T"型CPU中，L2＝6×512K是指有6个512KB容量的二级高速缓存，L3＝6M是指其三级高速缓存的容量为6MB。相对来讲，CPU的内部缓存越多，CPU就越高级。

2.2.2　内存

内存是指内存储器，也称主存储器，是直接与CPU交换信息的存储器。内存分为随机存储器RAM（Random Access Memory）、只读存储器ROM（Read Only Memory）、高速缓冲存储器Cache。其中ROM中的内容只能读取，不能随意删除或修改，断电后信息不会丢失，因此通常用于计算机的引导程序、开机自检和系统参数等。Cache是建立在快设备与慢设备之间进行速度平衡的内存，例如CPU的内部缓存就是一种Cache，内存与外部存储器之间也存在Cache。

从购机的角度来看内存是指RAM，也即内存条，图2-3为主流内存条实物图。RAM中的内容随时可读取、可修改，断电后会全部丢失。内存条存放全部正在运行的程序的指令和数据，因此其为计算机核心部件之一。内存条的购买需考虑的方面有：

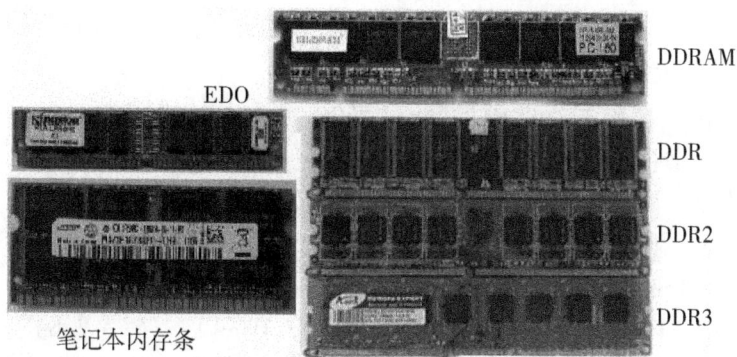

图2-3　内存条实物图

1．存储容量

存储容量是指一根内存条可以容纳的二进制信息量。计算机软件运行都是在内存中进行的，而现今的软件规模越来越大，因此足够大的内存是计算机运行及其速度的保证。目前主流的内存条的存储容量为2GB、4GB和8GB。

2．类型与品牌

内存条的类型分为笔记本内存条和普通微机内存条。通常笔记本内存条比普通微机内存条的长度稍短。目前内存条的品牌有金士顿、威刚、金泰克、三星、海盗船和金士泰等。

3．内存主频

内存主频是指内存所能达到的最高工作频率，可以反映内存的速度。内存主频常以MHz为单位计量，目前主流的内存主频有DDR3 2400、DDR2133、DDR1866、DDR3 2000、DDR3 1800、DDR3 1600、DDR3 1333、DDR3 1066、DDR2 1066、DDR2 800。其中DDR3 2000表示主频为2000MHz的DDR3内存，DDR2 800表示主频为800MHz的DDR2内存。

2.2.3　外存

外存又称外存储器，也称辅助存储器，用于长期保存数据和信息，即与内存条相比，外存在不通电的情况下也不会丢失数据。目前主流的外存有硬盘、固态硬盘SSD、光盘和U盘等。

1．硬盘

硬盘（实为硬磁盘）是目前PC机中最重要的外存之一，软件通常安装在硬盘上，运行的软件往往是从硬盘中读取到内存的，因此硬盘是使用率最高的外存。如图2-4所示，硬盘是由若干个圆体盘和盘外壳（又称硬盘驱动器）组成的，金属的盘体和磁介质双盘面组成圆体盘，盘外盒、硬盘电路及读写磁头组成盘外壳。圆体盘

图2-4　硬盘组成图

在使用时需高速旋转，硬盘外壳在出厂前会密封，因此用户看不到硬盘的内部结构。

硬盘购买需考虑的参数有：

（1）硬盘容量。目前主流的硬盘容量为500GB、640GB、750GB、1TB、1.5TB、2TB和3TB等，通常台式机的硬盘容量比笔记本电脑的硬盘容量稍大些。

（2）硬盘品牌。目前主流硬盘的品牌有西部数据、希捷、三星等。

（3）硬盘转速。硬盘转速与硬盘读取速度成正比。目前市场上硬盘的转速有5 400rpm（转每分钟）、7 200rpm、10 000rpm、15 000rpm等。

（4）接口标准。PC机主流的硬盘接口有SATA 3.0接口、SATA 2.0接口、SATA 1.0接口和SAS接口；服务器的硬盘接口有SCSI接口。

2．固态硬盘SSD

固态硬盘（Solid State Disk）是用固态电子存储芯片阵列而制成的硬盘，由控制单元和存储单元（FLASH芯片、DRAM芯片）组成。固态硬盘的接口规范和定义、功能及使用方法与普通硬盘的完全相同，在产品外形和尺寸上也完全与普通硬盘一致。其广泛应用于军事、车载、工控、视频监控、网络监控、网络终端、电力、医疗、航空、导航等领域。

固态硬盘的存储介质分为两种，一种是采用闪存（FLASH芯片）作为存储介质，另外一种是采用DRAM作为存储介质。其中闪存类固态硬盘用途广，目前市面上流行的固态硬盘都属于该类。图2-5所示的是容量为512GB的ADATA/威刚SX900固态硬盘。

图2-5　ADATA/威刚SX900（512GB）

购买固态硬盘需考虑的参数有：

（1）容量：目前主流的硬盘容量为80GB、128GB、256GB、512GB等，通常固态硬盘容量越大越好，但容量越大价格也越贵。

（2）品牌：目前主流固态硬盘的品牌有西部Intel、三星、威刚、金士顿等。

（3）尺寸：目前主流固态硬盘的尺寸为1.8寸、2.5寸、3.5寸。

（4）接口类型：目前主流固态硬盘的接口类型为SATA II、SATA III、PCI-E x1。

（5）闪存类型：目前主流固态硬盘的闪存类型为SLC、MLC、TLC。

3．光盘

光盘又称高密度光盘CD（Campact Disc），采用光学存储介质存储数据，具有存储容量大、易保存、成本低等特点，又称激光光盘。用于PC机的光盘有CD和DVD，这两类光盘的主要区别在于采用的光学技术不同、存储容量不同（CD通常为700MB，DVD通常为4.7~17.8GB）。常见的电脑数据盘或影碟盘都是只能读取数据而不能写入数据，这类光盘称为只读型光盘，简写为CD-ROM和DVD-ROM；有一类光盘为可一次性写入的光盘，又称一次性刻录盘，简写为CD-R和DVD+R；还有一类光盘可多次反复读写，简写为CD-RW和DVD+RW。

在组装电脑时，光盘或刻录盘不一定要购买，但读写光盘的设备需要购买，该设备称为光驱，全称为光盘驱动器。常见的光驱有四种类型，分别为：CD-ROM（只读型光驱，只能读取CD光盘）、DVD-ROM（只读型DVD光驱，只能读取CD和DVD光盘）、COMBO（康宝，能读取CD和DVD光盘，也可写CD刻录盘）和DVD+（DVD刻录机，能读取CD和DVD光盘，也可写CD刻录盘和DVD刻录盘）。外置光驱如图2-6所示。购买时除了应考虑类型之外，还应考虑其是内置型还是外置型，同时还要考虑其读和写的倍速。

图2-6 高倍速外置光驱

4. U盘

U盘又称USB闪存盘，英文名是"USB flash disk"。计算机把二进制数字信号转为复合二进制数字信号（加入分配、核对、堆栈等指令）读写到USB芯片适配接口，通过芯片处理信号分配给EEPROM存储芯片的相应地址存储二进制数据，实现数据的存储。其优点有：小巧便于携带、存储容量大、价格便宜、性能可靠。目前主流的U盘的容量为1GB、2GB、4GB、8GB、16GB、32GB等。图2-7为朗科科技U232盘，图2-8为创见2TB容量的U盘。

图2-7 朗科科技U232盘（容量为4GB）

相关说明：2002年7月，朗科公司"用于数据处理系统的快闪电子式外存储方法及其装置"（专利号：ZL99117225.6）获得国家知识产权局正式授权。该专利填补了中国计算机存储领域20年来发明专利的空白。

图2-8　创见2TB容量的U盘

相关说明：2011年，台湾ITRI（工业技术研究所）和存储厂商创见Transcend联合研制成功容量可达2TB的USB 3.0 U盘。但由于技术原因，目前该款U盘仍未进入市场。

2.2.4　输入设备

输入设备是指向计算机输入数据和程序的设备。在人与计算机交互中，输入设备是将人的思想输入给计算机，是计算机的重要部件。常见的输入设备有：键盘、鼠标、麦克风和摄像头等。

1．键盘

键盘是最主要的输入设备之一，用户的数据和程序主要是通过键盘输入计算机。键盘是计算机与人的主要接口，好的键盘应符合人的使用习惯。在购买和使用键盘时应考虑的方面有：

（1）标准键盘的结构布局。

普通标准键盘为101或105键盘，其布局分四个区域：主键盘区、功能键区、编辑键区和数字键区，如图2-9所示。选择标准键盘有利于个人打字能力的训练。

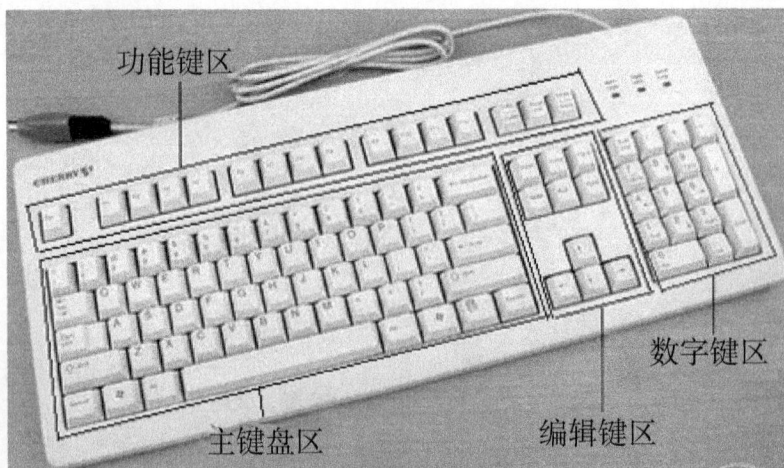

图2-9　键盘结构布局图

（2）键盘的触感和噪音。

键盘所用的材质不同，其质量也有明显不同。通常情况下，以手去试按各键，特别是大按键的某个角，若均能非常顺利地按下，无任何卡、擦的感觉，则说明该键盘质量好。同时，试听按击键盘的声音，质量好的键盘按击声音是比较小的。

（3）键盘的外观和做工。

键盘是展示在外面的主要部件之一，其外观的美与丑直接影响整台计算机的水准。作为一个主要输入设备，其外观应与显示器、鼠标、音箱以及主机搭配协调，选购搭配完好的键盘将会为整台计算机增彩添色。键盘做工的精细直接反映了键盘的质量，也反映出键盘生产工艺的水平，生产工艺水平高的厂商生产出的键盘通常不易损坏。

2．鼠标

自图形界面操作系统问世以来，鼠标已成为微型计算机必备的输入设备。在图形界面环境下，鼠标完成了某些特定功能的操作，实现了更快、更准确、更直接的光标操作。

常见的鼠标有两大类：机械鼠标和光电鼠标（如图2-10所示）。随着技术的发展，光电鼠标以其移动精准的优点成为目前主流的鼠标。

图2-10 光电鼠标

3．麦克风

麦克风的主要用途是将语音输入到计算机中。随着计算机网络的发展，语音聊天成为人们网络交流的主要方式之一，麦克风成为计算机的必备输入设备。目前主流笔记本电脑均内置了麦克风。

在Windows 8中配置麦克风的方法：

第一步　安装声卡驱动程序；

第二步　在"控制面板"中点击"硬件和声音"，然后，点击"声音"，将弹出如图

2-11所示的"声音"对话框；

图2-11　"声音"对话框

　　第三步　选择"录制"后，点击所列麦克风设备，再点击右下角的"属性"按钮；
　　第四步　在麦克风"属性"对话框的"常规"选项卡内（如图2-12所示），点击"设备用法"的下拉框选择启用或禁用麦克风；

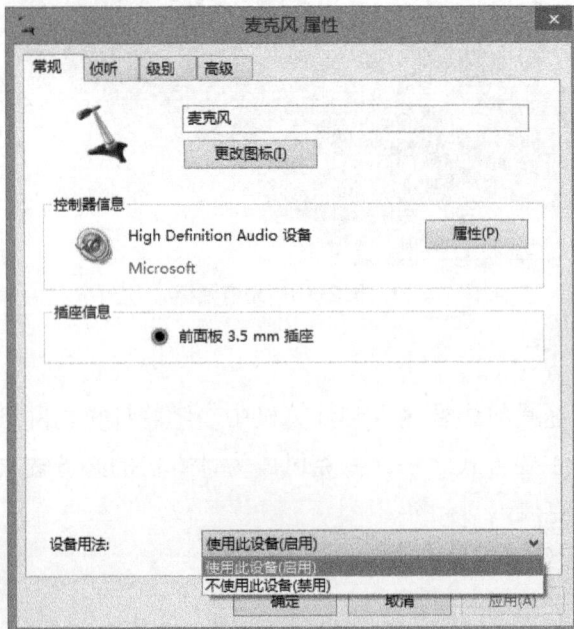

图2-12　麦克风"属性"对话框

第五步　点击麦克风"属性"对话框的"级别"选项卡（如图2-13所示），通过调整"麦克风"和"麦克风加强"的值来调整麦克风的音量；

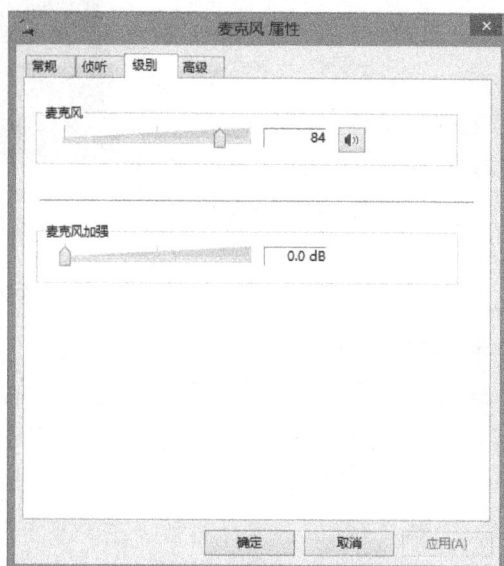

图2-13　"级别"选项卡

第六步　所有麦克风"属性"对话框中设置的值，都可以通过点击下方的"确定"按钮生效。

4．摄像头

摄像头是将图像视频输入计算机的设备，故又称电脑相机或电脑眼。目前，摄像头广泛应用于视频会议、视频聊天、远程医疗和实时监控等（如图2-14所示），摄像头虽不是个人电脑必备的设备，但它的作用很大。例如，现在QQ视频聊天在网友之间已经成为主流聊天方式之一，而且只有安装摄像头的计算机才能进行视频聊天。

图2-14　摄像头

2.2.5　输出设备

1．显示器

显示器是计算机的主要输出设备，是将计算机信息显示给人的主要设备。显示器通过显示适配器（显卡）与计算机连接，可以显示计算机的文字、图形图像、视频等信息。目前在微机中使用较多的有阴极射线管显示器（CRT）和液晶显示器（LCD，如图2-15所示）两种，其中液晶显示器为市场主流。

购买液晶显示器需考虑的参数有：

（1）品牌。不同品牌其品质保证不同，显示器本身的质量及相关的售后服务等都与品牌密切相关。目前主流的品牌有三星、飞利浦和长城等。

（2）尺寸。是指显示器的规格，通常的情况是尺寸越大价格越高，主流显示器的尺寸有18.5英寸、19英寸、20英寸、22英寸和23英寸。

图2-15　液晶显示器

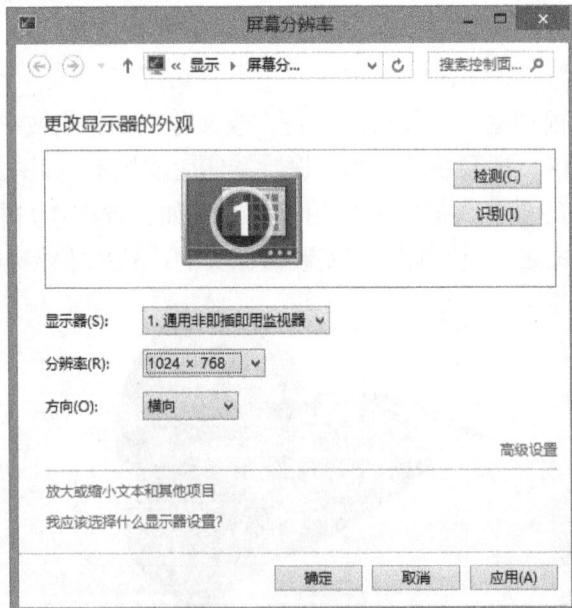

（3）屏幕比例。液晶显示器的屏幕比例有两类——宽屏和普屏，常见的宽屏的比例有16:10和16:9两种型号，常见的普屏比例有5:4和4:3两种型号。

在Windows 8设置显示分辨率的步骤：

第一步　在"桌面"程序内空白处单击鼠标右键，左键单击"屏幕分辨率"菜单项；

第二步　点击"分辨率"下拉框，选择设置的分辨率，然后按"确定"按钮完成分辨率的设置，画面如图2-16所示。

图2-16　设置显示分辨率

2．打印机

打印机是将计算机内的信息输出到纸张进行展示的设备。打印机不是必需的设备，但从事文字工作、办公事务以及设计工作等均会配置打印机。打印机的种类很多，通

常习惯将其分为以下三种类型:

(1)针式打印机。

针式打印机又称点阵式打印机,其原理是通过打印针击打有颜色的色带,使色带的颜色印在纸张上,若两张纸之间夹一张复写纸,就可以得到两张打印件,这个特点使得针式打印机广泛用于发票、流水账单等。如图2-17所示,针式打印机的优点是结构简单、价格便宜、打印成本低,而缺点是打印精度不高、打印速度慢、使用时噪音大、只能打印单色。

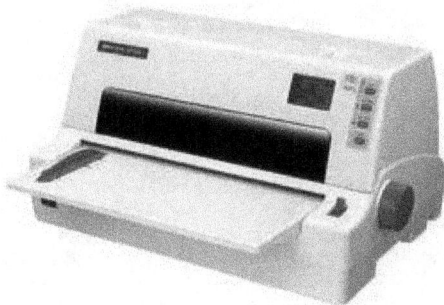

图2-17 针式打印机

(2)喷墨打印机。

喷墨打印机(如图2-18所示)的原理是通过打印头中喷出细小液态墨滴印制在介质上形成打印效果,因此喷墨打印机的分辨率的单位为dpi(每英寸点数)。与针式打印机相比,喷墨打印机的优点为精度高、噪音低、价格低、功能多和体积小等。

图2-18 喷墨打印机

喷墨打印机较常在普通家庭中使用,选购喷墨打印机时需考虑的参数有:品牌(佳能、爱普生、惠普、联想等)、打印幅度(A4、A3等)、打印速度(单位为PPM,即页每分钟,通常主流规格为20~38PPM)、最高分辨率(常见有4 800×1 200dpi、5 760×1 440dpi等)。

（3）激光打印机。

激光打印机（如图2-19所示）是高精细度、高打印速度和低噪音的打印机，是目前办公自动化里使用的主要类型的打印机。激光打印机内有硒鼓，硒鼓内有碳粉，正因为碳粉是激光打印机的颜料，因此避免了针式打印机打印色带时产生的噪音，同时避免了喷墨打印机的墨盒易挥发的缺点。但激光打印机要避免受潮，因为碳粉受潮后易结成团块状从而损坏硒鼓。

图2-19　激光打印机

3．音箱

音箱是用于从计算机内输出声音的设备，是多媒体计算机的必要设备。如图2-20所示为高档音质音箱。若非音乐发烧友，可购买普通音质音箱。音箱的音质除音箱本身外，应注意其与声卡的关系。

图2-20　高档音质音箱

2.2.6　其他设备

以上五个小节所介绍的设备为冯氏计算机的五大件，但计算机作为一个整体，还应具有其他相关的部件将五大件连接和包装起来。

1．主板

主板是微机最基本且最重要的部件之一。主板一般为矩形电路板，上面有CPU插槽、内存条插槽、扩充插槽、BIOS芯片、I/O控制芯片、键盘和面板控制开关接口、指示灯插接件以及计算机主要电路系统等。购买主板时，应考虑其型号与CPU及内存条类型对应，还应考虑其是否内嵌显卡、声卡和网卡等常见扩展卡。图2-21为电脑主板实物图。

图2-21　电脑主板实物图

2．机箱、电源

机箱作为电脑配件的一部分，其主要作用是放置和固定其他电脑配件，起到一个承托和保护的作用。同时机箱的外观与键盘鼠标的外观共同构成普通微机的外观，如图2-22为库德G361迷你机箱内部结构和安钛克 BP550 PLUS电源。

电源的作用是给电脑配件供电。

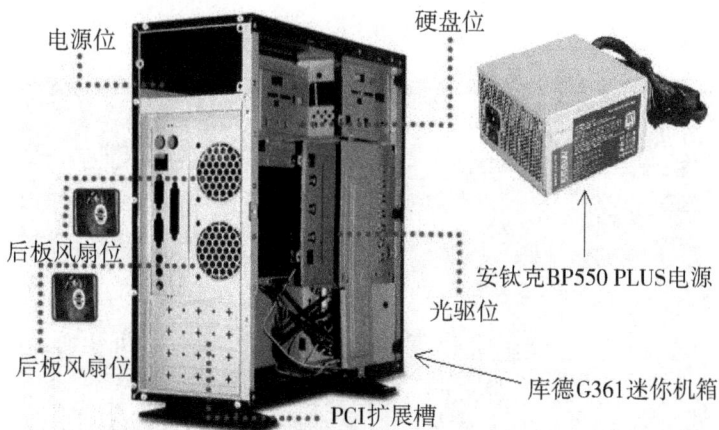

图2-22　库德G361迷你机箱内部结构和安钛克 BP550 PLUS电源

2.3　Windows 8简介

只安装了硬件，没有安装任何软件的计算机称为"裸机"。普通用户是无法使用一台"裸机"的，必须安装软件系统。目前普通计算机安装的第一个软件系统为操作系统。Windows操作系统是最常见的，自从微软公司于2012年10月26日将Windows 8正式发布后，它便成为最新的Windows操作系统。

2.3.1　Windows 8 的安装

第一步　将正版Windows 8安装盘放入计算机光驱，并开机，在CMOS中设置计算机光驱为第一启动盘，并让计算机启动。随后将进入图2-23所示的安装选择画面。

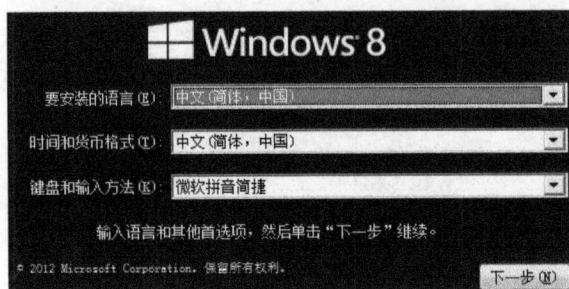

图2-23　安装选择

相关说明：为了使图中文字更清楚，作者对Windows 8安装画面进行适当PS，因此与原始的安装画面在文字布局上有差异，现特别说明，相关处理的图有：图2-23至图2-33。

第二步　在选择安装语言、时间和键盘之后，点击"下一步"按钮，安装将继续，并将进入图2-24所示的确认安装画面，在本画面内可选择"现在安装"和"修复计算机"两种方式。

图2-24　确认安装

第三步　点击"现在安装"按钮进入安装状态，将跳到如图2-25所示的界面，输入产品密钥以激活Windows。

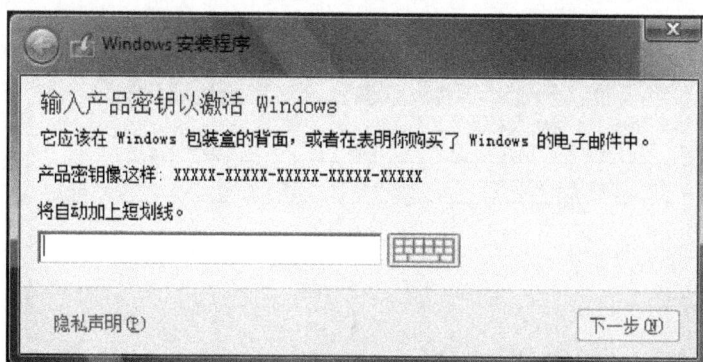

图2-25　输入产品密钥以激活

第四步　输入微软公司产品上提供的密钥后点击"下一步"按钮，将出现如图2-26所示的"许可条款"界面。

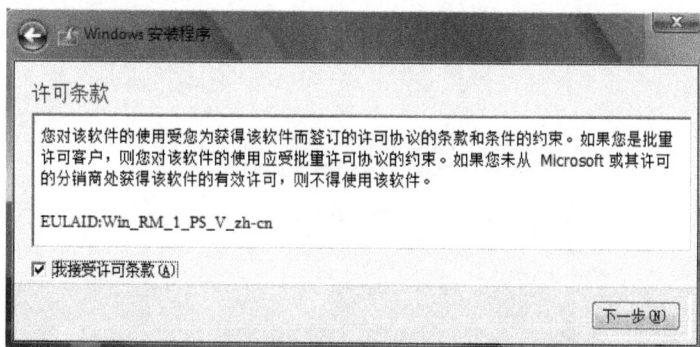

图2-26　许可条款

第五步　点击"我接受许可条款"后，再点击"下一步"按钮，将进入如图2-27所示的安装类型选择界面。

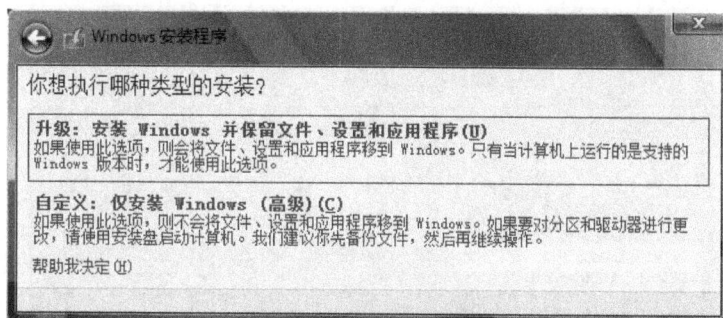

图2-27　安装类型选择

第六步　选择要安装的类型。若选择"升级"则可以在Windows 7基础上升级，并会保留原系统的驱动和应用程序；若选择"自定义"则可选择安装Windows 8系统。选择"自定义"后将出现如图2-28所示选择安装位置的界面。

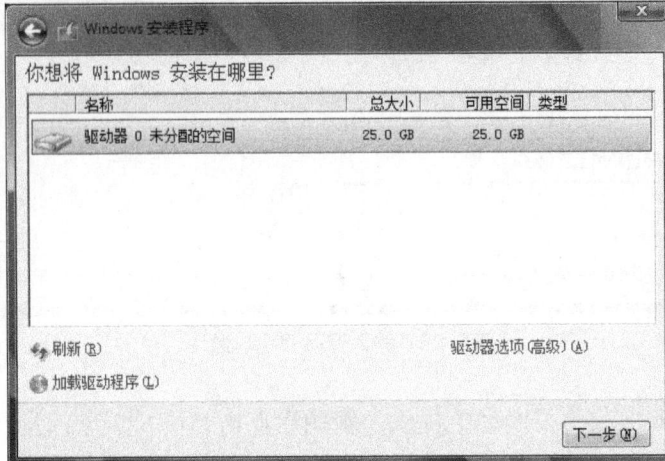

图2-28　选择安装位置

第七步　选择好安装盘之后，点击"下一步"按钮，将出现如图2-29所示的系统安装界面。

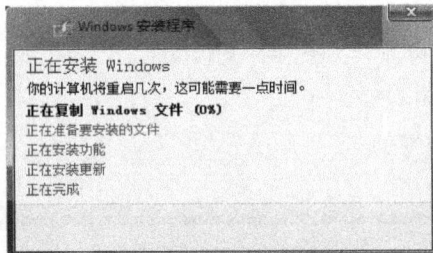

图2-29　系统安装

第八步　系统安装完成后，将重新启动电脑，重启电脑后将运行到如图2-30所示的"个性化"设置界面。

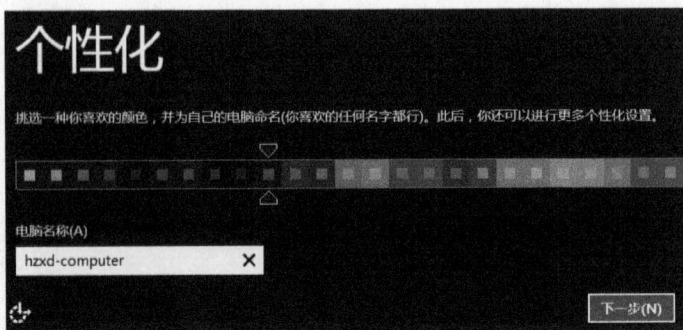

图2-30　"个性化"设置

第九步 设置"电脑名称"后，点击"下一步"按钮，将出现如图2-31所示的界面。

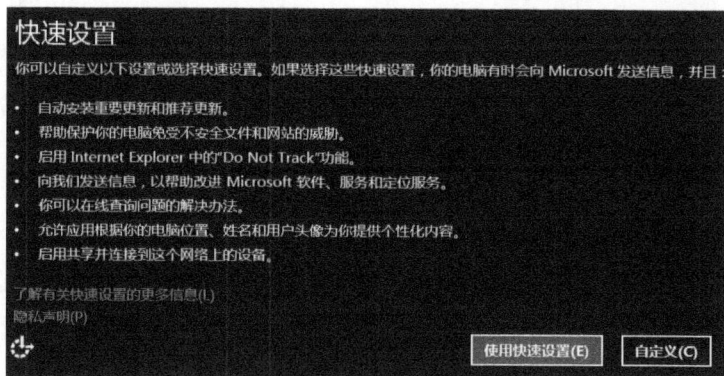

图2-31 快速设置

第十步 选择"使用快速设置"按钮后将配置系统，并显示如图2-32所示的电子邮箱帐号设置界面。

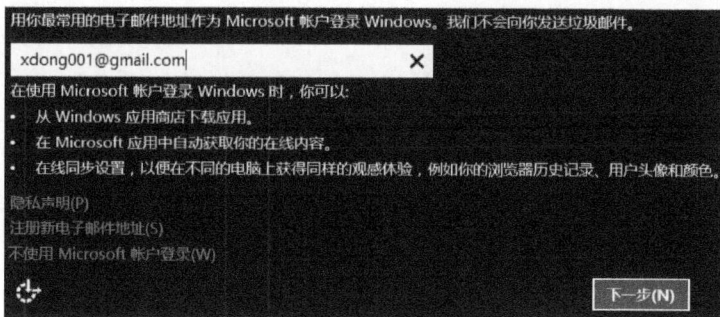

图2-32 电子邮箱设置

第十一步 设置好电子邮箱后，点击"下一步"按钮，若网络不给力，则会出现如图2-33所示的本地帐户设置界面。

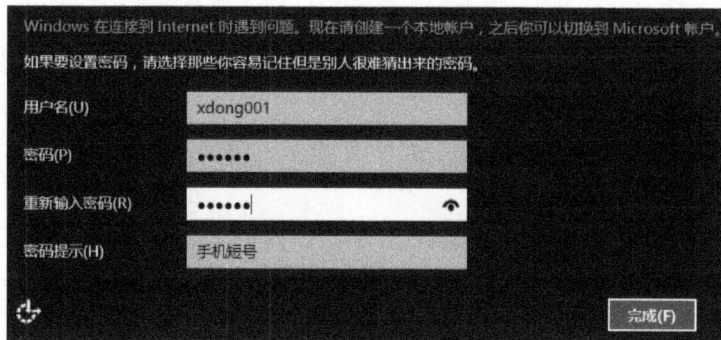

图2-33 工作组或计算机域

第十二步　设置用户名、密码、重新输入密码和密码提示后，点击"完成"按钮，将完成Windows 8的所有安装工作。

2.3.2　Windows 8文件管理

计算机操作系统对计算机信息资源的管理都是基于文件，因此信息资源有时又称文件资源，Windows 8作为操作系统有很强的文件管理功能。

1．文件

文件是存储在外存储器上的相关信息的集合。

文件包含两个部分：文件名和相关信息。文件名为文件的名称，是区分不同文件的主要特征，因此在同一位置的文件名称务必不同；文件名对应着文件的相关信息，信息的存储形式决定着文件的类型，信息量的大小决定文件的大小。

文件名是由字符组成的，在Windows 8中最多由255个字符组成，且不能包含以下九个半角字符：? \ * "〈 〉: l /。文件名的结构为:〈主文件名〉[.〈扩展名〉]，即主文件名和扩展名，中间以小数点隔开（注意：若文件名中出现多个小数点，最后那个小数点为分隔点）。无论是主文件名还是扩展名字符都不区分大小写，但会区分全角和半角。扩展名是标志文件的类型，不同类型的文件对应相应的扩展名，常用的文件类型和扩展名对应如下：

位图文件	BMP	Word文档文件	DOC
应用程序文件	EXE、COM	网页文件	HTM或HTML
配置设置文件	INI	图片文件	JPG、GIF
Access数据库文件	MDB	演示文稿文件	PPT
系统文件	SYS	文本文件	TXT
声音文件	WAV	Excel工作簿文件	XLS

Windows操作系统提供两个文件名的通配符，半角的问号"?"和半角的星号"*"，其中问号代替一个字符，星号代替若干个（零个或多个）字符。但自Windows 7之后，通配符的作用逐渐弱化，在Windows 8中，半角的问号"?"查找效果不明显。

举例：在C盘中查找出所有有图片的文件。

第一步　双击桌面的计算机，并双击打开C盘。

第二步　单击右上角的搜索框，然后点击菜单"搜索"，再单击显示的工具栏中的"类型"下拉框，选择"图片"。

第三步　等待计算机搜索出C盘中的所有图片文件。

2．文件夹、文件的路径

在计算机外存中可以存放许多文件，为了方便管理，通常对文件进行归类存放，将不同类文件存放在不同的位置，这个分成不同位置的标识为文件夹；一个磁盘可以存放多个文件夹，每个文件夹可存放多个文件和文件夹。如此可能有的文件会在多层文件夹下，例如C盘有Program Files文件夹，而该文件夹中有Common Files文件夹，里面又有System文件夹，里面还有Ado文件夹，以及msado15. dll文件。因此我们可得出该文件的路径为：C：\Program Files\Common Files\System\ado\msado15. dll。

3．文件或文件夹的管理操作

文件或文件夹的管理操作是使用"计算机"或"文件资源管理器"（注：两者完全相同）来完成的，主要有创建文件夹、重命名文件或文件夹、复制文件或文件夹、移动文件或文件夹、删除文件或文件夹等操作。每一类操作都有好几个方法可完成，虽然每个方法的操作步骤略有不同，但操作效果一样，因此本书对每一类操作只介绍一种方法。

（1）创建文件夹的操作步骤：

第一步　使用"计算机"定位于想创建文件夹的位置；

第二步　在空白区域点击鼠标右键后，移至"新建"→"文件夹"，点击鼠标左键；

第三步　用键盘输入文件夹的名称后按回车。

（2）重命名文件或文件夹的操作步骤：

第一步　打开"计算机"，找到并选定需重命名的文件或文件夹；

第二步　点击"主页"菜单，点击显示的工具栏中的"重命名"项；

第三步　输入需要重命名的名称，若是文件则应注意是否需修改扩展名，扩展名修改后文件类型也跟着改变。

（3）复制文件或文件夹的操作步骤：

第一步　打开"计算机"，找到并选定需复制的文件或文件夹；

第二步　点击"主页"菜单，点击显示的工具栏中的"复制"项；

第三步　再定位文件或文件夹将复制的目标位置；

第四步　点击"主页"菜单，点击显示的工具栏中的"粘贴"项。

（4）移动文件或文件夹的操作步骤：

第一步　打开"计算机"，找到并选定需复制的文件或文件夹；

第二步　点击"主页"菜单，点击显示的工具栏中的"剪切"项；

第三步　再定位文件或文件夹将移动的目标位置；

第四步　点击"主页"菜单，点击显示的工具栏中的"粘贴"项。

（5）删除文件或文件夹的操作步骤：

第一步　打开"计算机"，找到并选定需重命名的文件或文件夹；

第二步　点击"主页"菜单，点击显示的工具栏中的"删除"项（同时按下Shift键为彻底删除）；

第三步　在弹出的对话框中点击"是"按钮则删除成功，点击"否"则撤销删除操作。

2.3.3　Windows 8 系统管理

Windows 8系统管理指的是使用Windows 8的功能管理整个系统，包括所有的硬件和软件的管理。由于Windows 8支持普通PC和触摸式显示器终端（如iPad、某些智能手机等），因此其系统管理比以往的操作系统有很大的变化。本节只介绍一部分系统管理的功能，供读者学习。

1．开始屏幕和磁贴管理

当Windows 8安装完成后，首先进入的是Windows的开始屏幕，如图2-34所示，在屏幕内有许多一格一格的小方块，这是屏幕中的磁贴。

图2-34　开始屏幕

磁贴的英文为Tile，在中文版出来之前有人称之为瓷砖或板砖，但它却如家里冰箱门上的那个磁性的贴牌一样，可以随意且整齐地展示应用程序。

开始屏幕和磁贴相关的操作技巧如下：

（1）在任何位置打开回到开始屏幕的方法。

第一步　鼠标移到屏幕右下角，屏幕右下角将显示开始屏幕缩微图；

第二步　单击该缩微图之后，将进入开始屏幕。

（2）在开始屏幕中添加新的磁贴。

第一步　查找到需添加为磁贴的应用程序；

第二步　在应用程序上点击鼠标右键，选择"固定到开始屏幕"，该应用程序则会以磁贴的形式添加到开始屏幕中。

举例：添加"记事本"程序为开始屏幕的磁贴。

操作步骤：

第一步　在开始屏幕中点击鼠标右键；

第二步　点击屏幕右下角的"所有应用"；

第三步　查找"记事本"图标，用鼠标右键点击该图标；

第四步　点击"固定到开始屏幕"选项；

第五步　查看开始屏幕中的"记事本"磁贴。

（3）从开始屏幕中删除磁贴。

第一步　在开始屏幕查找到需删除的磁贴；

第二步 右键点击该磁贴;

第三步 点击"从开始屏幕取消固定"选项,则磁贴删除。

(4)放大磁贴的方法。

第一步 在开始屏幕查找到需放大的磁贴(并不是所有磁贴都能放大);

第二步 右键点击该磁贴;

第三步 点击"放大"选项,则磁贴将放大变成大磁贴。

(5)缩小磁贴的方法。

第一步 在开始屏幕查找到需缩小的磁贴(所有放大的磁贴都可缩小);

第二步 右键点击该磁贴;

第三步 点击"缩小"选项,则磁贴将缩小变成小磁贴。

(6)打开Charm菜单的方法。

第一步 鼠标移到屏幕的右上(下)角,屏幕的右侧将显示菜单文字;

第二步 鼠标移到菜单文字中,将显示Charm菜单;

第三步 点击Charm菜单打开相应的功能(搜索、共享、开始、设备和设置)。

2.桌面和桌面操作

桌面是Windows以前版本的主要操作,在开始屏幕中点击"桌面"磁贴,将打开Windows 8桌面程序(如图2-35所示),其操作与以往基本类似。

图2-35 桌面

(1)打开"开始屏幕"。

第一步 鼠标移到左下角,桌面将显示"开始屏幕"小图片;

第二步 点击"开始屏幕"小图片,则进入"开始屏幕"。

(2)显示"开始菜单"。

第一步 鼠标移到左下角,桌面将显示"开始屏幕"小图片;

第二步　右击"开始屏幕"小图片，则可弹出如图2-36所示的"开始菜单"。

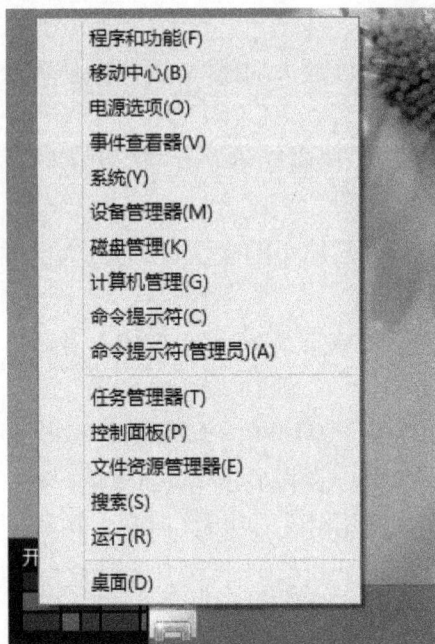

图2-36　开始菜单

相关说明：Windows 8中的"开始菜单"已经修改为热键菜单了，因此没有如Windows7及以前版本Windows的开始菜单。

第三步　　点击各类菜单项打开相应的应用窗口，具体的应用功能有：

①程序和功能：可以更新程序、卸载程序等；

②移动中心：移动设置的一些功能设置，如调节显示亮度、调整声音音量、电池管理、同步中心、演示功能等。

③电源选项：创建和选择电源计划，配置"用电池"和"接通电源"两种情况下关闭显示器和睡眠的时间。

④事件查看器：查看Windows日志、应用程序和服务日志。

⑤命令提示符：打开命令提示符窗口，并可在该窗口中输入命令进行系统操作。

⑥任务管理器：打开任务管理器对话框，管理运行中的任务。

⑦控制面板：打开控制面板窗口，管理系统的功能。

⑧文件资源管理器：打开"计算机"窗口。

（3）更改桌面主题和桌面图标。

第一步　鼠标移到桌面空白处，点击鼠标右键。

第二步　点击"个性化"菜单项，将显示如图2-37所示的"个性化"窗口。

第三步　点击窗口中的主题图标用于更换系统的主题。

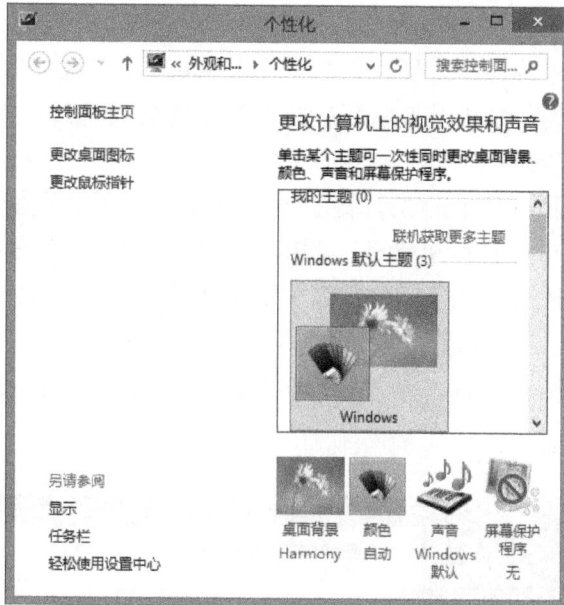
图2-37 "个性化"窗口

第四步 点击左侧的"更改桌面图标"文字，将打开"桌面图标设置"窗口（见图2-38）。

图2-38 "桌面图标设置"窗口

第五步 在需要显示的图标文字的前方打钩，然后点击"确定"按钮，完成桌面图标的显示设置。

3. 磁盘管理

磁盘管理指的是外存储器管理，不仅可以对硬盘进行管理，还可以对光盘和U盘进行管理。通常一块硬盘容量很大，我们会将其划分成几个分区，用于不同的用途。将硬盘划分出一个分区为系统分区，该分区安装 Windows 8 系统软件和常规应用软件，其他分区则存放资料，若系统遭遇破坏后，重新安装系统不影响自己的资料。

硬盘分区的操作步骤：

第一步　鼠标移到桌面上的"计算机"图标上点击右键，点击"管理"菜单项；或者点击"开始菜单"中的"计算机管理"菜单项；或者点击"开始屏幕"中的"所有"。

第二步　点击"磁盘管理"，在右侧窗口中点击未分区的磁盘部分（显示"未分配"）对磁盘进行选定，若磁盘全部分区则第二步和第三步无法进行。

第三步　点击鼠标右键后，点击"新建简单卷"，将弹出如图 2-39 所示的"新建简单卷向导"对话框。

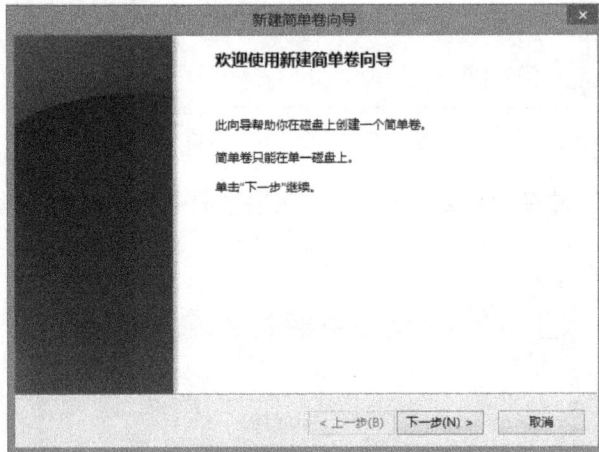

图2-39　新建简单卷向导

第四步　点击"下一步"后，将进入如图 2-40 所示的"指定卷大小"对话框。

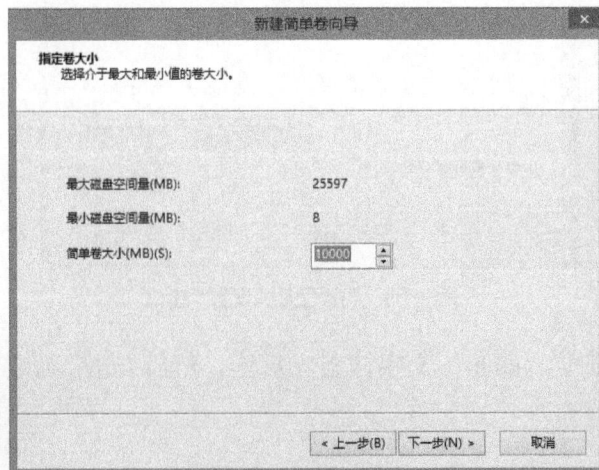

图2-40　指定卷大小

第五步　输入简单卷的空间大小，其单位是MB（兆字节），然后点击"下一步"按钮。将出现如图2-41所示的"分配驱动器号和路径"对话框。

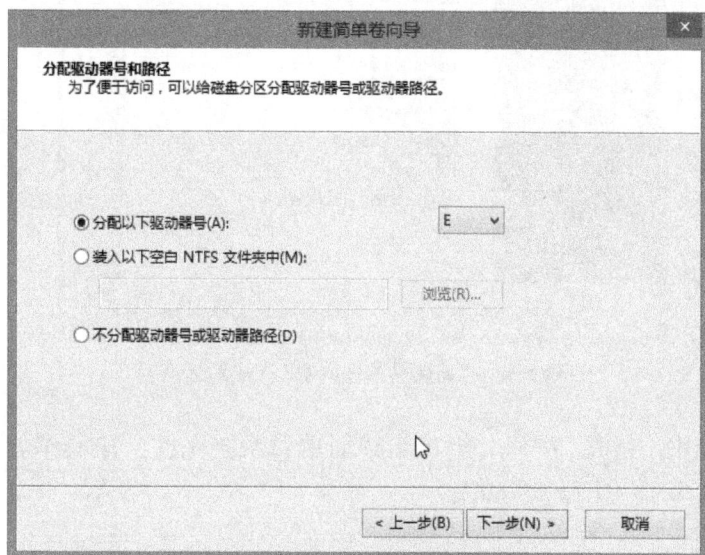

图2-41　分配驱动器号和路径

第六步　选择"分配以下驱动器号"，然后点击"下一步"按钮，将出现如图2-42所示的"格式化分区"对话框。

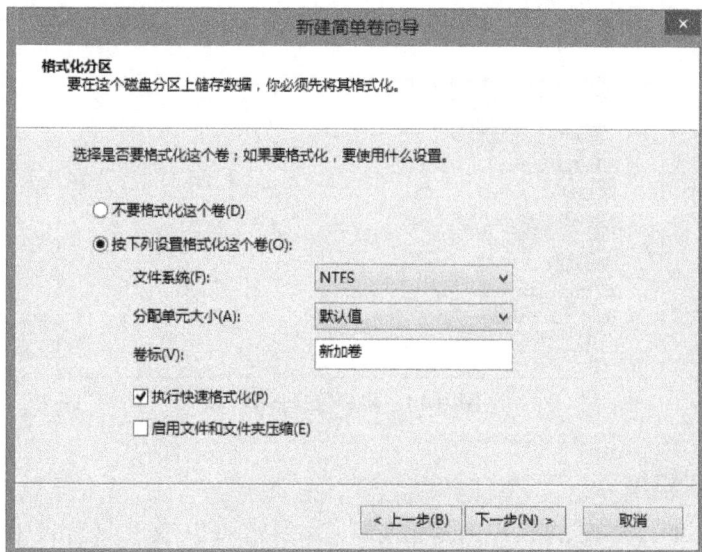

图2-42　格式化分区

第七步　选择文件系统、分配单元大小、卷标以及格式化类型后，点击"下一步"按钮，将出现如图2-43所示的向导完成对话框。

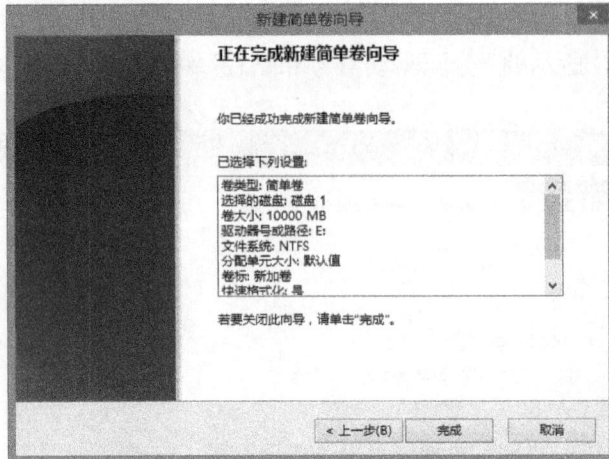

图2-43 "新建简单卷向导"完成对话框

第八步 点击"完成"按钮，等待新建简单卷系统完成，该操作创建了一个新的简单卷，系统也多了一个硬盘分区。

4．用户管理

用户帐户的功能为对本机的用户进行管理，可以添加新用户、修改用户类型、限定用户使用等。操作方法为鼠标移到右下角→点击"设置"→"更改电脑设置"→"用户"，将显示如图2-44所示的用户管理界面。通过对该界面的操作实现用户帐户的管理。

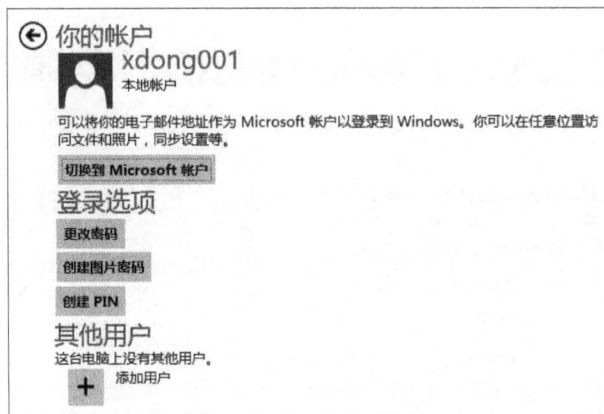

图2-44 用户管理界面

5．卸载应用程序

已经安装在本计算机的软件的卸载（删除）通常可以通过双击自带的卸载工具完成，但有些没有自带卸载工具的软件可通过"开始菜单"中的"程序和功能"来完成。

使用卸载（删除）程序卸载软件的操作步骤：

第一步 右击"开始图标"→点击"开始菜单"中的"程序和功能"，将弹出如图2-45所示的"程序和功能"窗口。

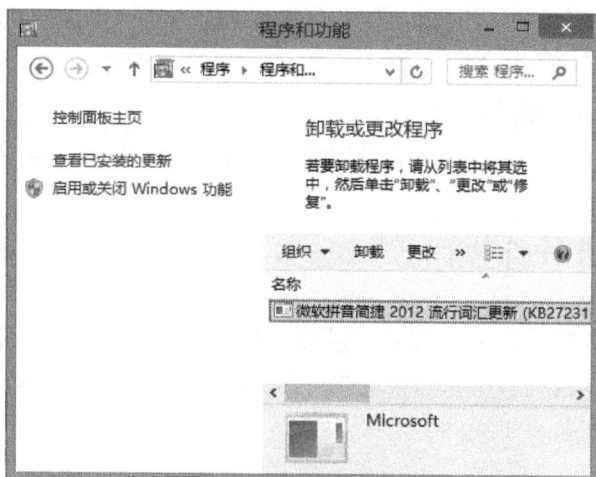

图2-45　程序和功能

第二步　点击程序列表中想卸载（删除）的程序，然后点击显示"卸载"文件，将弹出卸载程序确认对话框，点击确认后卸载相应的原程序。

6．日期与时间的设置

Windows 8的日期与时间和计算机的日期与时间是同步的，通过日期与时间的设置可以调整计算机的日期与时间。有时带计算机出国旅游时可调整日期与时间使之与当地同步。设置日期与时间的操作步骤为：

第一步　在桌面系统中点击"日期时间"→"更改日期和时间设置"，将弹出如图2-46所示的"日期和时间"窗口。

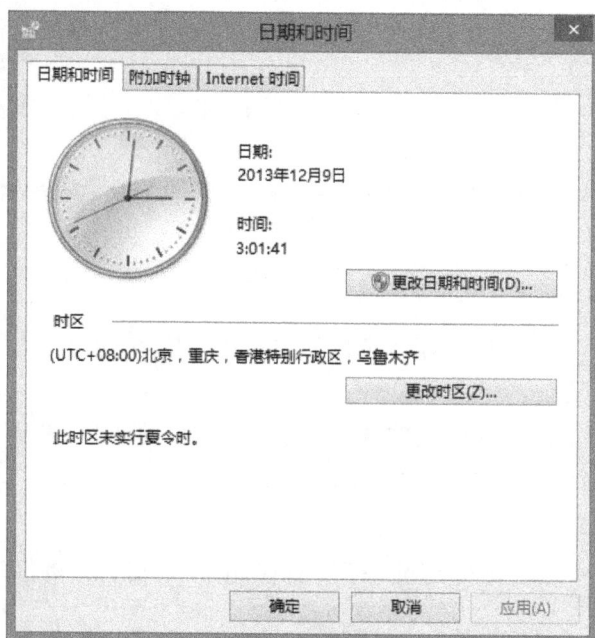

图2-46　日期和时间

第二步 在窗口中的"日期和时间"选项卡中，点击"更改日期和时间"按钮设置正确的日期和时间；"附加时钟"选项卡中可为系统设置多个时钟；"Internet时间"选项卡可以通过Internet同步系统时间。

第三步 在上一步中设置好相应设置后，点击"确定"按钮完成并保存设置。

2.4 Windows 8 软件操作

操作系统是计算机系统的管理者，若要使用计算机完成实际某项工作，就必须在计算机里安装应用软件。Windows 8自带一些操作系统，但若需要计算机拥有更多的功能，则需要安装更多的新软件。

2.4.1 Windows 8自带的软件
1．记事本
记事本是Windows 8自带的应用软件，其作用为打开、编辑和保存文本文件（扩展名为txt的文件），通过记事本可以使用文本文件保存用户想保存的文字资料。

（1）打开记事本。

在"开始屏幕"中点击鼠标右键→"所有应用"→"记事本"将打开如图2-47所示的记事本软件。

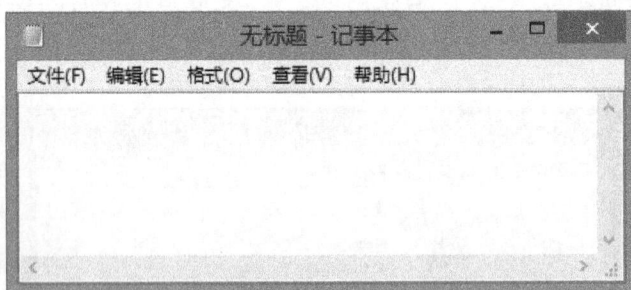

图2-47 记事本

（2）保存文本文件。

点击"文件"→"保存"后，输入文件名后点击"保存"按钮。

2．画图
画图是Windows 8自带的应用软件，其功能为用户绘制、查看、修改和保存普通图片文件（如BMP位图文件、JPG图片文件等）。

（1）打开画图。

在"开始屏幕"中点击鼠标右键→"所有应用"→"画图"将打开如图2-48所示的画图软件。

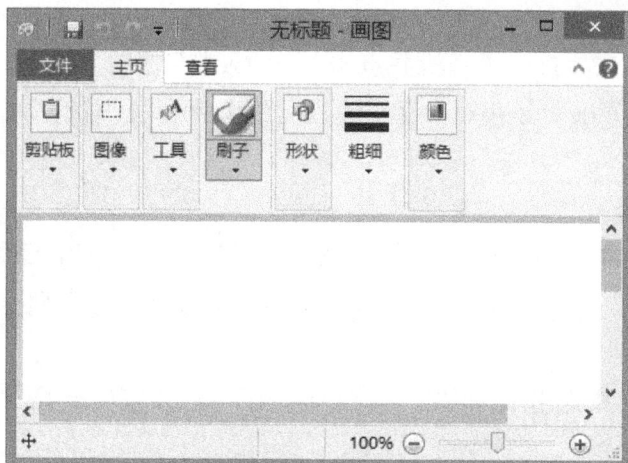

图2-48　画图

（2）操作简介。

窗口下方不同颜色的方格为调色板，单击实现颜色的选定，双击将进行颜色高级设置；窗口左侧的图标为画图工具箱，点击某一图标后可在窗口白色区域内进行图片绘制。

举例：在图片中绘制一个蓝色的矩形。

第一步　点击窗口上方工具栏内的"形状"图标后，选择矩形形状；

第二步　点击窗口上方工具栏内的"颜色"图标后，选择蓝色；

第三步　鼠标移到白色区域，按住鼠标左键移动鼠标，当所示矩形为所需的矩形时，则松开鼠标左键，绘制出一个矩形框；

第四步　点击窗口上方工具栏内的"工具"图标后，点击填充图标 ；

第五步　移动鼠标到第三步绘制的矩形框内，点击鼠标左键，则完成蓝色矩形的绘制。

（3）保存图片文件。

点击"文件"→"保存"，输入文件名后点击"保存"按钮。

3．录音机

录音机是Windows 8自带的应用软件，其功能为用麦克风录制语音并保存为声音文件。

（1）打开录音机。

在"开始屏幕"中点击鼠标右键→"所有应用"→"录音机"，将打开如图2-49所示的录音软件。

图2-49　录音机

47

（2）录制语音的方法。

录制语音的方法为打开录音机并点击"开始录制"按钮，录制完成后点击"停止录制"按钮，并在弹出的保存对话框中输入文件名后点击"保存"按钮，将录制的声音保存起来。

4．步骤记录器

步骤记录器是Windows 8自带的应用软件，其功能为自动记录用户的操作步骤，它不仅能自动截图，而且可以将文字和图片按操作的先后顺序罗列出来。

（1）打开步骤记录器。

在"开始屏幕"中点击鼠标右键→"所有应用"→"步骤记录器"，将打开如图2-50所示的步骤记录器软件。

图2-50　步骤记录器

（2）录制步骤的方法。

录制步骤的方法为打开步骤记录器并点击"开始记录"按钮，录制时可以点击"添加注释"增加录制图片的相关说明，录制完成后点击"停止记录"按钮，则会显示所录制的全部操作步骤，当点击"以幻灯片形式查看记录的步骤"后，则步骤记录会以幻灯片形式展示；点击"保存"菜单后，可能保存为zip文件，该zip文件中包含一个保存记录步骤的mht文件。

2.4.2　非Windows 8自带软件的安装

对于非Windows 8自带软件的安装，其安装方法基本上有三个，分别为：从官网下载后安装、通过应用商店网上购买安装和从电脑公司购买软件光盘后安装。

1．从官网下载后安装

许多软件的开发公司官网提供自由下载，用户只需从官网下载并安装后即可使用，下面以WinRAR压缩软件为例说明。

WinRAR压缩软件不是Windows 8自带的应用软件，其功能为对文件进行数据压缩并产生对应的压缩文件。数据压缩是指在不丢失信息的前提下，缩减数据量以减少存储空间，提高其传输、存储和处理效率的一种技术方法。WinRAR必须在Windows 8上安装后方能使用，安装前则可在WinRAR官方网站（http：//www.rarlab.com）下载。

安装方法：双击安装文件后将出现如图2-51所示的安装窗口，点击"安装"按钮后等待安装结束即可。

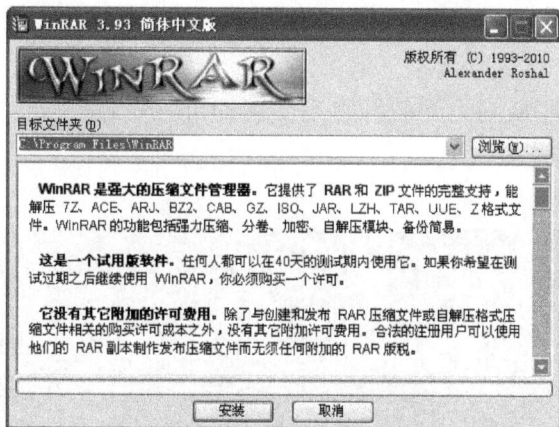

图2-51　WinRAR安装窗口

建议：不要安装最新版的WinRAR，因为压缩文件通常是为发送给别人的，若对方的WinRAR版本太低则打不开该压缩文件。

2．通过应用商店网上购买安装

Windows 8的"开始屏幕"提供"应用商店"磁贴，点击该磁贴可进入联网着的"应用商店"，此时可通过鼠标点击屏幕下方的滚动条查找需安装的软件。下面以金山词霸为例介绍应用商店中软件的购买和安装。

金山词霸是一款免费的词典翻译软件。它由金山公司于1997年推出，它最大的亮点是内容海量且权威，共收录141本版权词典、32万真人语音和17个场景2 000组常用对话。下载并安装金山词霸的操作过程如下：

第一步　在"开始屏幕"中点击"应用商店"。

第二步　鼠标移到右上（下）角，在显示的Charm菜单中点击"搜索"文字。

第三步　在搜索框中输入"金山词霸"后按回车并等待搜索结果，结果如图2-52所示。

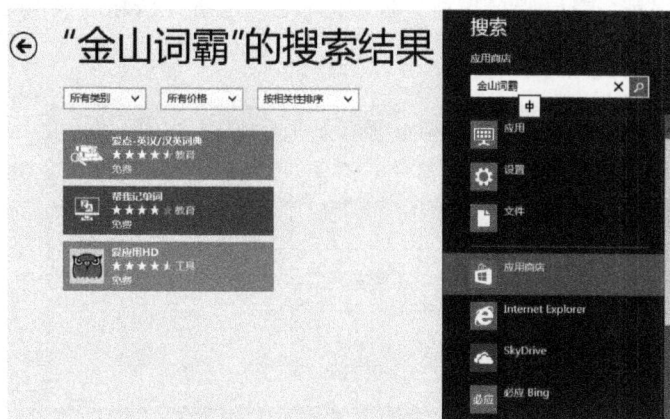

图2-52　应用商店搜索结果

第四步　点击"爱点—英汉/汉英词典"磁贴，进入软件介绍界面，点击"安装"按钮后进入自动安装。

第五步　等待程序从网络下载并自动安装即可，安装完成后在"开始屏幕"会出现如图2-53所示的磁贴。

图2-53　爱点词典

3．从电脑公司购买软件光盘后安装

正版软件在一些电脑公司都有销售，而其销售的主要形式为光盘。当用户购买了某款软件的光盘之后，相应的资料会随光盘一起包装在同一个商品盒内，用户可以通过查看商品盒中资料进行产品的安装和使用。下面假设用户已经购买了一款微软Office 2013软件光盘，用户的电脑已经有光驱（若主机没有则可连接一个外置光驱），现以微软Office 2013软件介绍其安装过程。

微软Office 2013（又称为Office 2013）是应用于Microsoft Windows视窗系统的一套办公室套装软件，是继Microsoft Office 2010后的新一代套装软件。安装的具体步骤如下：

第一步　将微软Office 2013安装盘放入光驱。

第二步　进入Windows 8的"计算机"，双击光驱运行安装程序。

第三步　若出现"用户帐户控制"对话框，点击"是"按钮，将显示如图2-54所示的"选择所需的安装"对话框。

图2-54　选择所需的安装

第四步　点击"立即安装"则显示安装进度，等待一段时间后，将显示如图2-55所示的完成对话框。

图2-55　完成对话框

第五步　点击"关闭"按钮完成微软Office 2013安装。

第六步　查看"开始屏幕"可看到微软Office 2013的相关应用程序的磁贴，点击任何一款应用程序的磁贴（例如：Word 2013）打开相应软件；将显示如图2-56所示的产品激活画面。

图2-56　Office产品激活

第七步　点击"输入产品密钥"文字，然后输入产品资料里提供的序列号，即25位字符后，点击"下一步"继续完成Office激活。

习　题

一、单选题

1. CPU的组成是（　　　　）。

A. 运算器和处理器　　　　　　　B. 控制器和存储器

C. 存储器和运算器　　　　　　　D. 运算器和控制器

2. 下列属于存储设备的是（　　　）。

A. CPU　　　　　　B. 键盘　　　　　　C. 硬盘　　　　　D. 打印机

3. 计算机断电后，信息会丢失的存储器是（　　　）。

A. 内存　　　　　　B. 硬盘　　　　　　C. 光盘　　　　　D. 软盘

4. 下列说法正确的是（　　　）。

A. 回收站中的文件全部可以被还原

B. 资源管理器不能管理隐藏的文件

C. 回收站的作用是保存重要的文档

D. 资源管理器是一种附加的硬件设备

5. 波形声音文件的扩展名是（　　　）。

A. txt　　　　　　B. wav　　　　　　C. jpg　　　　　　D. bmp

6. 在 Windows 8 的"计算机"窗口中，要改变文件或文件夹的显示方式，应执行（　　　）。

A. "文件"菜单中的选项　　　　　　B. "编辑"菜单中的选项

C. "查看"菜单中的选项　　　　　　D. "帮助"菜单中的选项

7. 把当前活动窗口作为图形复制到剪贴板上，使用（　　　）组合键。

A. Alt+PrintScreen　　　　　　　　B. PrintScreen

C. Shift+PrintScreen　　　　　　　D. Ctrl+PrintScreen

8. 操作系统属于（　　　）。

A. 应用软件　　　B. 系统软件　　　C. 字处理软件　　　D. 电子表格软件

9. 下列说法正确的是（　　　）。

A. 剪贴板是一个应用软件，只有运行后才能使用。

B. 剪贴板的作用是中间层过渡，所以务必事先分配给剪贴板一定的磁盘空间。

C. 剪贴板是内存的一个空间，通过"剪切"或"复制"操作将数据暂存于剪贴板。

D. 资源管理器的一个附加功能模块为剪贴板。

10. 下面各种程序中，不属于 Windows 8"附件"的是（　　　）。

A. 记事本　　　　B. 计算器　　　　C. 画图　　　　　D. WinRAR

二、填空题

1. 冯氏计算机的组成五大件为运算器、＿＿＿＿＿＿＿、＿＿＿＿＿＿＿、输入设备和＿＿＿＿＿＿＿。

2. 目前主流的外存储器类型有＿＿＿＿＿＿＿、＿＿＿＿＿＿＿、＿＿＿＿＿＿＿等。

3. 裸机指的是＿＿＿＿＿＿＿＿＿＿＿＿＿＿＿＿＿＿＿＿＿＿＿＿。

4. 用 Windows 8 的"记事本"所创建文件的缺省扩展名是＿＿＿＿＿＿＿。

5. 在 Windows 8 的"资源管理器"窗口中，为了显示文件或文件夹的详细资料，应使用窗口中菜单栏的_____菜单。

6. 在Windows 8中,"回收站"是_____中的一块区域。

7. 在Windows 8中,对文件的管理操作有_____、_____、_____、_____和删除等。

8. 在Windows 8中,磁盘分区后必须进行_____操作后才能使用。

9. 计算机中的输入设备有键盘、_____、_____、_____等。

10. WinRAR的压缩操作方式有_____、_____、_____、_____等。

上机实验

实验2.1　PC硬件配置训练

1. 实验目的

熟悉微型计算机的组成,掌握PC的硬件组装。

2. 实验环境

实战环境:电脑城。

模拟环境:一台能连接Internet,并能上太平洋电脑网(www.pconline.com.cn)的计算机。

3. 实验要求

配置出一台硬件完整的计算机。

4. 实验内容

(1)填写硬件组成和设备品牌型号,并查阅价格。

将下列表格填写完整,要求尽可能明细,在实战环境下通过咨询的方式获得设备的品牌、型号和价格,在模拟环境中通过网络查询。

设备	描述	价格	备注
主板			
CPU			
内存条			
硬盘			
光驱			
键盘			

（续上表）

设备	描述	价格	备注
鼠标			
麦克风			
摄像头			
显示器			
音箱			
打印机			
显卡			
声卡			
网卡			
电源			
机箱			
其他			

（2）请专家进行评语。

实验2.2　汉字输入练习

1. 实验目的

熟悉操作键盘，使学生达到一定的汉字输入能力。

2. 实验环境

一台具有Windows 8操作系统并安装了金山打字通软件的计算机。

3. 实验要求

（1）要求每次练习汉字输入在半小时以上；

（2）要求达到30WPM的英文输入速度。

4. 实验内容

（1）汉字打字训练。

打开金山打字通软件，进入汉字打字界面，并进行汉字文章打字训练，参考速度为30WPM。

（2）汉字打字测试。

打开金山打字通软件，进入打字测试界面，并进行课程选择，选择汉字文章，设置1或2分钟的测试时间，测试结果30WPM为达标、50WPM以上为优秀。

实验2.3　文件管理操作实验

1. 实验目的

掌握文件或文件夹的常用操作，掌握文件夹的创建操作，文件或文件夹的复制、移动、重命名和删除操作。

2. 实验环境

一台具有Windows 8操作系统的计算机。

3. 实验要求

（1）要求按实验内容的操作顺序完成实验；

（2）要求每一个操作至少掌握一种方法的操作步骤。

4. 实验内容

（1）使用"计算机"或"资源管理器"打开C盘，在根目录下创建文件夹ABC123；

（2）将C盘的ABC123文件夹复制到D盘根目录下；

（3）将D盘的ABC123文件夹移动到E盘根目录下；

（4）将E盘的ABC123文件夹改名为EABC123；

（5）将C盘的ABC123文件夹删除。

第❸章

家庭上网

本章要点

□ 计算机网络基础
□ ADSL上网原理及实例
□ 多台PC上网原理及配置

当家庭有了计算机后，将计算机接入Internet是很重要的事情，原因在于现今没有接入Internet的计算机几乎无使用价值，反过来讲，只有接入Internet计算机才会有很多的用途。因此，作为计算机的主人，学习和理解计算机网络方面的知识是很有必要的。

3.1 计算机网络基础

1971年2月由美国国防部的高级研究计划局（ARPA）计划并建成了具有15个节点、23台主机的ARPA Net网络，这是世界上最早出现的计算机网络之一。

3.1.1 计算机网络分类

计算机网络的分类标准有许多，常用的两种分类标准有按网络拓扑结构分类和按网络距离分类。

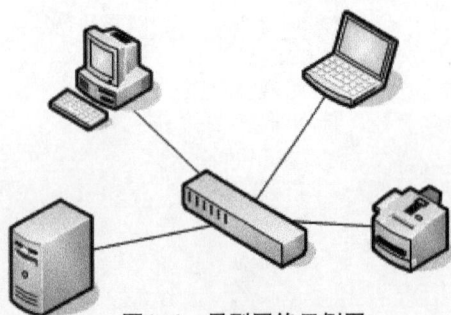

图3-1　星型网络示例图

1．按网络拓扑结构分类

以网络内的计算机和互联设备为结点，结点间的通信介质为线，由点和线构成的逻辑模型图称为网络的拓扑结构。

常见的拓扑结构组成的计算机网络如下：

（1）星型网络。

网络中由一个互联设备作为中心结点，其

他结点都必须与其连接，且通过中心结点才能通信，即网络内不同计算机之间通信需
要通过中心结点，网内计算机与网外通信也需要通过中心结点。图3-1为星型网络的
示例图。

（2）总线型网络。

网络内的所有计算机及网络设备由一条通信介质线路串联，则称该通信介质线路
为总线，组成的网络为总线型网络。图3-2为总线型网络的示例图。

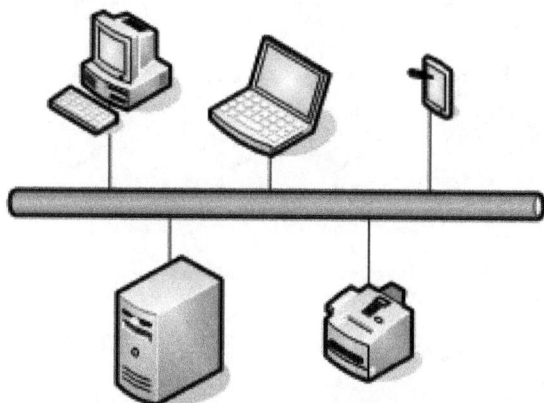

图3-2 总线型网络示例图

（3）环型网络。

网络内的所有计算机及网络设备由一条形成环路的通信介质线路串联，图3-3为
环型网络的示例图。

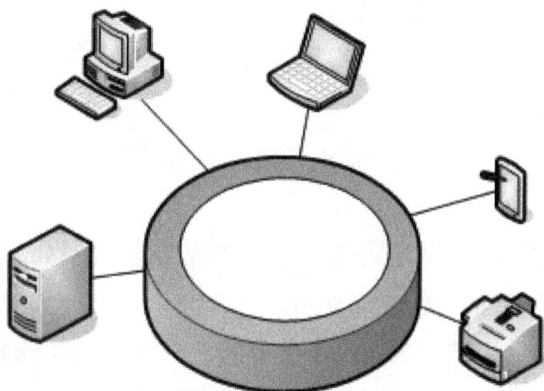

图3-3 环型网络示例图

（4）树型网络。

网络中由一个网络计算机或网络设备作为根结点，通过根结点连接各种不同的计
算机或网络设备作为子结点，子结点还能作为下一层结点的父结点，子结点的数据通

信需要通过父结点，网内计算机与网外通信需要通过根结点。图3-4为树型网络的示例图。

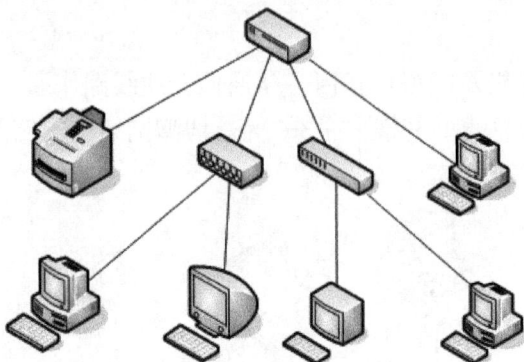

图3-4　树型网络示例图

2．按网络距离分类

网络中的计算机和网络设备之间有一定的距离，按距离的远近将网络分为局域网和广域网。

（1）局域网。

局域网是指网络中计算机或网络设备距离通常在几米至几千米的网络，例如，同一机房内的全部计算机和网络设备通常建立局域网，但并非全部在这个距离内的网络都会建立局域网，比如在同一居民楼内不同家庭的计算机，通常不在一个局域网内；同样超过该距离的网络根据需要也会建立在同一局域网内，如现在的高校地理跨度通常超过10千米，却组建同一个局域网。

通常，同一局域网内的计算机的IP地址是在一个子网内，因此计算机之间通信可以直接通过IP地址进行。

局域网的特点：结点距离近、网络结构简单、数据传输速率高、误码率低、网络设备少。

典型局域网：家庭网络、网吧网络、机房网络、校园网络、小企业内部网络等。

补充知识：IP地址分IPV4和IPV6两种。

其中IPV4地址由4个字节组成，每个字节以"．"隔开，其分类分别如下：

0.0.0.0—127.255.255.255为A类地址，每个网络能容纳1亿多个主机；

128.0.0.0—191.255.255.255为B类地址，每个网络能容纳6万多个主机；

192.0.0.0—223.255.255.255为C类地址，每个网络能容纳254个主机；

224.0.0.0—239.255.255.255为D类地址，用于多点广播（Multicast）；

240.0.0.0—255.255.255.255为E类地址，为将来使用保留。

IPV6地址共由8个双字节组成，每个双字节以"："隔开，例如后面为一个合法的IPV6地址：2001：0db8：85a3：08d3：1319：8a2e：0370：7344。

IPV6可分为三类，分别如下：

①单播（Unicast）地址。

单播地址标示一个网络接口。协议会把送往地址的数据包投送给其接口。IPV6的单播地址可以有一个代表特殊地址名字的范畴，如link-local地址和唯一区域地址（ULA，Unique Local Address）。单播地址包括可聚类的全球单播地址、链路本地地址等。

②任播（Anycast）地址。

Anycast 是 IPV6 特有的数据传送方式，它像是IPV4的Unicast（单点传播）与Broadcast（多点广播）的综合。IPV4支持单点传播和多点广播，单点传播在来源和目的地间直接进行通信；多点广播在单一来源和多个目的地之间进行通信。而Anycast则在以上两者之间，它像多点广播一样，会有一组接收节点的地址栏表，但指定为Anycast的数据包，只会传送给距离最近或传送成本最低（根据路由表来判断）的其中一个接收地址，该接收地址收到数据包并进行回应，并加入后续的传输。该接收列表的其他节点，会知道某个节点地址已经回应了，它们就不再加入后续的传输作业。以目前的应用为例，Anycast 地址只能分配给路由器，不能分配给电脑使用，而且不能作为发送端的地址。

③多播（Multicast）地址。

多播地址也称组播地址。多播地址也被指定到一群不同的接口，送到多播地址的数据包会被传送到所有的地址。多播地址由皆为一的字节起始，亦即它们的前置为FF00：：/8。其第二个字节的最后四个比特用以标明"范畴"。一般有node-local（0x1）、link-local（0x2）、site-local（0x5）、organization-local（0x8）和global（0xE）。多播地址中的最低112位会组成多播组群识别码，不过因为传统方法是从MAC地址产生的，故只有组群识别码中的最低32位在使用。定义过的组群识别码有用于所有节点的多播地址0x1和用于所有路由器的0x2。另一个多播组群的地址为"solicited-node多播地址"，是由前置FF02：：1：FF00：0/104和剩余的组群识别码（最低24位）所组成的。这些地址允许经由邻居发现协议（NDP，Neighbor Discovery Protocol）来解译链接层地址，因而不会干扰到在区网内的所有节点。

IPV6地址书写的省略规则如下：

规则1：每项数字前导的0可以省略，省略后前导数字仍是0则继续，例如下组IPV6是相等的。

规则2：可以用双冒号"："表示一组0或多组连续的0，但只能出现一次。

IPV6地址举例：

（合法地址）2013：0CB8：00de：0000：0000：0000：0000：0e18

（合法地址）2013：CB8：0de：0000：0000：0000：0000：e18

（合法地址）2013：CB8：de：000：000：000：e18

（合法地址）2013：CB8：de：00：00：00：00：e18

（合法地址）2013：CB8：de：0：0：0：0：e18

（合法地址）2013：CB8：de：0：：0：e18

（合法地址）2013：CB8：de：：e18

（合法地址）2013：：24de：0：7ade

（非法地址）2013：：24de：：7ade

（2）广域网。

计算机及网络设备分布较广而组成的网络称为广域网（注：有的作者把一个城市的网络称为城域网，认为城域网比局域网大却比广域网小，但本书对此不作分类），通常广域网跨越多个城市、一个国家、多个国家、整个地球乃至超越地球。

广域网的特点：结点分布远、网络结构复杂、数据传输速率低、误码率高、网络设备多。

典型广域网：Internet、国家军用网络、国家公安内网、银行内部网络等。

3.1.2　计算机网络构成

计算机网络是由通信子网和资源子网两部分组成的，通信子网由通信设备和通信线路组成，资源子网由网内主机、接口设备以及软件数据组成。下面介绍常见的网络构成部件。

1．服务器

服务器是一台提供服务的计算机，通常为高性能计算机，用于网络管理、提供网络服务和连接外部设备。典型的服务器有DNS（域名服务器）、FTP服务器、WEB服务器等。例如惠州学院网站系统存放于惠州学院网络中心机房的一台计算机内，该计算机为惠州学院网站的WEB服务器。

2．客户机

客户机为连入网络并接受服务的计算机，又称为工作站。例如，个人计算机连入Internet则成了Internet中的客户机。

3．网络连接设备

网络内计算机与计算机之间、计算机与网络设备之间以及网络设备之间互连时有网络连接设备，常见的网络连接设备有ADSL拨号器、集线器、交换机、路由器、网桥和网关等。

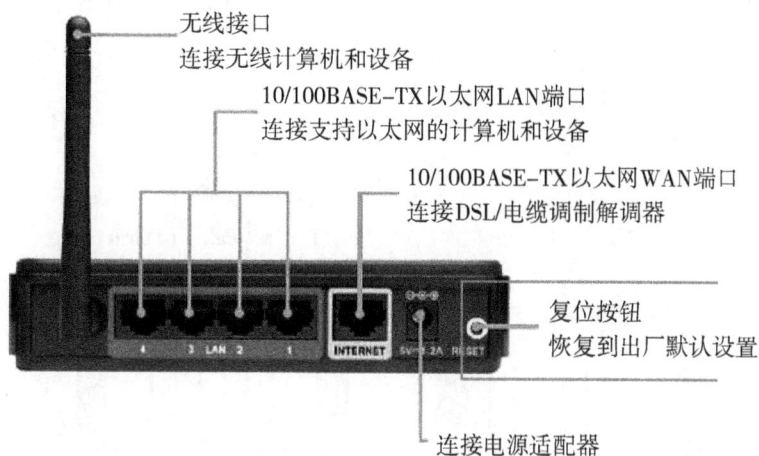

无线接口
连接无线计算机和设备
10/100BASE-TX以太网LAN端口
连接支持以太网的计算机和设备
10/100BASE-TX以太网WAN端口
连接DSL/电缆调制解调器
复位按钮
恢复到出厂默认设置
连接电源适配器

图3-5　无线路由器

4．传输介质

传输介质指的是传输信息的媒介，分有线介质和无线介质两种，有线介质有双绞线（如图3-6所示）、同轴电缆和光纤，无线介质有微波和卫星。

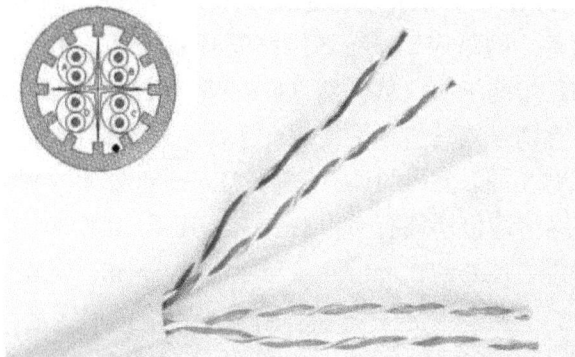

图3-6　百通七类非屏蔽4对双绞线（BT701004）

双绞线按其是否外加金属网丝套的屏蔽层分为屏蔽双绞线（STP，Shielded Twisted Pair）和非屏蔽双绞线（UTP，Unshielded Twisted Pair）。从性价比和可维护性出发，大多数局域网使用非屏蔽双绞线（UTP）。在双绞线中共有四对互相缠绕的独股塑包线：绿对、蓝对、橙对、棕对。用于8针配线（如RJ45水晶头）的模块插座/插头的颜色代码按国际标准共分为四种线序，分别是T568A、T568B、USOC(8)、USOC(6)。这四种线序具体颜色排布为：

T568A线序：白绿　绿　白橙　蓝　白蓝　橙　白棕　棕

T568B线序：白橙　橙　白绿　蓝　白蓝　绿　白棕　棕

USOC(8)线序：白棕　绿　白橙　蓝　白蓝　橙　白绿　棕

USOC(6)线序：空　白绿　白橙　蓝　白蓝　橙　绿　空

其中T568A和T568B较为常用，如图3-7所示。网线两端通常都采用T568B线序，这类网线在百兆数据传输中主要使用1、2、3、6线通信。如用于两个交换机连接的双绞线两端分别为T568A和T568B。

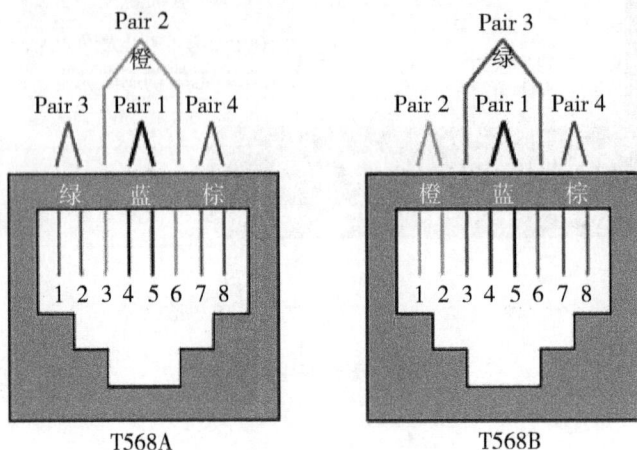

图3-7　T568A和T568B线序

5. 网络软件

网络软件从体系统结构来划分包括通信支撑平台软件、网络服务支撑平台软件、网络应用支撑平台软件、网络应用系统、网络管理系统以及用于特殊网络站点的软件等。其中通信软件和各层网络协议软件是这些网络软件的基础和主体。

网络软件从应用类别来划分包括网络操作系统、网络通信协议、网络应用软件等。常见的网络操作系统有Novell公司的NetWare、Microsoft公司的Windows NT、Sun公司的Solaris等；常见的网络通信协议有TCP/IP、SPX/IPX、IEEE802、X.25等；常见的网络应用软件有IE浏览器、CuteFTP(如图3-8所示)、Foxmail、迅雷下载器等。

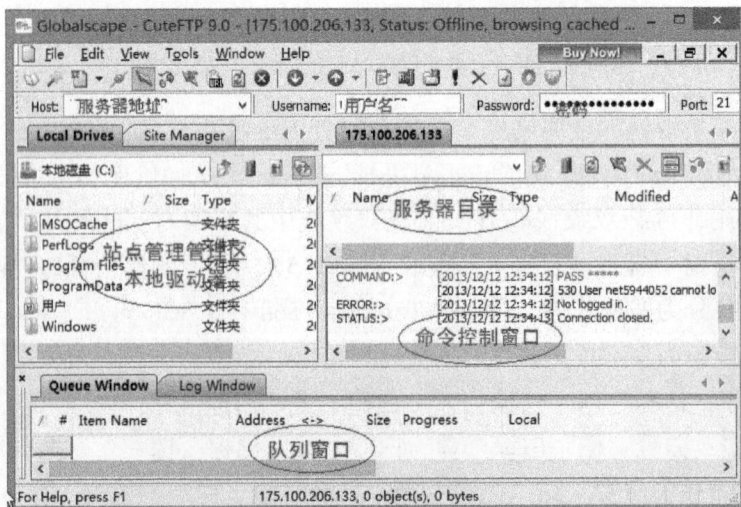

图3-8　CuteFTP 9.0管理软件

3.2 ADSL上网原理及实例

家庭计算机接入Internet的方式有很多，如惠州市惠城区的接入方式有电信ADSL宽带、联通ADSL宽带、长城宽带、移动ADSL宽带和视迅宽带，本书以联通ADSL宽带上网为例进行描述。

3.2.1 ADSL上网原理

通过ADSL宽带接入Internet，实质上是通过ADSL宽带的Internet服务商（ISP，如联通公司）提供的服务接入的，而且常见的是采用电话线把家庭计算机与ISP相连；计算机通常只能接网线，而不能接电话线，因此需要ADSL拨号器（又称"ADSL调制解调器"）进行电话线和网线信号转换。具体的ADSL拨号上网结构如图3-9所示。

家庭PC要上网时首先打开拨号程序，通过ISP提供的帐号和密码进行拨号，ADSL拨号器将自动根据PC的控制通过电话线发送信号，当ISP接收到帐号和密码后自动进行验证，验证成功后ISP自动为PC提供Internet接入服务，此时PC成为Internet的客户机。

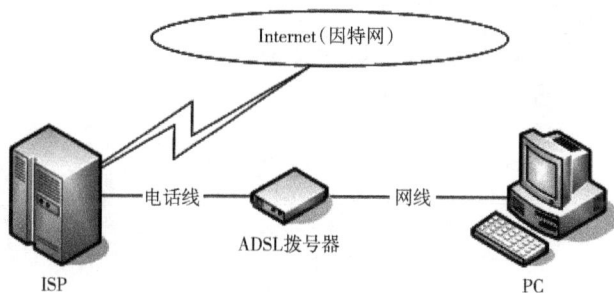

图3-9 ADSL拨号上网结构图

3.2.2 ADSL上网实例

1．ADSL上网流程

第一步 在ISP营业点（如联通营业厅）办理上网手续，缴费并获取帐号和密码；

第二步 等待ISP的技术人员安装电话线并调试电话网络；

第三步 购买ADSL拨号器和普通网线（如RJ45双绞线）；

第四步 使用ADSL拨号器和普通网线将电话线与计算机连接起来；

第五步 在计算机中安装拨号软件，输入帐号和密码进行拨号连通。

2．在Windows 8中配置拨号软件

第一步　用鼠标右键点击桌面右下角的网络图标，在弹出的热键菜单中选择"打开网络和共享中心"，将弹出如图3-10所示的"网络和共享中心"窗口。

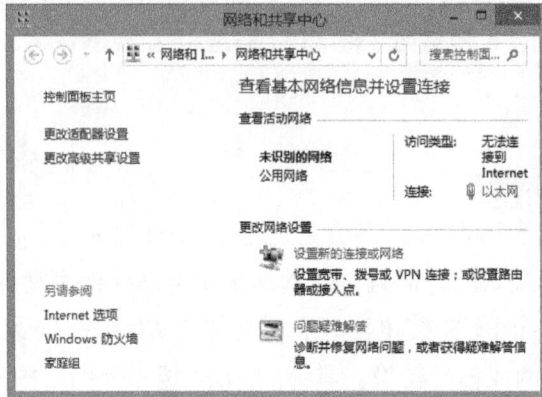

图3-10　网络和共享中心

第二步　点击"设置新的连接或网络"，将弹出如图3-11所示的"设置连接或网络"对话框。

图3-11　网络类型连接

第三步　选择"连接到Internet"后点击"下一步"按钮，将显示如图3-12所示的对话框。

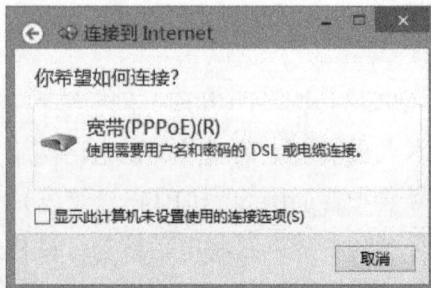

图3-12　"连接到Internet"对话框

第四步 选择"使用需要用户名和密码的DSL或电缆连接"来连接，如图3-13所示，然后按"下一步"。

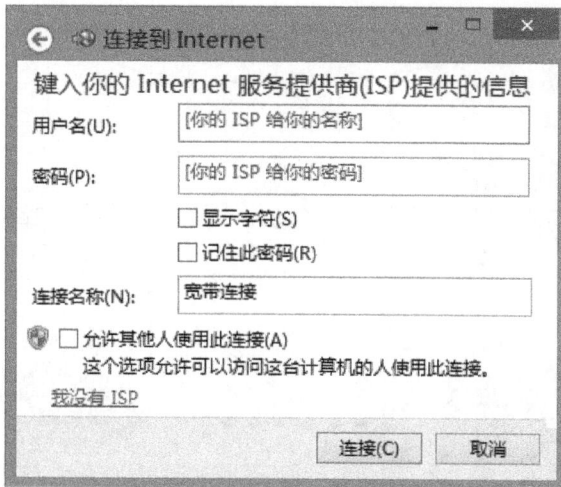

图3-13 Internet连接

第五步 输入由Internet服务商提供的"用户名"、"密码"并输入任意文字的"连接名称"后点击"连接"按钮。

第六步 等待连接，连接成功后在弹出的对话框中点击"关闭"按钮，图3-10所示窗口右侧的"访问类型"将显示"Internet"，则宽带连接完成。

3．拨号上网

第一步 鼠标移到右上(下)角，打开Charm菜单，点击"设置"。

第二步 点击"未识别的网络"图标，Charm菜单显示本机所有已创建的网络连接。

第三步 点击本机创建的拨号连接项后，点击"连接(C)"按钮。

第四步 等待连接完成，Charm菜单将显示"已连接"文字，则拨号上网连接成功。

3.3 多台PC上网原理及配置

前面所讲的上网方法只能支持一台计算机上网，然而有的家庭不只一台计算机。而多台计算机要实现上网，可以采用轮流上网的方法，但此方法不能实现多台计算机同时上网；可以再向ISP申请一个帐号和密码，但需要多购买一个ADSL拨号器以及多缴一份上网费用。因此，通常采用的方法是增加一个路由器。

3.3.1 多台PC上网的原理

多台PC通过单个ADSL帐号上网的思路是使用一个路由器，让路由器通过ADSL帐号上网，然后多台PC通过路由器共享上网。其网络结构如图3-14所示，ISP提供Internet服务，ADSL拨号器通过电话线与ISP相连，使用网线连接ADSL拨号器与路由器，路由器提供几个网线接口，多台计算机通过网线与路由器的网线接口连接。最后进行软件设置则可以实现多台计算机共享上网。

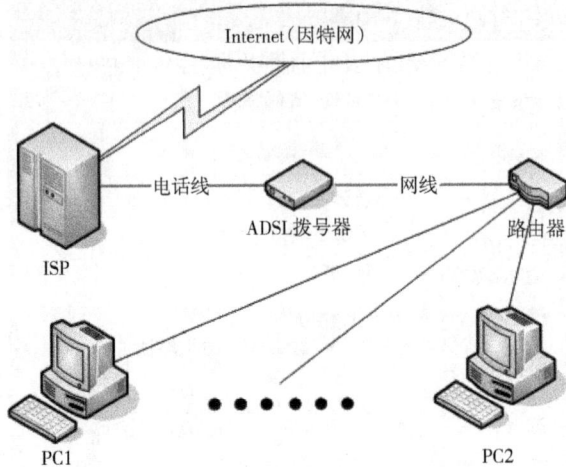

图3-14　多台计算机共享上网结构图

3.3.2　路由器配置步骤
1.进入路由器管理页面

第一步　打开浏览器，在地址栏输入路由器地址（通常为192.168.1.1），将弹出如图3-15所示的路由器验证对话框。

图3-15　路由器验证对话框

第二步　输入用户名和密码，默认的用户名和密码同为admin。按"确定"进入路由器管理页面。

2．使用向导配置路由器

第一步　第一次进入路由器管理页面时，将弹出路由器向导页面；也可在路由器管理页面上点击"设置向导"进入路由器向导页面。第一个向导页面如图3-16所示，即设置下次进入路由器管理页面时是否弹出路由器向导页面，在"下次登录不再自动弹出向导"前打钩，则表示下次进入路由器管理页面时将不再弹出路由器向导页面；反之，则不打钩。

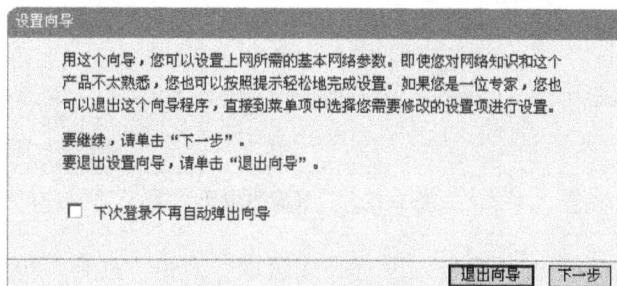

图3-16　设置向导页面

第二步　点击"下一步"进入如图3-17所示的页面进行上网方式选择，此处选择"ADSL虚拟拨号（PPPoE）"。

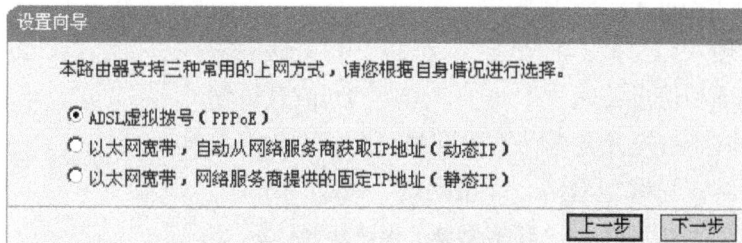

图3-17　选择上网方式

第三步　点击"下一步"进入如图3-18所示的页面设置ADSL拨号的帐号和密码，在"上网帐号"和"上网口令"后的文本框中分别输入帐号和密码。

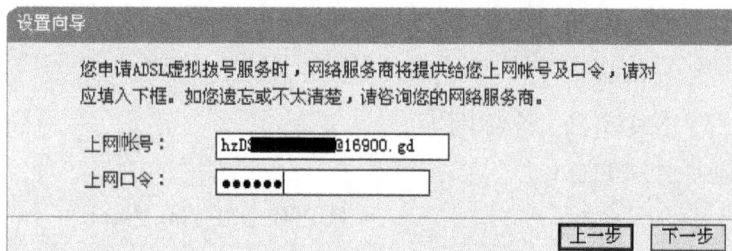

图3-18　设置帐号和密码

第四步　若路由器为无线路由器，点击"下一步"进入如图 3-19所示的无线路由设置页面，将该页面内"无线状态"设置为"开启"；"SSID"内可设置任意名称，其命名规则与文件夹相同，应该注意名称在本无线区域内唯一；"信道"可选择默认的6；"模式"的选择有两种，分别为：54Mbps（802.11g）和11Mbps（802.11b），具体选择应与家庭PC支持的模式相同，目前主流笔记本电脑对两种模式均支持。

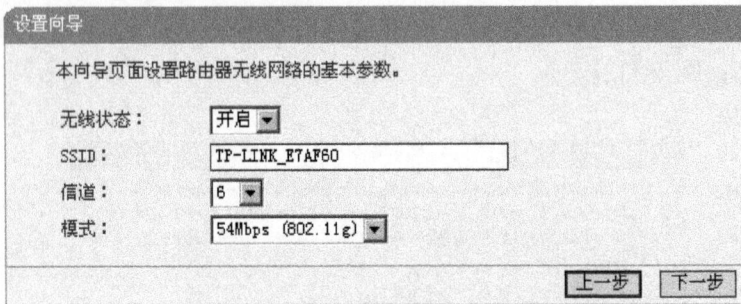

图3-19　无线路由设置

第五步　点击"下一步"后进入设置完成页面，点击"完成"结束路由器配置。

习　题

一、单选题

1.计算机网络的目标是实现（　　　　）。

A. 数据处理　　　　　　　　　　　　B. 文献检索

C. 资源共享和信息传输　　　　　　　D. 信息传输

2.按网络拓扑结构分类，计算机网络可分为（　　　　）。

A.星型网络、总线型网络、环型网络、树型网络等

B.星型网络、总型网络、环型网络、树型网络等

C.总型网络、星状网络、环状网络、树状网络等

D.树状网络、环状网络、总线网络、星状网络等

3.按网络距离来分，计算机网络可分为（　　　　）。

A.家庭网络、网吧网络、校园网络和企业网络等

B.因特网、国家军用网、国家公安网等

C.局域网、广域网等

D.短距离网、长距离网、全球网等

4.下列IP地址合法的有（　　　　）。

A. 192. 168. 1　　　　　　　　　　B. 200. 200. 200. 200

C. 202. 192. 1681. 31　　　　　　　D. 192. 168. 1. 1. 1

5. 下列不属于网络操作系统的是( )。

A. NetWare 　　　　　　　　　　　B. Windows NT

C. ADSL 　　　　　　　　　　　　　D. Solaris

6. 下列不属于ISP的有( )。

A. 电信 　　　　B. 联通 　　　　　C. 铁通 　　　　D. 网易

7. 常见的无线上网的模式有( )。

A. 802. 11g和802. 3 　　　　　　B. 802. 11g和802. 11b

C. 54Mbps和10Mbps 　　　　　　D. X. 24和HTTP

8. ADSL上网的拨号协议是( )。

A. TCP/IP 　　　　　　　　　　　B. XML

C. PPPoE 　　　　　　　　　　　　D. SMTP

9. 不能充当星型网络的中心结点的设备是( )。

A. 拨号器 　　　　　　　　　　　B. 无线路由器

C. 集线器 　　　　　　　　　　　D. 交换机

10. 下列不是网络应用软件的是( )。

A. IE浏览器 　　　　　　　　　　B. 迅雷

C. CuteFTP 　　　　　　　　　　D. 记事本

二、填空题

1. 按网络拓扑结构分类,计算机网络可分为____、____、____、____等。

2. 222. 12. 1. 200这个IP地址属于____类地址。

3. 计算机网络的构成有____、____、____、网络软件等。

4. IP地址由____和____两部分组成。常用的IP地址有____、____、____三类。

5. 常用的网络连接设备有____、____、____、____、网关等。

6. 网络传输介质分为____和____两种。

7. 局域网的特点有____、____、____、____、____等。

8. 广域网的特点有____、____、____、____、____等。

9. 工作站是____。

10. 网络软件有____、____、____、____等。

上机实验

实验3.1　基于IPV4对等网络组网实验

1. 实验目的

学习对等网络组网的原理，掌握对等网络组网操作的方法。

2. 实验环境

2台以上具有Windows 8操作系统、网卡、网线和交换机的计算机。

3. 实验要求

（1）要求学会并掌握网络硬件组网；

（2）要求学会并掌握对等网络IP配置。

4. 实验内容

（1）将计算机用网线与交换机连接起来；

（2）将各计算机的IP设置好，第一台计算机IP设置为192.168.1.1，第二台IP设置为192.168.1.2，以此类推；

（3）使用网上邻居查看其他计算机，并设置本机共享文件夹。

实验3.2　路由器配置实验

1. 实验目的

学习路由器组网的原理，掌握路由器配置操作的方法。

2. 实验环境

2台具有Windows 8操作系统、一台路由器、一根网线、一个上网帐号的计算机。

3. 实验要求

（1）要求掌握路由器的配置方法；

（2）要求配置两台计算机共同连接上互联网。

4. 实验内容

（1）使用网线将计算机与路由器连接起来；

（2）参考3.3.2的路由器配置步骤对路由器进行配置；

（3）使用计算机上网验证路由器是否配置正确。

第4章

计算机安全

本章要点
- □ 计算机病毒与防治
- □ 黑客防范
- □ 网络木马防治
- □ 网络健康配置

连接到网络（特别是连接到Internet网络）后，计算机安全隐患就无处不在。如果计算机在某一天突然不能开机，很大可能是因为计算机中了病毒；如果个人在计算机中的重要资料被人窃取了，很大可能是个人计算机中了木马等等。因此保证计算机安全是计算机连接网络的前提，该类技术需要使用计算机上网的用户学习和掌握。本书在此提出"三防"的观点，即"防毒"、"防火"、"防流氓小偷"，分别为防治计算机病毒、使用防火墙防治黑客攻击、防治木马和"流氓"插件。

4.1 计算机病毒与防治

计算机病毒是指编制者在计算机程序中插入的破坏计算机功能或者破坏数据，影响计算机使用并且能够自我复制的一组计算机指令或者程序代码。计算机病毒是人为编制的，编制病毒的原因有很多，如为了证明个人的实力、为了满足个人的兴趣、为了实现个人的报复行为、为了谋取某些商业利益等等。因此，研制病毒的人群为计算机病毒爱好者、在校学生、失业的计算机人员和黑心的杀毒软件制造商。

4.1.1 计算机病毒的特征

1. 破坏性

计算机病毒制造者是以破坏为目的而设计计算机病毒的，因此病毒具有一定的破坏能力，它会对计算机中的BIOS和软件系统进行破坏。例如，"熊猫烧香"病毒（图标如图4-1所示）是一种经过多次变种的"蠕虫病毒"，于2006年10月16日由25岁的中国湖北人李俊编写，2007年

图4-1 "熊猫烧香"病毒图标

1月初肆虐网络,它主要通过下载的档案传染。对计算机程序、系统破坏严重。据不完全统计,该病毒的变种数达90多个,个人用户感染"熊猫烧香"病毒的达几百万。

2.传染性

计算机病毒具有传染性,也称为传播性,是指它能自我复制,能在本机上复制到不同的存储位置,也能通过网络对不同计算机进行传播。例如,QQ群蠕虫病毒,它是一种利用QQ群共享漏洞传播流氓软件和劫持IE主页的恶意程序,QQ群用户一旦感染该蠕虫病毒,便会向其他QQ群上传该病毒,从而不断扩散。2013年4月,"QQ群蠕虫病毒"第三代变种伪装成"刷钻软件"大量传播,每天中毒的电脑达到2万~3万台。后来通过腾讯电脑管家、金山等安全厂商的联合打击,第三代QQ群蠕虫病毒基本已经被杀除。

3.潜伏性

有些病毒被设计人员预先设计好了发作时间,在这个时间到来之前,就只会潜伏在电脑里面,这即为计算机病毒的潜伏性。例如,早期有一款病毒叫黑色星期五,是款文件型病毒,若一台计算机感染了该病毒,那么每遇到日期为13日且是星期五,病毒就会发作,现今许多病毒都是基于该病毒发展起来的。

4.隐蔽性

病毒具有很强的隐蔽性,病毒设计人员为了让病毒不被发现,将病毒"寄生"在某些文件里面或和普通程序同名等。例如Trojan/PSW. GamePass. bu"网游大盗"病毒,该病毒是一个利用网络共享进行传播的木马程序。该程序将病毒文件注入IEXPLORE. EXE或EXPLORER. EXE的进程中,隐藏自我,防止被查杀。

4.1.2 史上计算机病毒排行

据相关资料记载,近二十年以来的计算机病毒在破坏性、传播性和造成损失方面的综合排名,具体如下:

1.CIH (1998年)

该计算机病毒属于W32家族,感染Window* 95/98中以**E为后缀的可行性文件。它具有极大的破坏性,可以重写BIOS使之无用(只要计算机的微处理器是Pentium Intel 430TX),其后果是使用户的计算机无法启动,唯一的解决方法是替换系统原有的芯片(chip)。该计算机病毒于4月26日发作,还会破坏计算机硬盘中的所有信息但不会影响MS/DOS、Windows 3. x和Windows NT操作系统。

CIH可利用所有可能的途径进行传播:软盘、CD-ROM、Internet、FTP下载、电子邮件等,被公认为是有史以来最危险、破坏力最强的计算机病毒之一。该病毒1998年6月爆发于中国台湾,在全球范围内造成了2 000万~8 000万美元的损失。

2.梅利莎 (Melissa, 1999年)

这个病毒专门针对微软的电子邮件服务器和电子邮件收发软件,它隐藏在一个Word 97格式的文件里,以附件的方式通过电子邮件传播,善于侵袭装有Word 97或

Word 2000 的计算机。它可以攻击 Word 97 的注册器并修改其预防宏病毒的安全设置，使它感染的文件所具有的宏病毒预警功能丧失作用。

在发现 Melissa 病毒后短短的数小时内，该病毒即通过因特网在全球传染数百万台计算机和数万台服务器，因特网在许多地方瘫痪。该病毒于 1999 年 3 月 26 日爆发，感染了 15%~20% 的商业计算机，给全球带来了 3 亿~6 亿美元的损失。

3．I love you (2000 年)

该病毒 2000 年 5 月 3 日爆发于中国香港，是一个用 VBScript 编写，可通过 E-Mail 散布的病毒，而受感染的电脑平台以 Win95/98/2000 为主。给全球带来 100 亿~150 亿美元的损失。

4．红色代码 (Code Red，2001 年)

该病毒能够迅速传播，并造成大范围的访问速度下降甚至阻断。这种病毒一般首先攻击计算机网络的服务器，遭到攻击的服务器会按照病毒的指令向政府网站发送大量数据，最终导致网站瘫痪。其造成的破坏主要是涂改网页，有迹象表明，这种蠕虫病毒有修改文件的能力。该病毒于 2001 年 7 月 13 日爆发，给全球带来 26 亿美元损失。

5．SQL Slammer (2003 年)

该病毒利用 SQL SERVER 2000 的解析端口 1434 的缓冲区溢出漏洞对其服务进行攻击，2003 年 1 月 25 日爆发，全球共有 50 万台服务器被攻击，但造成的经济损失较小。

6．冲击波 (Blaster，2003 年)

该病毒运行时会不停地利用 IP 扫描技术寻找网络上系统为 Win2000 或 WinXP 的计算机，找到后就利用 DCOM RPC 缓冲区漏洞攻击该系统，一旦攻击成功，病毒体将会被传送到对方的计算机进行感染，使系统操作异常、不停重启，甚至导致系统崩溃。另外，该病毒还会对微软的一个升级网站进行拒绝服务攻击，导致该网站堵塞，使用户无法通过该网站升级系统。该病毒于 2003 年夏爆发，数十万台计算机被感染，给全球造成 20 亿~100 亿美元的损失。

7．Sobig.F (2003 年)

Sobig.F 是一种利用互联网进行传播的病毒，当其程序被执行时，会将自己以电子邮件的形式发给它从被感染电脑中找到的所有邮件地址，它使用自身的 SMTP 引擎来设置所发出的信息。此蠕虫病毒在被感染系统中的目录为 C:\WINNT\WINPPR32.EXE。该病毒于 2003 年 8 月 19 日爆发，为此前 Sobig 的变种，给全球造成 50 亿~100 亿美元的损失。

8．贝革热 (Bagle，2004 年)

该病毒通过电子邮件进行传播，运行后，在系统目录下生成自身的拷贝，修改注册表键值。病毒同时具有后门能力。该病毒于 2004 年 1 月 18 日爆发，给全球带来数千万美元的损失。

9．MyDoom (2004 年)

MyDoom 是一种通过电子邮件附件和 P2P 网络 Kazaa 传播的病毒，当用户打开并运行附件内的病毒程序后，病毒就会以用户信箱内的电子邮件地址为目标，伪造邮件的源地址，向外发送大量带有病毒附件的电子邮件，同时在用户主机上留下可以下载并执行任意代码的后门。该病毒于2004年1月26日爆发，在高峰时期，导致网络加载时间慢50%以上。

10．Sasser（2004年）

Sasser病毒是一个利用微软操作系统的Lsass缓冲区溢出漏洞（MS04-011漏洞信息）进行传播的蠕虫。由于该蠕虫病毒在传播过程中会发起大量的扫描，因此对个人用户使用和网络运行都会造成很大的冲击。该病毒于2004年4月30日爆发，给全球带来数千万美元的损失。

4.1.3　计算机病毒的传播途径

计算机病毒的传播途径很多，早期的传播介质主要有软盘等可移动磁盘。目前病毒的传播介质如下：

1．光盘

有些光盘在制作的时候被感染了病毒，用户在本机使用光盘时就感染了该病毒。在20世纪90年代以前，光盘传染病毒是主要的病毒传播途径之一。现在很多计算机都有刻录机，假如计算机内已经感染了病毒，那么使用该计算机的刻录机制作光盘时，很可能就制作出带病毒的光盘。许多盗版光盘都是由一些小作坊制作的，因为小作坊对病毒处理得不好，所以生产出来的盗版光盘也带有病毒。

2．U盘

U盘作为一个便捷的移动盘，已经在人们的生活和工作中成为资源交流的主要媒介之一。同时其也是病毒传播的主要途径之一。用户在带有病毒的计算机中使用U盘后，U盘就会感染病毒，若该U盘在另一台计算机使用，则另一台计算机就会被感染病毒。通常公共使用的计算机（例如学校多媒体教室内的计算机），因为各类人员使用该电脑，并插入U盘拷贝文件，所以如果某一个人的U盘有病毒，就会有很多人的U盘通过这台计算机感染病毒，那些感染病毒的U盘在别处使用，病毒就进一步传播。

3．计算机网络（主要是Internet）

许多病毒自身具有网络通信功能，只要连接到网络就能疯狂传播，这类病毒通常会在局域网或Internet传播，例如蠕虫病毒就是这类病毒，典型例子有红色代码（Code Red）、冲击波（Blaster）、震荡波（Sasser）、熊猫烧香（Nimaya）等。

有些病毒寄存在网页上，在打开网页的时候本机将自动感染，在一些非正规网站的网页就有这类病毒。例如，某计算机因为曾经访问过非正规网站，而后该机出现隔段时间自动弹出某一网页的情况，那么该台计算机已经感染了病毒。

有些病毒是通过电子邮件传播的，当用户打开电子邮件后计算机就会感染病毒。例如圣诞节病毒（Navidad）以一些祝福语、情话为幌子，发送带病毒的邮件或链接。其一般以"NAVIDAD. EXE"文件作为电子邮件附件的形式或者通过QQ和MSN等聊天软件进行传播。该病毒不仅可以删除文件，还可以毁坏电脑主板上的可擦写BIOS。由于该病毒只在12月25日发作，因此被称为"圣诞节病毒"。

4.1.4 计算机病毒的防治

计算机病毒的防治可采用隔离的方式，将传播途径切断，病毒则无法传播到计算机，如果本机不使用盗版光盘、不使用U盘以及不连接网络，那么该计算机将很少有机会感染病毒。然而，像这样的计算机是无应用价值的，因为当今不与外界交流的计算机都是无价值的"废铁"。因此，我们对计算机病毒的防治采用在本地计算机安装杀毒软件的方法。

杀毒软件不能杀除全部的病毒，这是因为先有病毒，而后才会有相关的杀毒软件。所以在学习杀毒软件之前，先明确的事是装了杀毒软件的计算机不一定没有病毒，但杀毒软件能防止大部分已知病毒，所以安装了杀毒软件的计算机其病毒将大大减少，对杀毒软件进行一定的设置后，其防病毒效果是很好的。

杀毒软件有很多，国产的有瑞星杀毒软件、金山毒霸等；国外的杀毒软件有Avira AntiVir完全免费版（英文版）、Avast! Home简体中文免费版和ClamWin完全免费版等。本文以金山毒霸为例介绍杀毒软件的安装与使用。

1. 安装杀毒软件——金山毒霸

第一步 下载金山毒霸杀毒软件：登录金山毒霸官网（http：//www.ijinshan.com/）下载金山毒霸（2013年12月12日的最新版本为新毒霸"悟空"SP6.0），在网站上点击如图4-2所示的"立即下载"图标后，将下载金山公司为用户提供的kavsetup*.exe（例如kavsetup131212_99_50.exe）文件。

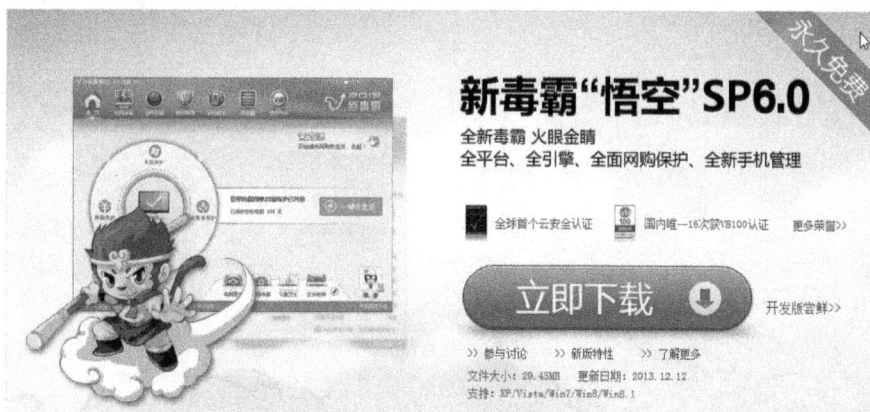

图4-2 金山毒霸软件下载

第二步 安装金山毒霸软件：双击下载的金山毒霸安装文件后，将显示如图4-3所示的安装对话框，此安装提供猎豹安全浏览器的安装，若无须安装则将此选项前的钩去除后点击"立即安装"按钮，将显示如图4-4所示的画面，当移动刻度达到100时完成自动安装，并自动在桌面创建一个"新毒霸"图标，在开始屏幕创建四个磁贴（分

新编计算机应用基础（Windows 8+Office 2013）

别是：日志查看器、在线升级、新毒霸和病毒隔离系统），同时金山毒霸会自动运行。

图4-3　金山毒霸软件安装

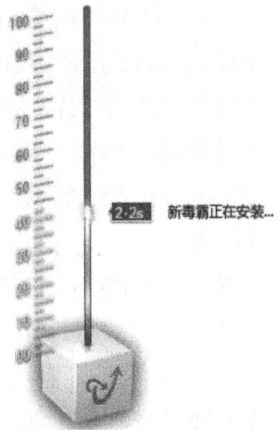

图4-4　金山毒霸软件安装过程

2．配置杀毒软件

杀毒软件安装完后，只代表本机具备了杀毒的条件，要开启实时监控，才能及时发现病毒。早期的杀毒软件是需要用户手动运行杀毒软件的实时监控模块的，后来随着计算机硬件配置的提高，杀毒软件皆是随操作系统启动且实时监控的。金山毒霸运行后整个Windows 8系统都会受到它的实时监控。金山毒霸提供20层的保护机制，分别为7层系统保护、5层上网保护、4层防黑客保护和4层网购保护。金山毒霸提供的20层保护机制在默认的情况下是打开的，用户可以通过点击金山毒霸主窗口中的"铠甲防御"图标→"防御开关"，打开如图4-5所示界面进行设置与管理。

图4-5　金山毒霸实时防护

系统保护包含程序运行保护、驱动加载保护、注册表保护、程序防注入保护、系统关键点保护、用户桌面保护和U盘5D实时保护。系统保护的实质内容是系统内核防护和文件系统防护。其中文件系统防护是指对文件的实时检测，因为计算机里的文件非常多，所以一般只是对正在使用的文件和新添加的文件（如U盘的文件）进行检测，若发现病毒会按设置进行清除病毒、禁止访问或提示用户进行操作。

上网保护包含上网浏览保护、上网聊天保护、上网下载保护、上网看片保护和浏览器保护。上网浏览保护指的是当用户不小心进入带病毒的网站时得到保护；上网聊天保护是指对聊天软件的信息进行即时检测，聊天软件也可以传播病毒，如在聊天软件里发送带病毒的图片、带病毒的文件等，杀毒软件开启本功能后将自动防护传播的病毒；上网下载保护是指对用户的下载文件进行检测，以保证所下载的文件没有感染病毒；上网看片保护是指保护用户在看网络视频时不被感染病毒；浏览器保护是指保护浏览器不被随意篡改。

防黑客保护包含防黑客下载木马、防黑客远程控制、防黑客扫描和防黑客偷拍。防黑客下载木马是指防止黑客使用木马程序从远程下载本机文件；防黑客远程控制是指防止黑客通过黑客程序远程控制本地计算机，使本地计算机做些用户不知道的事情；防黑客扫描是指防止黑客通过程序扫描本地计算机中的文件和资源；防黑客偷拍是指防止黑客通过黑客程序偷拍本地计算机的屏幕或控制本地计算机的摄像头偷拍用户生活隐私。

网购保护包含支付页面防篡改、拦截欺诈购物网站、查杀网购木马病毒和浏览器安全加固。支付页面防篡改是指防止浏览器对银行支付页面、支付宝支付页面、财富通支付页面等进行篡改；拦截欺诈购物网站是指金山毒霸官方会对欺诈购物网站进行收集，从而提醒用户避免在欺诈购物网站购物；查杀网购木马病毒是指金山毒霸可专杀网购木马病毒；浏览器安全加固是指对浏览器进行安全方面的加固，比如打安全补丁、插件更新和锁定浏览器设置等。

3. 定时升级杀毒软件

杀毒软件无法清除所有的病毒，即新病毒是无法清除的。那么出现新的病毒是不是杀毒软件就完全失效呢？答案是否定的，因为杀毒软件是由某一家公司生产的，例如金山毒霸是由金山公司研制的，那么该公司将有一个专门进行病毒研究的部门，部门职能就是发现最新病毒、研制杀毒模块和提供给用户下载升级。当一种新病毒出现后，杀毒软件公司就会对病毒进行研究，为用户提供杀除该新病毒的功能模块，用户通过升级本地杀毒软件，使得本地杀毒软件具有清除该新病毒的能力。因此，杀毒软件及时升级是保证其能获得最强杀毒能力的唯一途径。金山毒霸软件默认设置为软件自动升级，也可以取消自动升级。

设置升级方式的具体操作方法为：点击金山毒霸软件的主界面中的"主菜单"（图

标：![下拉标]）→"设置"菜单项后，在"基本设置"选项卡中点击"自动升级"前的复选框，打上钩表示自动升级，取消钩表示手动升级，然后点击"确定"按钮。

手动升级的方法为：点击金山毒霸软件的主界面右下角的"立即升级"文字，将弹出如图4-6所示对话框，点击"立即升级"按钮后软件将检查软件更新、下载文件和升级软件，当升级完成后提示升级结果，有可能需要重启计算机。

图4-6 金山毒霸升级

4.2 黑客防范

黑客是许多人公认的坏人，而且有些黑客也被法律制裁过。有的人谈"黑"色变，因为一台计算机若无防范，则会成为黑客的"肉鸡"。那么黑客是什么呢？其定义有很多，作者也给黑客下一个定义：利用网络技术和手段侵入他人计算机并实施入侵行为的入侵者。从定义来看，其一，黑客的技术水平很高，他能掌握网络技术，使用网络技术手段并入侵他人计算机。其二，黑客不一定是坏人，要看其入侵行为而定，假如一个黑客只是入侵了他人计算机以提醒计算机主人本机不安全，那么他的行为相当于做好事，也即人们常说的"红客"；当然黑客侵入他人计算机后做了许多坏事，那么他就是我们传统意义上认为的黑客。其三，黑客不一定是人，也可能是一个黑客编写的自动程序。

4.2.1 黑客的防范内容

人们对黑客的防范主要是防止恶意黑客，避免自己的计算机成为黑客的"肉鸡"，"肉鸡"是指受黑客控制进行不良行为的个人计算机。因此我们对黑客主要从以下几个环节进行防范：

1．黑客进不来

黑客要使用我们的计算机，务必要进入我们的计算机，只有在我们的计算机内开放了能受控制的端口，他才能在远程对本机进行遥控。所以我们要防止黑客进来，实际上是指防止黑客打开本机的受控端口，要做到这一点，只需在本机安装并打开防火墙（关于防火墙请参考4.2.2）。

2．进来找不到

水平高一点的黑客会很容易绕过防火墙进入本地计算机，他进入本机后可能会做的事情有盗取本机重要资料、操控本机去进行不良行为。为了保证本机重要资料不被盗取，可以将重要资料进行本机隐藏，可采取的有效的方法有两个：一是将重要资料放在移动盘，平时用不着时将移动盘拿走，让重要资料与计算机物理隔离；二是使用加密软件对本机文件或文件夹进行加密，加密后的文件或文件夹不容易被黑客找到。

3．找到拿不走

当一个重要资源被黑客发现后，他便会进行盗取，所谓盗取就是将本地的文件发送至黑客的计算机，通常黑客采用的是发送电子邮件的方法，即本地发送一个电子邮件到黑客指定的电子邮箱。那么我们可以采取的措施为禁止本机发送电子邮件，实现这一点可使用防火墙工具来设置，也可卸载本机Outlook软件。

4．拿走打不开

即使重要资料被黑客盗走，假如我们事先对资料进行了加密，打开时要求提供密码，而且密码足够长，那么黑客想获得里面的信息也是很困难的。所以我们要做的是重要资料一定要多地方备份，且给它设置一个比较复杂的密码。

5．打开看不懂

对重要资料的最后一层防护为打开看不懂，用户在资料被盗之前对资料内容进行加密，在没有密钥的情况下，黑客只能打开密文，密文是加过密的文本，因此是看不懂的。当然有些重要机构为了做到这一点，自己使用专用系统进行资料管理，黑客在获得资料后因为没有专用系统，所以打开资料只能看到一堆乱码。

4.2.2 防火墙

防火墙是有效防止黑客查找和连接本机的手段，因此防火墙是当今所有计算机必须具备的软件，众所周知，Windows 8安装完后自动预装自带的简易防火墙，故本书以Windows 8自带防火墙为例对防火墙的使用进行说明。

1．防火墙管理界面的打开

打开"控制面板"→"网络和Internet"→"网络和共享中心"→"Windows防火墙"后，将打开如图4-7所示的防火墙管理界面。

图4-7　Windows防火墙

2．启用或关闭Windows防火墙

在如图4-7所示的"Windows防火墙"窗口中点击左侧的"启用或关闭Windows防火墙"文字后，将弹出如图4-8所示的界面。用户进行选择后点击"确定"按钮完成防火墙的启用或关闭。

图4-8　启用或关闭Windows防火墙

3．设置防火墙管理规则

在如图4-7所示的"Windows防火墙"窗口中点击左侧的"高级设置"后，将显示图4-9所示的"高级安全Windows防火墙"窗口。在此窗口可设置防火墙的入站规则和出站规则。点击"监视"→"防火墙"可查看已经设置好的防火墙规则。

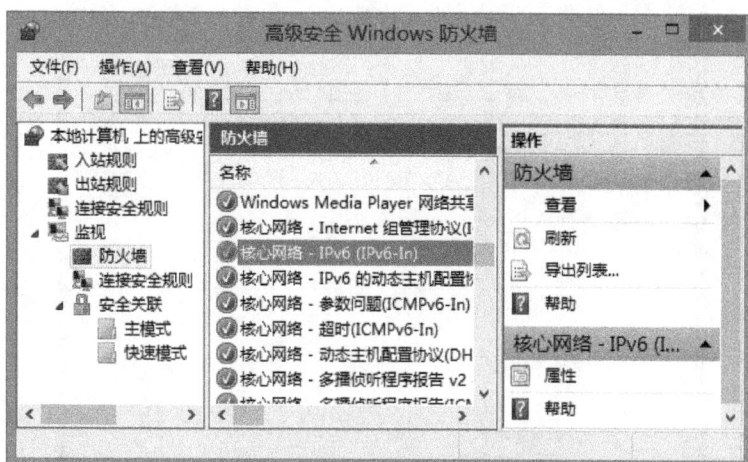

图4-9 高级安全Windows防火墙

举例：假设Windows 8系统中已经安装了暴风影音软件，现做实验使用防火墙限制暴风影音软件联网，其具体操作步骤如下：

第一步 在"开始屏幕"上找到暴风影音的磁贴，点击该磁贴运行暴风影音，此时查看暴风影音的运行情况。

第二步 打开"控制面板"→"网络和Internet"→"网络和共享中心"→"Windows防火墙"后，点击窗口左侧的"高级设置"，在弹出的"高级安全Windows防火墙"窗口中点击"入站规则"并查找到暴风影音项，如图4-10所示。

图4-10 防火墙入站规则设置

第三步 双击暴风影音项，在如图4-11所示的暴风影音属性对话框，选择"阻止连接"后点击"确定"按钮，即设置了暴风影音不可从网络中接收数据。

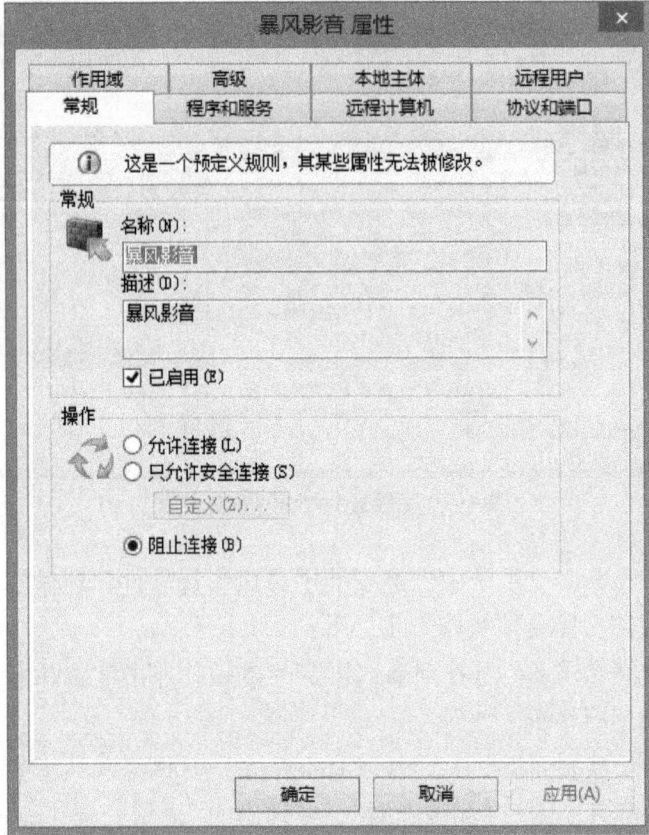

图4-11　暴风影音属性

第四步　点击"出站规则"并查找到暴风影音项，如图4-12所示。

图4-12　防火墙出站规则设置

　　第五步　双击暴风影音项，将弹出暴风影音属性对话框，在对话框中选择"阻止连接"后点击"确定"按钮，完成设置后暴风影音不可向网络发送数据。

第六步 在"开始屏幕"上找到暴风影音的磁贴,点击该磁贴运行暴风影音,此时查看暴风影音时不显示网络在线视频列表(或提示网络不可用)。

4.3 网络木马防治

木马是特洛伊木马的简称,其原理是在计算机内部运行并开放一些端口。通常,当远程控制端通过开放的端口与本机连接后,木马会受控制端的指挥,盗取本机重要资料、接收远程发来的病毒程序和使用本机攻击他人计算机。从原理上看,木马本身不具有破坏性,它与普通网络软件一样,只是开放一些端口进行通信,因此基于原理很难区分是木马还是普通网络软件。杀毒软件将已知木马的特征提取出来,把它当作病毒处理,并提供木马防火墙,但若出现新的木马程序,木马防火墙还是只会将其当作普通网络软件处理。清除计算机网络木马的软件有很多,下面主要介绍金山卫士。

4.3.1 安装金山卫士

在金山网络的金山卫士首页(www.ijinshan.com/ws/)下载金山卫士安装文件setup_*.exe(例如setup_4.7.0.4087.exe),下载后进行安装,安装的具体步骤为:

第一步 双击文件时将弹出如图4-13所示的安装界面。

图4-13 金山卫士安装界面

第二步 点击"更改路径"可以修改安装的路径,若无须创建毒霸网络大全的快捷方式,则可把其前面的钩去除(默认为已选),点击"立即安装"按钮进入安装进度界面,如图4-14所示。

图4-14　安装进度界面

第三步　安装进度达到100%时软件自动完成安装，将弹出如图4-15所示的安装完成界面。

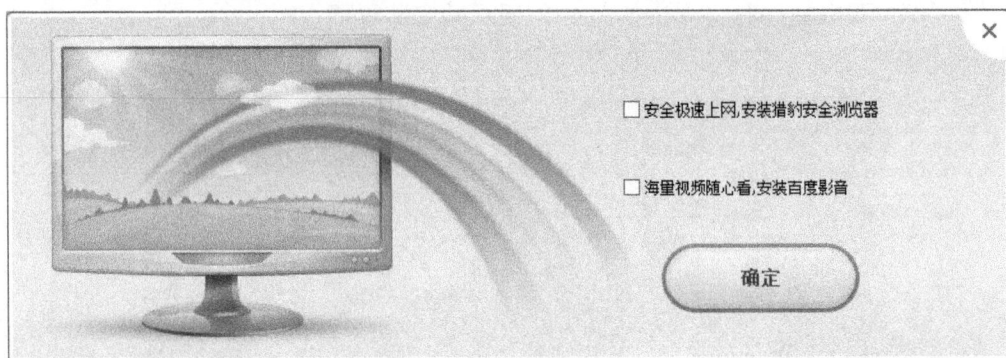

图4-15　安装完成界面

第四步　在安装完成界面内有两个选择项，分别是"安全极速上网，安装猎豹安全浏览器"和"海量视频随心看，安装百度影音"，若无须安装则将其前面的钩去除，点击"确定"按钮。

4.3.2　清除网络木马

金山卫士安装完后，运行金山卫士进入它的主界面，点击"查杀木马"选项卡，进入木马查杀主界面（如图4-16所示），这里有三种木马查杀方式：快速扫描、全盘扫描和自定义扫描。

图4-16　金山卫士木马查杀主界面

　　快速扫描是指只对系统内存、启动对象等关键位置进行扫描，由于扫描的内存相对少许多，因此其扫描速度会较快。假如通过快速扫描保证了内存中没有木马，计算机其他位置即使有木马，也不会对本机构成威胁，因为程序必须在内存中才能运行，木马程序也一样，只有在内存中运行才会构成威胁。因此，作者建议用户平时可以只选择快速扫描，只有当快速扫描发现了木马后才进行全盘扫描。

　　全盘扫描是指对系统进行全面扫描，包括内存、启动项以及全部磁盘，是一个彻底的扫描方式，它能将磁盘中全部位置隐藏的木马都找出来，但执行全盘扫描需要花费很长的时间，通常都是好几个小时，所以全盘扫描一般会在计算机非常空闲的时候进行。

　　自定义扫描是指根据用户的选择进行一定范围的扫描，这种扫描方式通常用于对新添加的存储器（如U盘、光盘）进行单独扫描。有时也使用自定义扫描代替全盘扫描，因为全盘扫描耗时太长，所以人为地将计算机中的各盘或各文件夹分成好几个部分，分几次使用自定义扫描完成扫描，那样就相当于做了一次全盘扫描。值得注意的是不用担心较长的扫描期间木马会传来传去，因为本机开启了木马实时监控。

　　快速扫描和全盘扫描操作很简单，点击如图4-16所示的查杀木马主界面的图标，剩下的工作由金山卫士自动完成。

　　本书以单独扫描U盘为例介绍自定义扫描的操作步骤，具体如下：

　　第一步　插入U盘到USB接口，等待系统检测完成后，点击查杀木马主界面中如图4-17所示的自定义扫描

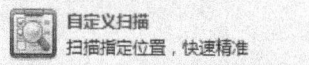

图4-17　自定义扫描图标

图标，将弹出自定义扫描界面。

第二步　在自定义扫描界面中，鼠标点击带钩的方框并取消所有的钩，只剩下U盘前的钩，如图4-18所示。

图4-18　自定义扫描界面

第三步　点击"确定"按钮进行扫描，系统将进入扫描界面，等待扫描完成，若发现木马则会出现如图4-19所示的提示对话框。

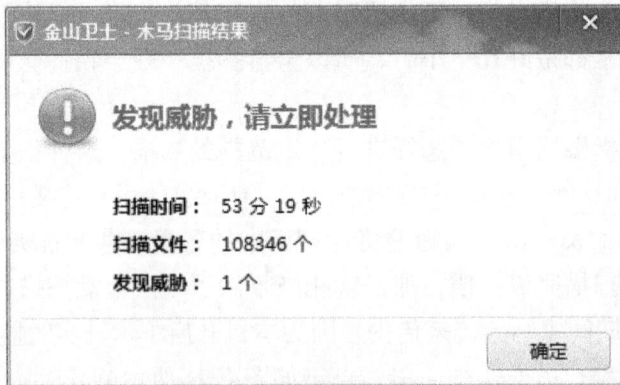

图4-19　提示对话框

第四步　点击"确定"按钮后，提示对话框关闭，点击"立即修复"按钮清除木马病毒，或点击"暂不修复"暂时不处理木马（注：有时本地机器因为特殊用途需要使用木马程序），处理完成后，U盘单独扫描操作结束。

4.3.3 清除恶意插件

金山卫士不仅能查杀木马，而且还有许多其他功能，有电脑体检、系统优化、垃圾清理、插件清理、系统修复、修复漏洞、专家加速、软件管理、手机助手和百宝箱等。

电脑体检是指对计算机进行28项安全检测，全部检测结束后将异常项、优化项、忽略项和正常项罗列出来。对于异常项可进行忽略或修复操作；对于优化项可进行忽略或其他操作；对于忽略项可进行恢复检测操作；对于正常项则无须操作。

系统优化可查看开机时间，进行开机加速和优化，也可以通过一键优化进行系统的优化。

垃圾清理为分别清理垃圾文件、清理痕迹和清理注册表，可分别操作或一键清理。

插件清理是对本地插件进行强制清除，插件清理功能将列出所有已安装的插件信息，并提供清理建议。

系统修复是指对系统中的一些配置进行还原修复，清理插件是系统修复的一项重要工作。

修复漏洞是指对本机的操作系统和其他软件进行版本检测和补丁检测，若找到更高版本或更新补丁，那么会给出修复列表，并提供修复方法。

专家加速为会员的免费功能，首先由软件对本机进行系统优化检测、垃圾缓存检测、硬件性能检测和开机时间检测，然后再连接到远程的专家，由专家通过远程对本地机器进行加速设置。

软件管理为一个独立的软件模块，它包含软件的安装、升级和卸载等操作。

手机助手是智能手机的同步管理工具，需要手机开通USB调试功能才能由计算机完全控制手机。

百宝箱包含许多计算机额外的功能，如免费WIFI、网游加速器、电脑医生、游戏优化、大文件管理、换肤工具和驱动安装等。

计算机中的插件有两种：一种是良性插件，它是用于某个正规用途的插件，少了它计算机将缺少某些功能，例如网银密码软件插件就是一个良性插件，假如没有此插件，网络传送密码将会是明文，导致网银不安全；另一种是恶意插件，该插件为了实现某些不可告人的用途，在用户不知情的情况下自动安装在计算机上，并且不提供卸载功能，这类插件俗称"流氓插件"，该类插件在普通计算机系统中越来越少，但在手机软件中却泛滥成灾。恶意插件和木马分别被作者命名为"流氓"和"小偷"。

清除浏览器恶意插件的操作步骤为：

第一步　打开金山卫士主界面，点击"查杀木马"→"插件清理"选项卡；

第二步　点击"开始扫描"按钮后金山卫士将自动对本机所有插件进行扫描，并罗列出插件列表，且标示出是否为恶意插件；

第三步　用户查看插件列表，手动选择需清理的插件（包括恶意插件）；

第四步　点击"立即清理"按钮完成插件的清除。

4.4 网络健康配置

家庭PC使用中最令家长头痛的应属其对小孩身心健康的影响，由于小孩自制力较差，所以很容易因为使用计算机误入歧途。例如，小孩上一些不健康的网站或玩一些不健康的软件导致玩物丧志；过长地使用计算机导致身体健康受到严重危害等。因此，在PC上安装一个健康过滤软件是非常有必要的，下面以健康上网专家软件的安装与使用为例进行讲解。

4.4.1 健康上网专家的安装

在健康上网专家官网（www. feitengsoft. com）首页下载健康上网专家安装文件（ft5inst. exe），下载后进行安装，安装的具体步骤为：

第一步　双击ft5inst. exe文件，将弹出如图4-20所示的安装向导界面。

图4-20　健康上网专家安装向导界面

第二步　点击"下一步"按钮，将弹出如图4-21所示的许可证协议界面。

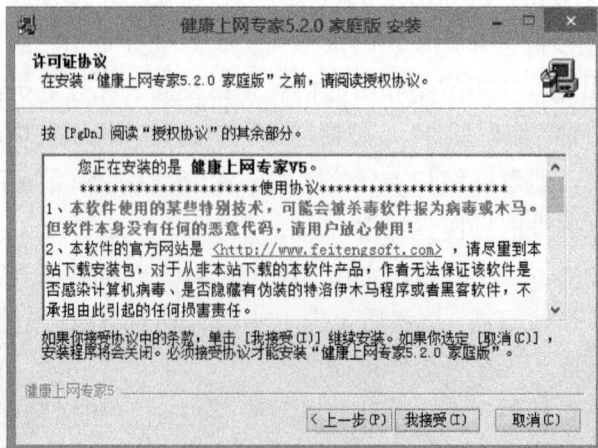

图4-21　许可证协议界面

第三步 认真阅读协议正文，点击"我接受"按钮，将弹出如图4-22所示的安装选项界面。

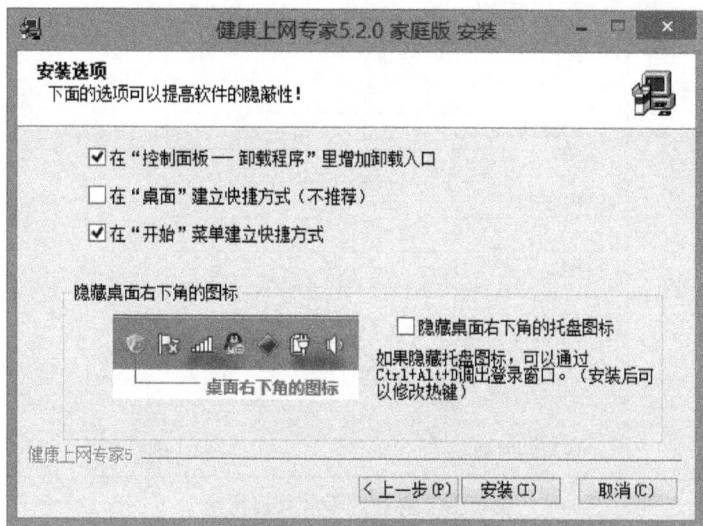

图4-22 安装选项界面

第四步 点击选择在"控制面板——卸载程序"里增加卸载入口、在"桌面"建立快捷方式（不推荐）、在"开始"菜单建立快捷方式和隐藏桌面右下角的图标四个选项后，点击"安装"按钮，系统会自动安装并显示安装进度，安装进度完成后将显示如图4-23所示的安装完成界面。

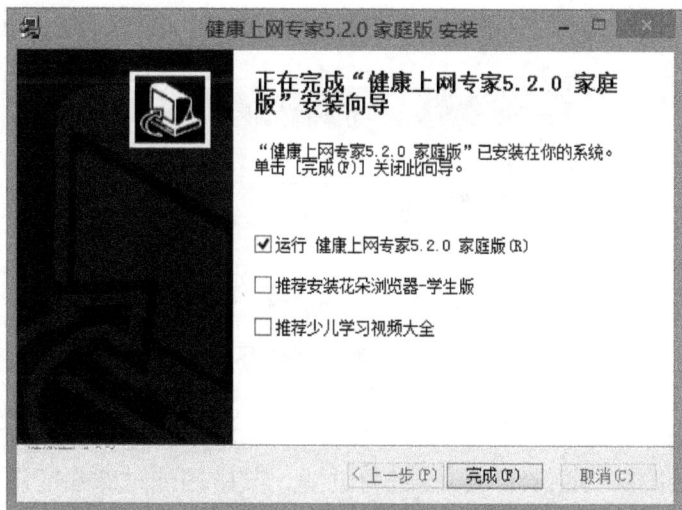

图4-23 安装完成界面

第五步 点击设置好选项后，点击"完成"按钮，将运行健康上网专家并弹出如图4-24所示的"创建帐号和管理密码"界面。

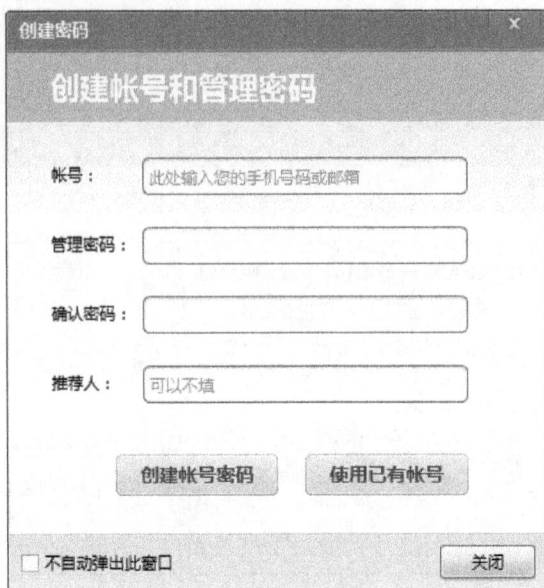

图4-24　创建帐号和管理密码

　　第六步　在创建帐号和管理密码界面里设置帐号、管理密码、确认密码、推荐人，然后点击"创建帐号密码"按钮，即完成健康上网专家的安装。

4.4.2　健康上网专家的使用

　　健康上网专家安装完后运行软件，首先会弹出如图4-25所示的管理员登录界面，在界面内输入密码后，点击"登录"按钮进入软件主界面进行健康功能设置，主要包含的功能有网址过滤、时间控制、游戏限制、健康护眼、屏幕录像、软件限制等。

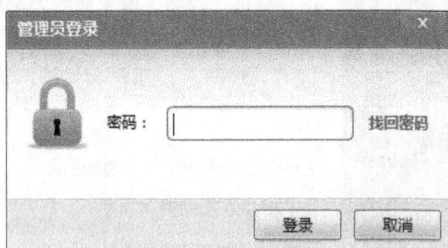

图4-25　管理员登录界面

1．网址过滤

　　网址过滤是指按一定条件对网站进行过滤，其中网址过滤强度设置有两个级别，分别为"安全级别中"和"安全级别高"。如图4-26所示，家长可对网址过滤强度进行设置。此外还可通过点击界面上的"高级设置"按钮打开对话框，可设置关键字过滤（关键字是指中英文词语，如果网站出现与关键字相同的词语，那么网站将打不开），可设置阻止名单和信任名单（阻止名单是指不良网址列表，信任名单是指友好网址列表）。

90

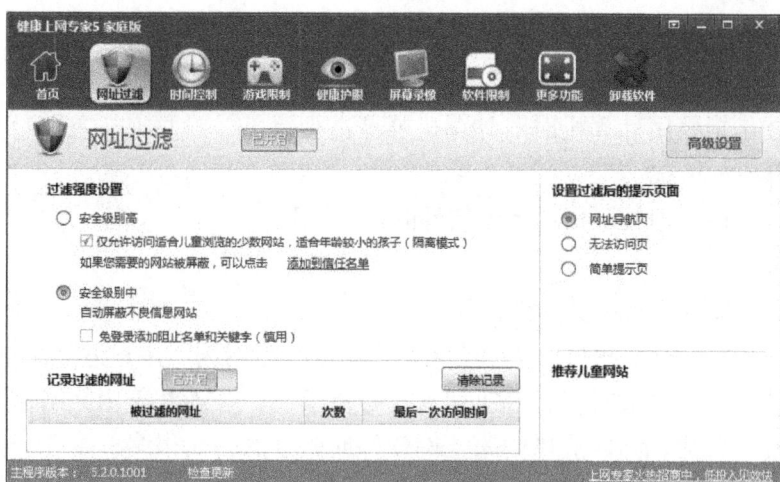

图4-26 网址过滤

2．时间控制

时间控制是指家长控制小孩的上网时间、游戏时间和定时休息时间等。在上网时间和游戏时间里有一个如图4-27所示的时间表。时间表的纵坐标是周一至周日，横坐标为0时至23时，中间的方格为选择项，可使用鼠标点击来选择或取消，并以不同的颜色区分，深灰色表示取消，蓝色表示选择。图中所示的有效时间为周一至周五18时至21时，周六、周日8时至21时，即只有在这个有效时间内才能上网或玩游戏。

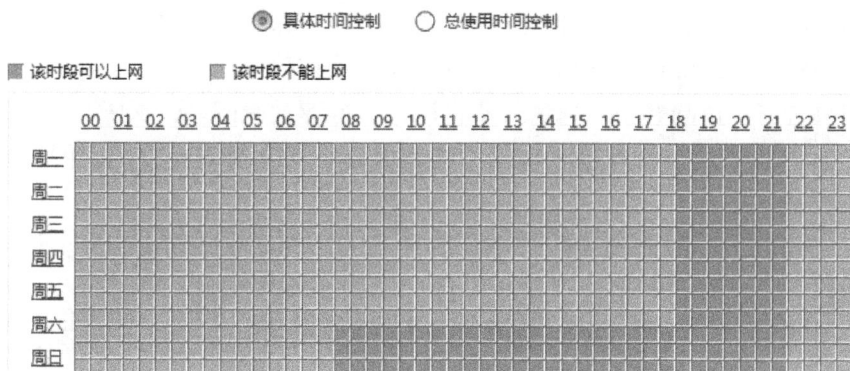

图4-27 时间控制时间表

上网时间控制在具体时间控制模式下才使用时间表，而另一种模式——总使用时间控制则控制每天上网的时间（以分钟为单位）。当在非规定时间使用计算机时屏幕会自动锁定，并显示如图4-28所示的对话框。

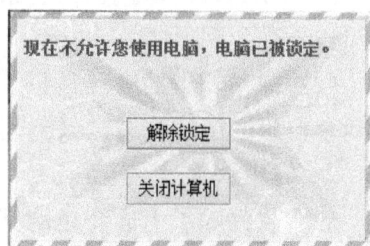

图4-28 自动锁定对话框

3．其他功能

游戏限制是指设定用计算机玩游戏的时间段等。

健康护眼是指设定玩计算机的时间和间隔时间。

屏幕录像是指使用计算机时对计算机屏幕进行保存，以便家长有空时查看并了解小孩使用计算机的情况。

软件限制是指管理员可指定具体软件的运行权限。

4.4.3　现有健康上网软件和服务

健康上网，即安全上网（绿色上网或文明上网），是指网络用户遵守国家法律法规，增强自我保护意识，诚实友好，尊重他人，尊重事实，合理和善用网络资源，建立健康的网络环境。目前，国内提供健康上网软件或服务的公司很多，主要分为两类：绿色宽带和健康软件。

1．绿色宽带

绿色宽带是指ISP（Internet服务商，如电信、联通、移动等）为其网内用户提供的健康上网服务。例如中国电信对绿色宽带的宣传性定义是：绿色宽带是中国电信为家庭宽带用户提供的一项健康上网服务，主要面向有学龄小孩的家庭用户。绿色宽带能够过滤各种影响孩子身心健康的不良网络信息，给孩子们提供一个纯净、健康的网络环境。家长们可有效地对小孩的上网访问权限和时间进行管理，培养小孩良好的上网习惯，让孩子们健康上网，快乐成长。

使用绿色宽带的优点是无须安装软件，用ISP提供的绿色上网服务器进行健康上网即可，服务内容包括以下几方面：

（1）时间管理：灵活地管理孩子上网的时间，保护孩子视力。

（2）网页过滤：过滤暴力、色情等不良网站，推荐健康网站，保障小孩健康成长。

（3）游戏聊天管理：管理孩子玩网络游戏或进行网上聊天交友的时间和方式，防止孩子沉迷网络。

（4）在线防毒：在线监控并定时更新病毒库，查杀各类计算机病毒，保护电脑不受病毒侵袭。

（5）远程遥控：家长可以随时随地通过手机管理家中电脑的上网状况，实现远程保护与关爱。

（6）受限切换：绿色宽带有家长模式和小孩模式，家长只需通过服务密码进行设置，就可以不受上网限制。

使用绿色宽带的缺点是只能控制网络，对本机无法实现控制，即若小孩子沉迷于某款单机版的游戏，通过绿色宽带是无法控制的。

2．健康软件

健康软件除了上面介绍的健康上网专家之外，国内还有许多款类似的软件，下面介绍几款相关的软件。

（1）放心乐健康上网软件。

放心乐健康上网软件是一款绿色上网软件，它提出"家长好放心，孩子乐成长"的口号，并从中提取"放心"和"乐"为软件命名。该款软件可在官网（www.fangxinle.com）下载并安装，软件功能具体如下：

①控制上网时间。自由设置孩子每天的上网时间，避免孩子长时间上网带来的健康危害，合理地安排上网时间。

②智能化过滤不良网站。网络上时常会出现一些不良信息与不健康的网站，孩子有意无意中都会接触到一些，这并不奇怪。为避免孩子被一些不良的信息危害，放心乐会自动把不良信息过滤功能与家长添加的一些不良网站、信任网址和自定义关键词结合，科学化、全方位地净化上网环境，给孩子一个健康成长的网络平台。

③智能化游戏限制管理。网络游戏的诱惑是造成孩子成瘾的一大隐患，合理地安排游戏时间和杜绝一些不良游戏是家长们最为关心的事，放心乐游戏限制管理功能可以智能化限制已知和未知的网络游戏、单机游戏，让家长可随意禁止和开放游戏，也可调控孩子们游戏的时间，避免孩子玩游戏成瘾。

④智能化聊天限制管理。家长可随意禁止和开放已知和未知的聊天工具，在不影响正常学习的情况下，家长可开放聊天工具让孩子增加交际经验和培养孩子与各式各样的人交流的能力。为避免孩子长时间迷恋于网聊，家长可以合理地安排孩子聊天的时间段和时间长度。

⑤智能化下载限制管理。无论我们喜欢还是不喜欢，接受还是不接受，互联网作为一种发展的趋势，都必将进入我们的生活，不可否认互联网给我们带来大量宝贵信息资源的同时也使一些不良网游、不良信息甚至是一些不良视频泛滥成灾。不限制地下载不良软件更是直接导致孩子走向不良道路的第一步。放心乐智能化下载限制管理功能面对家长们的担忧为家长构思出一系列理性的防御方案，家长可屏蔽所有已知和未知的下载软件，但是这也给孩子下载一些学习软件带来了不便，对此，家长可在孩子学习期间，阶段性地开放软件下载功能并可调控下载使用时间。

⑥保护孩子视力。长时间、不规律地上网会对孩子的视力造成严重危害，为防止孩子过度地使用电脑，家长可设置电脑定时休息提醒，孩子使用一定时间电脑后，程序会强制锁机锁屏，休息一段时间后才自动解屏，以达到保护孩子视力的目的。

⑦按时自动关机。为避免孩子长时间使用电脑，家长可设定孩子每天可使用电脑的时间，或进行定时关机设置，超过使用时间或达到预设关机时间电脑将自动关闭。

⑧记录上网内容。在这信息爆炸的时代我们不可否认互联网给我们带来的巨大改变，可是我们也不能忽视互联网所隐藏的一些危害。而互联网毫无过滤的信息一直伴随着青少年的成长，面对互联网巨大的诱惑，家长又该如何帮助孩子作出最正确的应对呢？唯有全面性地了解孩子们的需要。放心乐记录上网内容功能可以把孩子登录过的网址记录并保存下来，帮助家长分析孩子的爱好和兴趣，以便家长可以正确地引导孩子自觉地回避一些不良信息的危害。

⑨记录截屏内容。屏幕截屏功能可以将屏幕内容完整地截屏并保存下来，家长可自由设置截屏的间隔时间，通过密码家长可以快速便捷地查询屏幕截屏图像，及时了解孩子在电脑上的所有活动，以便家长可以正确地引导。

⑩记录程序运行日志。丰富多彩的应用程序给我们带来很多便利、知识和娱乐，而一些应用程序却包含了许多不良信息。记录程序运行日志功能详细地记录了每天电脑运行的程序，帮助家长更进一步了解孩子。

⑪推荐学习网站。增长孩子的知识，提高孩子的学习成绩。

⑫自动升级功能。自动更新不良网址和非法关键字，自动升级到软件的最新版本，省去家长的后顾之忧。

⑬软件自我保护。超强的隐藏功能和防御删除功能，可设置开机自动隐藏运行，别人无法发现，家长可通过使用快捷键后输入正确密码调出设置界面，解除家长的后顾之忧，同时也避免孩子的反感。

⑭私密文件夹。添加到私密文件夹里面的内容只有在家长上网的时候放心乐健康上网监护处于停止的状态时才可以打开，孩子上网监控已开启的状态下私密文件夹不可以访问（私密文件夹不可以设置在系统盘，系统盘一般为C盘，私密文件夹在放心乐最新版本的功能大全里）。

⑮放心乐学习模式。放心乐学习模式——学习时间段内只能运行一个学习软件，避免受其他环境干扰，让孩子更专注于网上学习，提高学习成绩。

（2）安盾软件。

安盾软件是一款绿色上网、健康上网软件，它的主要服务对象是小学、初中阶段的学生，家长可通过本机或远程随时随地控制孩子使用电脑与网络。该款软件可在其官网（www. anshield. com）上下载并安装，软件功能具体如下：

①系统网址过滤。依托AICRS（安盾互联网内容分级标准）海量网址数据库，过滤不良网站。

②系统关键词过滤。针对不良信息的词汇特点，选取有代表性的关键词，在进行网络搜索时提前进行过滤。

③自定义网址过滤。随时添加或删除自定义的网址白名单与网址黑名单，管理孩子可以浏览的网络内容。

④自定义关键词过滤。可以加入或删除希望过滤的关键词，避免孩子通过搜索引擎无意中浏览到不良信息。

⑤时间控制。电脑运行固定时间后，将全屏锁定状态一段时间，强迫孩子休息，有效地保护孩子视力。

⑥程序控制。在您指定的时间内，已选定的程序将禁止运行。家长可以加入和删除需要控制的程序。

⑦硬件控制。通过安盾（家庭版），可以对光驱、U盘的使用进行控制。

⑧屏幕截取。电脑每运行固定时间后，将自动把电脑桌面图像转存为jpg图片，方

便家长浏览查阅。

⑨文本内容控制。家长在网络控制模块设置关键词，如果出现关键词，将强行关闭相应窗口或程序。

⑩文件保护。程序将保护家长添加的文件。

（3）云计算绿色上网。

云计算绿色上网是一款帮助家长科学引导孩子健康上网的工具。通过该软件家长可以全方位了解孩子使用电脑、手机的情况，科学管理孩子上网。该款软件可在其官网（www.gwchina.cn）上下载并安装，软件功能具体如下：

①网站黑名单。自定义网站黑名单，让家长不放心的网站和孩子说再见。

②软件黑名单。自定义软件黑名单，让游戏、聊天等软件和孩子说再见。

③管理使用时长。可以设置孩子使用电脑或手机的时间，不用担心孩子使用时间过长。

④时间段设置。自定义时间段设置，科学引导孩子上网，更好地帮助孩子养成良好的学习、休息习惯。

⑤主动过滤不良网站。拥有强大的不良网址库，主动过滤不良网站，净化网络环境，让孩子畅游于绿色的网络世界！

⑥一键断网/锁屏。通过电脑、手机管理端，随时随地实现对孩子使用电脑、手机的远程管理，让家长真正安心！

⑦多终端同步管理。支持随时随地对手机、电脑等设备之间的远程相互管理。

⑧亲情定位。随时随地查看孩子的地理位置，关注孩子的人身安全。

⑨周统计分析报告。以周为单位统计和分析孩子使用电脑、手机的情况，并形成报告，让家长一目了然，更了解孩子。

⑩短信提醒功能。让家长即时了解孩子的上网行为。

⑪无痕模式。隐藏绿网程序及图标，不让孩子发现，让管理更方便。

⑫查看记录及截屏。查看孩子的网站访问记录、软件使用记录及屏幕截图，更全面地了解孩子上网情况。

（4）驱逐舰绿色上网。

驱逐舰绿色上网采用专业的网页搜索过滤引擎，拥有海量的不良网址库，综合计算机系统底层控制技术、网卡阻断技术等手段，全面屏蔽不良网络信息及病毒、木马网站，并具有手动添加不良网址、信任网址和自定义关键词的功能。该款软件可在其官网（www.vccn.com.cn）上下载并安装。

软件主要功能有通过移动终端或PC端，帮助家长管理、引导孩子正确使用PC、移动终端上网，具有约束PC、移动终端上网使用时间，屏蔽不良网址，查看PC、移动终端上网与软件使用情况，查看PC、移动终端屏幕截屏，短信预警，一键断网，一键锁屏等功能。

（5）绿色童年。

绿色童年是一款安全有效的绿色上网反黄软件，使用技术手段为用户提供绿色上网环境，解除家长后顾之忧。该款软件可在其官网（child. rksec. com）上下载并安装。软件主要有不良网站过滤、游戏多样管理、聊天工具管理、上网时间管理、定时提醒、截屏内容记录、上网内容记录、下载限制控制、按时自动关机、在线升级、隐藏防卸载删除、绿色导航网站等功能。

习　题

一、单选题

1. 计算机病毒是（　　　）。

A. 计算机硬件　　　　　　　　　　B. 生物病毒

C. 计算机程序　　　　　　　　　　D. 计算机的"大脑"

2. 下列不属于计算机病毒的特征的是（　　　）。

A. 传染性　　　　B. 破坏性　　　　C. 隐蔽性　　　　D. 潜规则性

3. 下列最可能出现病毒的是（　　　）。

A. 正版Windows 8安装盘　　　　　B. 电脑城购买的5元一张的刻录盘

C. 一台连接Internet的计算机　　　D. 一个未拆包装的U盘（水货）

4. 下列现象中，可能感染了计算机病毒的是（　　　）。

A. 屏幕忽然黑了，但移动一下鼠标又亮了

B. 计算机的音箱总是乱响，有时还唱歌，总是关不掉

C. 计算机的键盘三日内坏了两个按键

D. 计算机操作者在操作计算机后生病了，并确诊为病毒性感冒

5. 为防止黑客的入侵，下列做法有效的是（　　　）。

A. 关紧机房的门窗　　　　　　　　B. 在机房安装电子报警装置

C. 定期整理磁盘碎片　　　　　　　D. 在计算机中安装防火墙

6. 下列防止黑客进入本地计算机的方法，最无效的是（　　　）。

A. 安装防火墙　　　　　　　　　　B. 关机

C. 绝不浏览不良网页　　　　　　　D. 禁用上网卡

7. 黑客是（　　　）。

A. 穿黑衣服的客人　　　　　　　　B. 计算机硬件

C. 软件设计人员　　　　　　　　　D. 商人

8. 网络木马是指开启本地计算机的（　　　）以使用远程计算机与本地计算机相连接的程序。

A. 操作系统　　　　B. 端口　　　　C. 网络地址　　　　D. 禁用上网卡

9. 下列不是木马常见的传播途径的是（　　　）。

A. 邮件附件　　　　B. 单机游戏　　　　C. 网页　　　　D. 聊天工具

10. 家里大人上班了，对于如何让小孩也能健康使用计算机，下列叙述正确的是（　　）。

A. 把计算机用箱子锁起来，不让小孩使用

B. 开启屏幕保护程序，保护小孩的眼睛

C. 在计算机中安装健康过滤软件

D. 把网线拔下，不让小孩上网

二、填空题

1. 研制计算机病毒的人群为＿＿＿＿＿＿＿、＿＿＿＿＿＿＿＿、＿＿＿＿＿＿＿、＿＿＿＿＿＿＿＿等。

2. 我国国产的杀毒软件有＿＿＿＿＿＿＿＿、＿＿＿＿＿＿＿＿、＿＿＿＿＿＿＿＿等。

3. 对计算机病毒的防治最科学的方法是＿＿＿＿＿＿＿＿＿＿＿＿＿＿＿＿＿＿＿。

4. 黑客们的"肉鸡"是指＿＿＿＿＿＿＿＿＿＿＿＿＿＿＿＿＿＿＿＿＿＿＿。

5. 防止黑客损害个人利益的五个环节有＿＿＿＿＿＿、＿＿＿＿＿＿、＿＿＿＿＿＿、＿＿＿＿＿＿、＿＿＿＿＿＿。

6. 防火墙阻止本机使用IE上网，只需将＿＿＿＿＿＿端口关闭。

7. 本章介绍的清除计算机网络木马的软件是＿＿＿＿＿＿。

8. 计算机中的插件的类型有两类，分别为＿＿＿＿＿＿和＿＿＿＿＿＿。

9. 安装健康上网专家时，必须使用大脑或纸记下的信息为＿＿＿＿＿＿＿＿、＿＿＿＿＿＿＿＿和＿＿＿＿＿＿＿＿。

10. 使用健康上网专家时，家长可以事先设置＿＿＿＿＿＿＿、＿＿＿＿＿＿和＿＿＿＿＿＿＿等模块功能。

上机实验

实验4.1　反病毒软件的安装与使用

1. 实验目的

学习并掌握计算机反病毒软件的安装及使用。

2. 实验环境

1台以上具有Windows 8操作系统并连接到Internet的计算机。

3. 实验要求

（1）要求学会金山毒霸的下载及安装；

（2）要求学会并掌握金山毒霸软件的使用。

4. 实验内容

（1）在金山毒霸官网下载金山毒霸软件安装包；

（2）在本机安装金山毒霸；

（3）使用金山毒霸对D盘进行杀毒。

实验4.2　金山卫士的安装与使用

1. 实验目的

学习并掌握金山卫士软件的安装及使用。

2. 实验环境

1台以上具有Windows 8操作系统并连接到Internet的计算机。

3. 实验要求

（1）要求学会金山卫士的下载及安装；

（2）要求学会并掌握金山卫士软件的使用。

4. 实验内容

（1）在金山卫士官网下载金山卫士软件安装包；

（2）在本机安装金山卫士；

（3）使用金山卫士对本机进行体检；

（4）使用金山卫士对本机进行木马查杀；

（5）使用金山卫士清理本机的恶意插件。

实验4.3　健康上网专家的安装与使用

1. 实验目的

学习并掌握健康上网专家软件的安装及使用。

2. 实验环境

1台以上具有Windows 8操作系统并连接到Internet的计算机。

3. 实验要求

（1）要求学会健康上网专家软件的下载及安装；

（2）要求学会并使用健康上网专家软件。

4. 实验内容

（1）在健康上网专家软件官网上下载健康上网专家软件安装包；

（2）在本机安装健康上网专家软件；

（3）设置健康上网专家软件的网址过滤功能；

（4）设置健康上网专家软件的时间控制功能；

（5）设置健康上网专家软件的屏幕录像功能。

第⑤章

Internet应用技术

本章要点
- □ Internet 冲浪
- □ Internet 娱乐
- □ 网上购物

计算机给人类工作、学习和生活带来诸多方便，主要的原因是Internet资源的广博和获取Internet资源的便利。本章介绍获取Internet资源的方法以及使用Internet资源的常规用途，即Internet冲浪、Internet娱乐和网上购物。

5.1 Internet冲浪

Internet是一个庞大的网络，同时更是一个超级巨大的资源库。如何从Internet获取资源是普通网民务必掌握的技术，具体有搜索引擎、网络新闻、网络下载、网络学习和网络交流。

5.1.1 搜索引擎

搜索引擎在百度百科里的定义为：根据一定的策略，运用特定的计算机程序搜集互联网上的信息，在对信息进行组织和处理后，将处理后的信息显示给用户，是为用户提供检索服务的系统。对于个人用户而言，只需要学会搜索引擎，就能使用搜索引擎检索到自己需要的网络资源。目前，国内常见的搜索引擎有：

1．百度搜索引擎

在国内排在首位的是百度搜索引擎（www.baidu.com），它于2000年1月创立于北京，号称是全球最大的中文搜索引擎。百度目前不仅是一个超强搜索引擎，更是人们的一本超级的百科全书。百度的功能有百度网页、百度新闻、百度贴吧、百度知道、百度音乐、百度视频、百度图片等的搜索。百度首页的主要内容如图5-1所示，用户使用百度最简单的方法是在文本框中输入要查找的内容，按回车键或单击"百度一下"按钮就完成了。

图5-1　百度首页主要内容

2．搜狗搜索

搜狗搜索（www.sogou.com）原本是搜狐公司的旗下子公司，于2010年8月9日成立独立公司，搜狗搜索有望成为仅次于百度的中文搜索工具。搜狗的主要业务为搜索业务，同时还有其他业务如搜狗输入法、免费邮箱、企业邮箱等。搜狗搜索的首页如图5-2所示，搜狗搜索只需输入查询内容并敲一下回车键（Enter）或单击"搜狗搜索"按钮即可查出相关的资料。

图5-2　搜狗搜索引擎首页

3．搜搜搜索

搜搜搜索（www.soso.com）是腾讯旗下的搜索网站，于2006年3月正式运营。目前其主要功能有网页搜索、图片搜索、视频搜索、音乐搜索、问问搜索、百科搜索、新闻搜索、地图搜索等，为广大用户提供实用和便利的搜索服务。

举例：查找"惠州学院成人教育学院"网站的操作步骤。

第一步　打开IE浏览器，输入搜索引擎网站，如搜搜搜索（www.soso.com）。

第二步　在首页输入框中输入"惠州学院成人教育学院"后按回车键。

第三步　在搜索结果页面内查看有效链接，点击链接查找相应网站，若打开的网站不符合要求，则可点击更多的有效链接；若当前页面找不到合意的链接，则可点击页面下方的数字换页；

第四步　点击出现的多余网站页面可关闭，仅剩下合意的网站页面不关闭，即"惠州学院成人教育学院"的首页（dlc.hzu.edu.cn）。

5.1.2　网络新闻

网络新闻是一类以网络为载体，提供视、听、感多方位的媒体形式，为网民提供即时、全面、分层和全方位的新闻。网络新闻通常以网页的形式提供给网民，任何新闻网站都是由某一公司在后台支持提供新闻，而后网民通过浏览网页来查阅新闻资讯的。因此，后台支持公司的诚信决定了新闻的真实可靠性。下面介绍几个比较好的新闻网站：

1．人民网（www．people．com．cn）

人民网由《人民日报》于 1997 年 1 月 1 日创办，是一个以新闻为主的大型网上信息交互平台，其创办宗旨为"权威性、大众化、公信力"，胡锦涛总书记于 2008 年 6 月 20 日视察人民网时指出："人民网创办十多年来，大力宣传党的主张，积极引导社会舆论，热情服务广大网民，发挥了独特作用。"人民网拥有中文（简、繁体）、蒙文、藏文、维吾尔文、哈萨克文、朝鲜文、彝文、壮文和英文、日文、法文、西班牙文、俄文、阿拉伯文等多种语言版本，有文字、图片、动漫、音视频、论坛、博客、微博、播客、掘客、聊吧、手机、聚合新闻（RSS）、网上直播等多种形式。此外，人民网还有一个特色模块——无障碍网站版本，在人民网的首页按 Shift + →（方向右键）即可转入无障碍网站版本，此版本可以通过快捷键进行网站操作，每步操作都可以提供网站相关信息的读音。

在人民网注册用户的方法：

第一步　使用浏览器进入人民网（www．people．com．cn），即在浏览器的地址栏输入人民网的网址后按回车键。

第二步　点击页面左上角的"注册"进入注册界面，如图 5-3 所示。

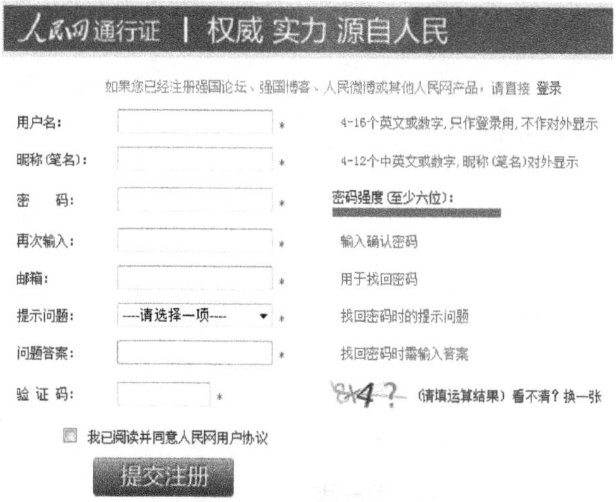

图 5-3　注册必填信息

第三步　填写用户名、昵称（笔名）、密码、再次输入邮箱、提示问题、问题答案和验证码，其中笔名有以下要求：勿以党和国家领导人或其他名人的真实姓名、字号、艺名、笔名注册，勿以国家机构或其他机构的名称注册，勿注册和其他网友之名相近、相仿的名字，勿注册不文明、不健康之笔名，勿注册易产生歧义、引起他人误解之笔名，勿注册图形符号笔名。

图5-4　绑定邮箱

第四步　点击"提交注册"按钮完成用户注册，若成功则显示进入登录页面。

用户绑定邮箱的方法：

第一步　用户登录后，点击页面右上方"绑定邮箱"，将弹出如图5-4所示的页面；

第二步　在页面中输入邮箱后，点击"下一步"按钮，则网站会向邮箱发送一封验证邮件；

第三步　登录邮箱并查收邮件，点击邮件中提供的链接则邮箱绑定成功。

2．凤凰网（www．ifeng．com）

凤凰网是凤凰卫视传媒集团拥有的综合网络平台，于2006年提升为凤凰新媒体，融合互联网、无线网和网络电视（IPTV）三大网络平台，网站与电视资源共享。对普通用户来讲，它能实现看新闻文字描述和看电视视频资讯的功能。2007年11月29日凤凰网官方正式启用www．ifeng．com域名（原域名为www．phoenixtv．com）。其主要功能服务包括图文资讯、视频点播、专题报道、虚拟社区、免费资源、电子商务等。

（1）在凤凰网上注册用户的方法。

第一步　使用浏览器进入凤凰网（www．ifeng．com），即在浏览器的地址栏输入凤凰网的网址后按回车键；

第二步　点击网页上方的"注册"进入注册界面，如图5-5所示，输入电子邮箱、用户名、密码、确认密码和验证码，点击"提交注册"按钮；

图5-5　凤凰网用户注册

第三步　系统显示"完善个人信息"页面，输入用户基本信息和详细资料和兴趣爱好等后，点击"提交"按钮完成注册。

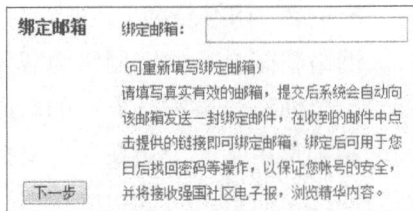

（2）在凤凰网上发表个人观点。

第一步 点击凤凰网首页右上方的"登录"文字后，将显示登录界面。若想免验证码登录，则可在注册后再点击右上方的"登录"文字，之后在如图5-6所示的位置输入帐号和密码，点击"登录"按钮实现用户登录。

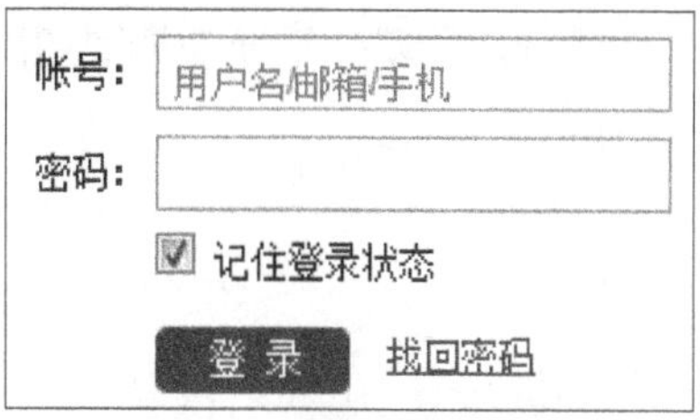

图5-6 凤凰网登录界面

第二步 在凤凰网上浏览新闻，遇见想发言的新闻，在网页的中下方的发表评论窗口（如图5-7所示），输入评论文字，点击"提交评论"按钮，将自动弹出一个新页面，显示他人发表的评论和刚才自己发表的评论。

图5-7 评论窗口

第三步 若要再发表更多的评论，则可以在新页面的右侧和下方的评论窗口输入文字后，再次点击"发表评论"按钮。

（3）激活个人邮箱。

第一步 在凤凰网首页登录，进入个人中心首页；

第二步 点击"完善个人资料"，在"安全中心"中的"信箱"内，点击"免费激活"，将弹出如图5-8所示的激活邮箱提示信息；

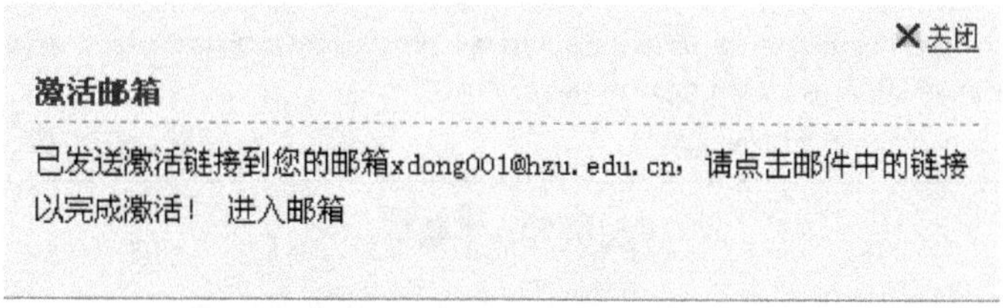

图5-8 激活邮箱提示信息

第三步　点击"进入邮箱"转入邮箱登录页面,输入用户名和密码进入邮箱;

第四步　在电子邮箱的收件箱中有一个由凤凰网〈account@ ifeng. com〉发送的标题为"凤凰网—用户注册确认邮件"的邮件,点击打开邮件;

第五步　点击邮件内的链接,转入邮箱激活成功页面,并显示"恭喜,您的邮箱已成功激活!",则完成邮箱激活操作。

注:用户注册时,邮箱激活邮件自动发往注册时使用的邮件地址,邮件内提供激活地址,并提示48小时内激活有效。

5.1.3　网络下载

网络下载是互联网的主要功能之一。在公共网络中有许多资源是以文件的形式存放的,若该资源允许网络用户使用,则网络用户使用之前通常需要先将资源文件下载到本地。在Windows 8中,系统自带下载功能,但该下载功能是单线程且不能断点下载的,因此人们往往都是采用下载工具下载。使用下载工具下载的最大优点是下载采用多线程技术,下载速度变快。常见的下载工具有:浏览器下载管理器、网际快车、迅雷等。下面仅对浏览器下载管理器和迅雷作介绍:

1．浏览器下载管理器

现在主流的浏览器(如:IE10、Chrome、世界之窗、傲游、Firefox、猎豹浏览器等)都有下载管理功能,该功能称为"下载管理器"。下面以IE10浏览器为例介绍下载管理器的使用:

第一步　使用IE10浏览器浏览网页,查找需下载的链接(或下载按钮)。

第二步　在链接(或下载按钮)上点击鼠标左键,将在窗口的下方弹出如图5-9所示的新建下载选择框。

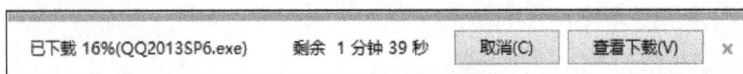

图5-9　新建下载选择框

第三步　在新建下载选择框中点击"取消"按钮则不下载,点击"运行"按钮则下载后自动运行,点击"运行"或"保存"下载并保存,下载框如图5-10所示。

图5-10　下载框

第四步　下载时或下载完成后,点击"查看下载"按钮将弹出如图5-11所示的"查看和跟踪下载项"对话框。

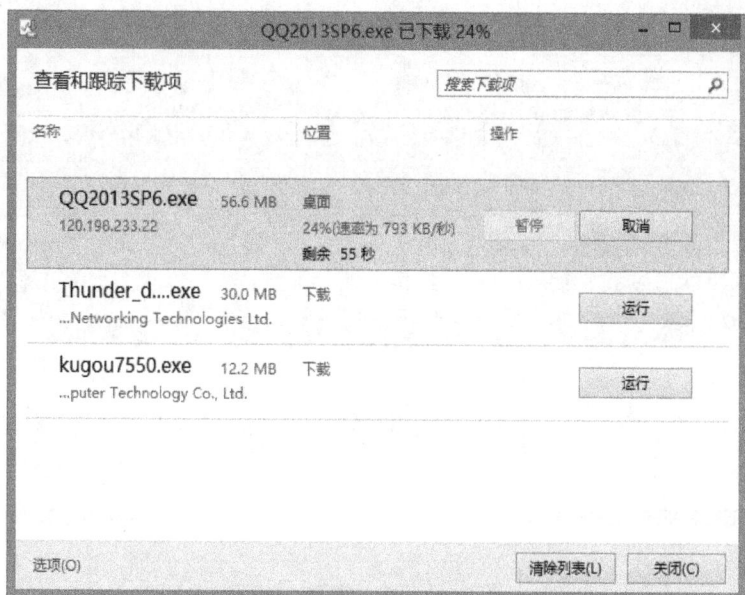

图5-11　查看和跟踪下载项

第五步　用户可通过"查看和跟踪下载项"界面中的按钮对下载进行管理,管理包含:暂停下载、取消下载列表项,下载完成后可运行下载的文件,或者点击"清除列表"清除已完成的下载列表。

第六步　若下载过程中未点击"查看下载",则下载完成后将显示如图5-12所示的界面,可通过该界面运行已经下载的文件、打开下载文件所在的文件夹和查看下载。

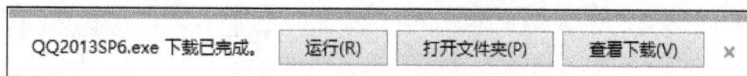

5-12　下载完成

2. 迅雷

迅雷于2002年创始于美国硅谷,为深圳市迅雷网络技术有限公司的主要产品,立足于为全球互联网提供最好的多媒体的下载服务。目前Internet中有大量的下载资源必须通过迅雷下载,因此迅雷成为普通计算机必装软件之一。

（1）迅雷的下载与安装。

第一步　在迅雷官网(www. xunlei. com)点击"在线安装",下载迅雷在线安装文件,文件大小约500KB;

第二步　双击运行迅雷在线安装文件,将出现如图5-13所示的用户使用协议界面;

图5-13　用户使用协议

第三步　点击"自定义安装"，将进入安装选项界面，如图5-14所示；

图5-14　安装选项

第四步　可点击"浏览"按钮设置"安装位置"，设置更多安装选项后，点击"立即安装"按钮，系统自动安装结束后，将显示如图5-15所示的界面；

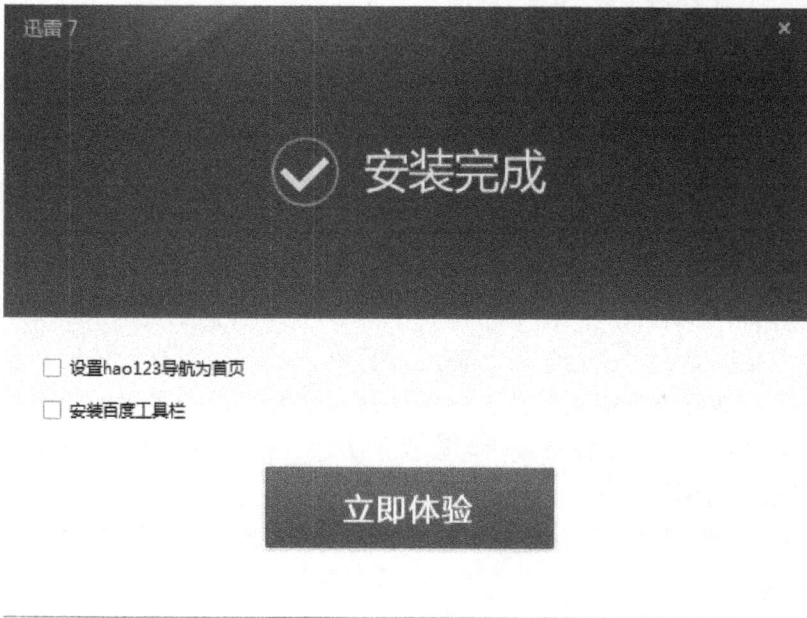

图5-15 安装完成

第五步 系统的安装过程为自动安装，选择是否在"设置hao123导航为首页"和"安装百度工具栏"选项前打钩后，点击"立即体验"按钮完成安装。

（2）使用迅雷下载网络资源。

使用迅雷下载网络资源的方法有多个，下面介绍两个下载方法：

方法1 通过快捷菜单下载网络资源：

第一步 浏览网页时，在下载链接的文字上单击鼠标右键，在快捷菜单中点击"使用迅雷下载"菜单项，如图5-16所示；

第二步 在弹出的"新建任务"界面（图5-17），点击"自定义"后可修改保存文件夹，点击"立即下载"按钮，即可将下载任务添加到迅雷，等待迅雷将文件下载完后下载结束。

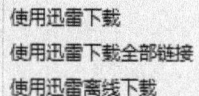

图5-16 下载快捷菜单

图5-17 建立新的下载任务

方法2　通过悬浮窗下载网络资源：

第一步　启动迅雷后，在屏幕上出现一个迅雷悬浮窗；

第二步　浏览网页时，在下载链接文字上按住鼠标左键，移动鼠标到悬浮窗上松开；

第三步　在弹出的"新建任务"界面（图5-17），点击"自定义"后可修改保存文件夹，点击"立即下载"按钮，即可将下载任务添加到迅雷，等待迅雷将文件下载完后下载结束。

5.1.4　网络学习

网络的最有价值的用途是学习，使用计算机学习自己需要的知识。在网络资源大爆炸的今天，学习资源铺天盖地，使用计算机学习非常普遍。因此，普通用户应该了解学习资源的种类、掌握查找学习资源的方法，使用学习资源进行学习。

1. 学习资源的种类

学习资源的种类很多，按存在形式将其分为文本资源、视频资源和论坛资源。

（1）文本资源。

文本资源是将教学文件、电子版教材、教学课件、学习辅导资源、作业题库、参考资料、考试要求以及课程其他相关信息等内容，以文本的形式存放在计算机网络的某空间里，供网络用户浏览和下载。

文本资源在很多出版社都可免费提供下载，下面是几个出版社的资源网站地址：

科学出版社下载区，http：//www. sciencep. com/downloads/
清华大学出版社，http：//www. tup. tsinghua. edu. cn/
机械工业出版社课件下载，http：//www. cmpedu. com/kj/
电子工业出版社在线资源，http：//www. phei. com. cn/module/zygl/zxzyindex. jsp
化学工业出版社资源下载，http：//download. cip. com. cn/
人民邮电出版社教学服务与资源网，http：//www. ptpedu. com. cn/HomePage/
中国水利水电出版社下载中心，http：//www. waterpub. com. cn/softdown/index-1. asp
中国电力出版社教材服务网，http：//jc. cepp. sgcc. com. cn/CourseWareDL. aspx
中国金融出版社下载，http：//www. chinafph. com/html/kejian. html
中国财政经济出版社，http：//www. cfeph. cn/
法律出版社，http：//www. lawpress. com. cn/
高等教育出版社教学资源，http：//demo. hep. com. cn/

（2）视频资源。

教学视频资源是指将教学过程进行录像或做成动画，并转换成视频格式的文件，然后将视频文件放入网络成为网络资源，供网络用户学习使用。视频资源的网上形式有IP课件、视频点播和直播课堂。IP课件是基于网络的课件，其由图、文、声音和流媒体共同组成；视频点播是指将教学录像或动画放入网络专用服务器，并以网页的形式显示链接，用户可通过点击网页的方法点播视频；直播课堂是指上课现场通过网络直播，即在教师上课现场安装摄像头，由摄像头将视频信息传入网络，不同地方的网络用户可以通过网络接收并观看直播。

视频资源目前最主流的是大型开放式网络课程，即 MOOC（Massive Open Online Courses）。2012 年，美国的顶尖大学陆续设立网络学习平台，在网上提供免费课程，特别是 Coursera、Udacity、edX 三大课程提供商的兴起，使 MOOC 在世界范围内得以推广。

Coursera 是免费大型公开在线课程项目，由美国斯坦福大学两名计算机科学教授安德鲁·恩格（Andrew Ng）和达芙妮·科勒（Daphne Koller）创办，旨在同世界顶尖大学合作，在线提供免费的网络公开课程。Coursera 的首批合作院校包括斯坦福大学、密歇根大学、普林斯顿大学、宾夕法尼亚大学等美国名校。项目成立不足一年，便吸引了来自全球 190 多个国家和地区的 130 万名学生注册学习 124 门课程。其网址为：https：//www.coursera.org/。

Udacity 由安德森—霍洛维茨投资，使 MOOC 在盈利业务方面得到发展。Udacity 的课程依然采用免费方式，但学生可以选择参加一些收费的认证考试，通过为毕业生提供招聘服务并获利。其网址为：https：//www.udacity.com/。

edX 是麻省理工学院和哈佛大学于 2012 年 5 月联手发布的一个网络在线教学计划。该计划基于麻省理工学院的 MITx 计划和哈佛大学的网络在线教学计划，主要目的是配合校内教学，提高教学质量和推广网络在线教育。截至 2013 年 10 月，edX 共有 29 所教育机构参与，其中包含中国院校 4 所，分别为清华大学、北京大学、香港大学、香港科技大学。其网址为：https：//www.edx.org/。

（3）论坛资源。

论坛资源是指以网络论坛为基础的教学资源，如课程论坛、学科论坛等。论坛会员之间通过交流（参考 5.1.5），达到学习交流的效果。

2．获取学习资源的方法

教学资源的获取是使用教学资源的第一步，普通学习资源的获取方式有两类：专家介绍和网络搜索。

专家介绍是指某一类专业人士推荐，例如某人想找初中英语的学习资源，那么他可以找一个掌握大量网络英语资料的初中英语教师，那位初中英语教师必定能介绍一些很适用的网络资源。有些书籍里也会推荐一些教学资源，例如下列为一些网络学习资源的网址，这些教学资源实际上是本书的作者以专家的身份推荐的：

中国高等教育学生信息网，www.chsi.com.cn
中国高等学校教学资源网，www.cctr.net.cn
E 度教育网导航，www.eduuu.com

教育导航，www.jiaoyudaohang.com

中小学教育资源网，jydh.edudown.net

浩然考试网，www.hrexam.com

中国统一教育网，www.tongyi.com

无忧教学资源，www.515171.cn

中教网，www.teachercn.com

中小学教学资源网，www.jiaoxue.info

小学教育资源网，www.chinaxiaoxue.com

小学资源网，www.xj5u.com

网络搜索是指使用网络搜索引擎（参考5.1.1）对网络教学资源的搜索。此处介绍使用"中国教育搜索"搜索并下载网络教学资源的操作步骤：

第一步　打开中国教育搜索首页（www.edusoso.com），如图5-18所示；

图5-18　中国教育搜索

第二步　在网页中输入欲搜索的网络教学资源关键字，例如：小学；

第三步　点击网页右侧"Edusoso搜索"按钮，页面将显示教育资源网站列表；

第四步　查看并点击列表中的网址进入相应的网站页面。

5.1.5　网络交流

使用网络进行人与人之间的沟通和交流是现代网络最重要的功能之一。通常网络交流的形式有邮箱通信、论坛聊天和使用即时通信软件交流等。

1.邮箱通信

邮箱通信是指使用电子邮箱（E-Mail）进行邮件通信。要求用户事先申请邮箱，并将邮箱地址告知给其他人，那么其他人可以根据邮箱地址给他发送邮件，他也能通过邮箱给对方回复邮件，从而达到交流的目的。下面以126邮箱为例介绍邮箱的申请、邮件的发送和接收。

（1）126邮箱的申请步骤。

第一步　打开126邮箱网址（www.126.com），点击网页右上方的邮箱类型（如：免费邮箱、企业邮箱、VIP邮箱等），然后点击"注册网易***"（如注册网易免费邮箱）进入注册页面；

110

第二步   正确填写邮件地址（如abc）、密码、确认密码和验证码，点击"立即注册"按钮；

第三步   在注册成功网页内可以输入手机号和验证码后点击"激活"按钮即可开通手机邮箱，否则也可以点击"不激活，直接进入邮箱"进入电子邮箱，该邮箱地址为用户名连接"@126.com"（如abc@126.com）。

（2）使用126邮箱发送邮件的步骤。

第一步   打开126邮箱网址（www.126.com），在网页中输入用户名和密码后，点击"登录"按钮进入126邮箱页面；

第二步   在126邮箱页面内点击"写信"按钮，在网页右侧显示写信页面；

第三步   输入收件人的邮箱地址（如abc@126.com）、主题、内容文字，给邮件添加附件（方法：点击"添加附件"文字链接后打开文件添加），点击"发送"按钮；

第四步   邮件发送完后，将显示成功发送页面。

（3）接收126邮箱收到的邮件的步骤。

第一步   打开126邮箱网址（www.126.com），在网页中输入用户名和密码后，点击"登录"按钮进入126邮箱页面；

第二步   点击"收件箱"文字链接，在邮箱页面的右侧显示收件箱内的邮件；

第三步   点击邮件的标题打开相应邮件进行查收，完成邮件的接收。

2. 论坛聊天

论坛又名"网络论坛BBS"，全称为"Bulletin Board System"（电子公告板）或者"Bulletin Board Service"（公告板服务）。它是Internet上的一种电子信息服务系统。它提供一块公共电子白板，每个用户都可以在上面书写，在论坛上发布信息或提出看法。它是一种交互性强、内容丰富而即时的Internet电子信息服务系统。用户在论坛站点内可以获得各种信息服务、发布信息、进行讨论、聊天等等。例如：使用论坛可以建立许多讨论的话题，论坛的会员则可参与话题的讨论，针对话题发表个人见解，由于论坛的会员来自世界各地和各个行业，所以话题的讨论效果可能会非常好。

下面以天涯论坛（www.tianya.cn）为例介绍论坛的注册与使用。

（1）在天涯论坛内注册会员的步骤。

第一步   打开天涯论坛网址（www.tianya.cn），点击"免费注册"按钮，将弹出新的会员注册页面；

第二步   输入用户名、密码、您常用的邮箱和验证码后，点击"立即注册"按钮，将打开帐号激活提示页面；

第三步   登录上一步注册使用的邮箱，点击邮箱里的收件箱（或订阅邮件），打开来自"天涯社区"的邮件，点击邮件中的链接，将显示帐户激活成功页面，则天涯论坛会员注册完成。

（2）在天涯论坛内发主题帖的步骤。

第一步   打开天涯论坛首页，输入用户名和密码后点击登录按钮，将进入"我的

天涯"页面;

第二步 点击页面上方的"论坛"文字,随后点击页面的左侧的导航栏中的导航(例如:我的大学),在页面的右侧显示相应版块的主题帖;

第三步 点击"发表帖子"按钮显示发帖界面,输入"标题"和文章的内容后,点击"发表"按钮。

(3)在天涯论坛内发帖回帖的步骤。

第一步 打开天涯论坛首页,输入用户名和密码后点击"登录"按钮,将进入"我的天涯"页面;

第二步 点击页面上方的"论坛"文字,随后点击页面的左侧的导航栏中的导航(例如:我的大学),在页面的右侧显示相应版块的主题帖;

第三步 点击页面的主题帖的标题查看相应帖子的内容,在帖子最下方的文本框中输入将回复的文字,点击下方的"发表"按钮即可。

3. 使用即时通信软件交流

即时通信软件是一个终端连接另一个终端进行即时通信的网络服务。即时通信不同于E-Mail的地方在于它的交谈是即时的。在日常生活中人们已经开始离不开即时通信了。即时通信软件有很多,主流即时通信软件有:QQ、百度HI、Skype、Gtalk、FreeEIM、飞鸽传书等。

下面以QQ为例介绍即时通信软件的安装与使用。

(1)QQ软件的下载与安装步骤。

第一步 打开腾讯首页(www. qq. com),点击"QQ软件"进入腾讯软件中心;

第二步 点击"QQ2013正式版"右边的"下载",下载QQ安装文件;

第三步 双击下载的QQ安装文件进行安装,按提示操作直到安装完成。

(2)QQ帐号的申请步骤。

第一步 双击QQ图标,打开QQ软件登录界面(图5-19);

图5-19 QQ软件登录界面

第二步 点击"注册帐号",打开申请QQ帐号网页;

第三步　点击"立即申请"按钮后，在新页面中点击"QQ帐号"，弹出如图5-20所示网页；

图5-20　QQ帐号注册

第四步　输入昵称、密码、性别、生日和所在地后，点击"立即注册"按钮；

第五步　在显示的页面中的红色数字则为新QQ帐号，记住该QQ帐号，帐号申请结束。

（3）使用QQ软件添加好友以及与好友聊天的步骤。

第一步　双击QQ图标打开QQ软件，输入QQ帐号和QQ密码后点击"登录"按钮。

第二步　点击QQ软件主界面下方的"查找"，将弹出如图5-21所示的"查找联系人/群/企业"界面。

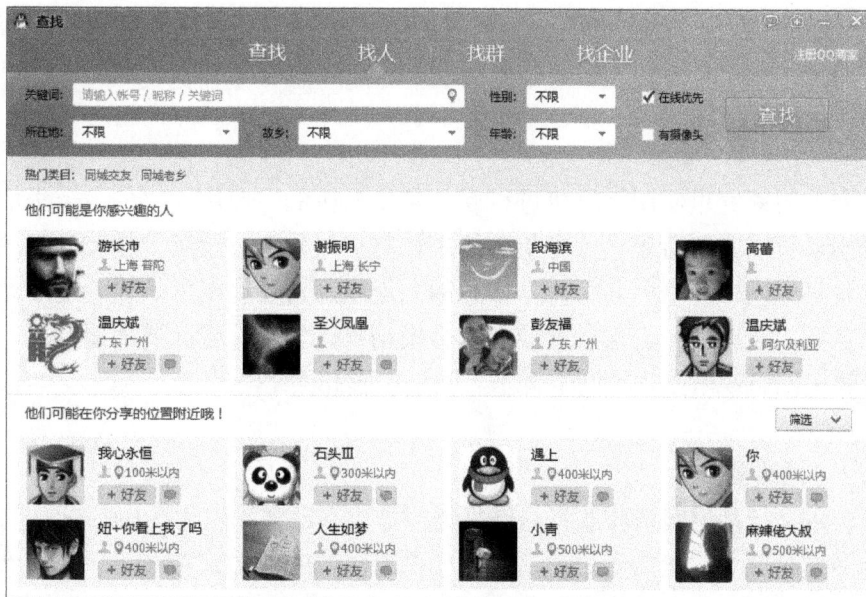

图5-21　查找联系人/群/企业

第三步　在"关键词"文本框中输入好友QQ号、昵称或关键词，点击"查找"按钮。

第四步　选择列表中的对方QQ帐号，点击"+好友"按钮，此时在QQ软件主界面的好友组里会出现对方QQ的图标，则好友添加完成。若以往已添加该QQ帐号，则第二步至第四步跳过。

第五步　双击好友组中好友QQ图标，将弹出与好友交谈的对话框，如图5-22所示。

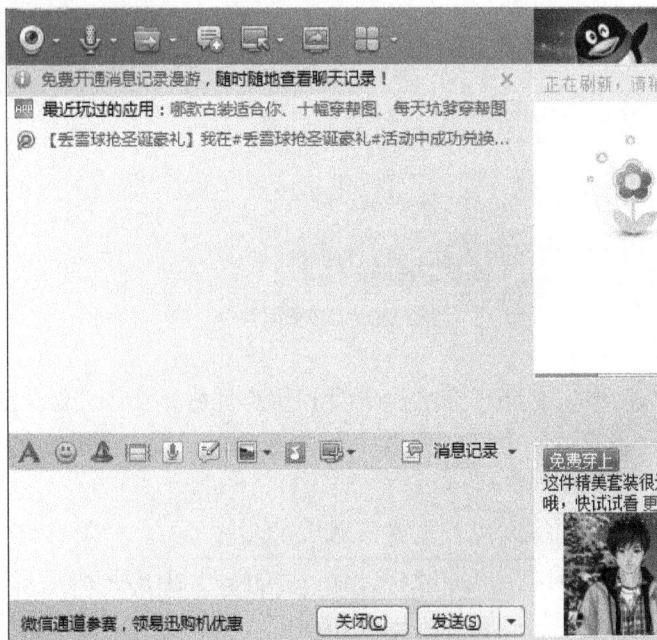

图5-22　好友交谈对话框

第六步　输入聊天的文字（例如：您好！），点击"发送"按钮进行聊天。

5.2　Internet娱乐

在一个普通家庭里使用计算机进行娱乐是计算机的主要用途之一。家里的老人使用计算机娱乐可以老有所乐；中青年人使用计算机娱乐可以缓解工作和学习压力；小朋友使用计算机娱乐可培养其对科学知识的兴趣以及对计算机的热爱。适度地使用计算机娱乐是利大于弊的，当然过度使用则会损伤身体健康，因此要把握好度。下面介绍三种计算机网络娱乐方式：网络音乐、网络电影和网络游戏。

5.2.1　网络音乐

网络音乐是指利用网络获取音乐作品进行播放和欣赏。因为在Internet中有大量的音乐资源网站存放着大量的音乐，这些音乐主要以MP3的形式存在，只要找到这些文件的链接或能链接这些文件的脚本，就可通过下载或在线播放的形式欣赏音乐。因此，网络音乐播放主要有两种方式：在线播放和下载播放。

1．**在线播放**

在线播放是指不下载音乐文件，而使用网络音乐播放器直接播放网络中的音乐，通常是指在网站中直接播放，常见的形式有通过搜索引擎查找播放和在专业音乐网查找播放。

（1）在百度中播放音乐的步骤：

第一步　打开百度搜索引擎（www. baidu. com），点击"MP3"链接；

第二步　输入想听的音乐的相关信息，点击"百度一下"按钮，查找到想听的音乐；

第三步　点击列表中的歌名启动音乐盒，同时音乐盒将播放所选音乐。

（2）使用专业音乐网（例如：一听音乐网）播放音乐的步骤：

第一步　打开一听音乐网（www. 1ting. com）。

第二步　搜索或查看音乐。搜索音乐的方法为在页面上方的搜索栏中输入关键字，点击"搜索"；查看音乐的方法为使用滚动条翻动页面查看音乐。

第三步　选择音乐。在页面所示的音乐名称列表前的复选框中打上钩表示音乐被选中。

第四步　点击列表下方的"播放"按钮，将弹出音乐播放页面，播放已选中的音乐。

2．**下载播放**

下载播放是指将网络上的音乐文件下载到本机，再使用播放器播放音乐。常见的形式为使用专业的网络音乐软件。下面介绍该类软件的典型代表——酷狗音乐软件。

（1）酷狗音乐软件的下载与安装：

第一步　打开酷狗音乐首页（www. kugou. com）；

第二步　点击其中的"立即下载"按钮，将弹出提示下载对话框，点击"保存"按钮；

第三步　下载后，双击安装文件图标，将弹出安装界面（如图5-23所示）；

图5-23　安装界面

第四步　选择同意酷狗用户许可协议，再点击"自定义安装"按钮进入如图5-24所示的选择安装目录界面；

图5-24　选择安装目录

第五步　点击"更改目录"按钮对文件目录进行修改，点击"立即安装"按钮进入安装，安装结束后将显示图5-25所示的安装成功界面。

图5-25　安装成功界面

第六步　点击"完成安装"按钮完成酷狗音乐软件的安装。

（2）使用酷狗音乐软件找歌和听歌的步骤：

第一步　双击桌面酷狗音乐图标进入酷狗音乐主界面，如图5-26所示；

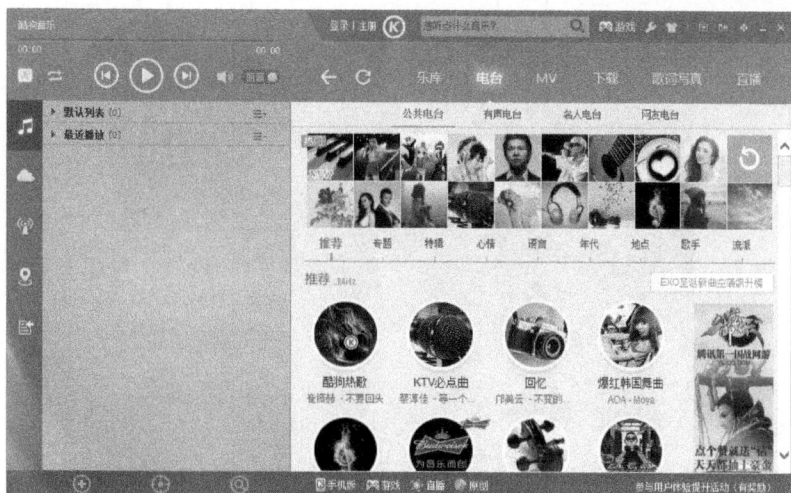

图5-26 酷狗音乐主界面

第二步 点击主界面右侧上方的文本栏，输入歌曲的关键字（歌名、歌手名或歌曲的类型等）后，点击右侧的"音乐搜索"按钮；

第三步 双击右侧歌曲列表中的文件名称进行歌曲下载，或者点击文件名称前的复选框选中歌曲后，点击右侧下方的"下载"链接，下载选中的歌曲；

第四步 若酷狗音乐左侧播放列表有多个文件，双击列表歌曲可播放歌曲和重播某歌曲。

5.2.2 网络电影

网络电影是指专供网络传播的视频音频作品。用户通过Internet观看网络电影的方式有两类：通过电影网站观看和使用电影软件观看。

1. 通过电影网站观看网络电影

通过电影网站观看电影是指用户进入某一电影网站，并在网站内观看电影。在Internet网络上提供网络电影观看的网站很多，下面以电影乐园网站为例介绍用电影网站观看网络电影的步骤：

第一步 打开电影乐园网站（v. baidu. com）；

第二步 点击"电影"链接转入电影专区；

第三步 查看电影列表，点击电影的介绍图片、电影名称或者"立即播放"按钮；

第四步 在新的页面中将新建电影播放页面；

通过网站播放电影通常需预先安装播放软件，在电影乐园网站中有三种类型的网络电影播放器：RealPlayer（暴风影音可替代）、QVOD（快播）播放器和迅播GVOD播放器。下面以QVOD（快播）播放器为例，介绍播放器的安装步骤：

第一步 若本机未安装QVOD（快播）播放器，操作用电影网站观看网络电影的第四步时将显示播放器的下载地址，点击"点击下载"按钮后弹出下载对话框；

第二步 下载后运行下载的文件，弹出如图5-27所示的下载界面；

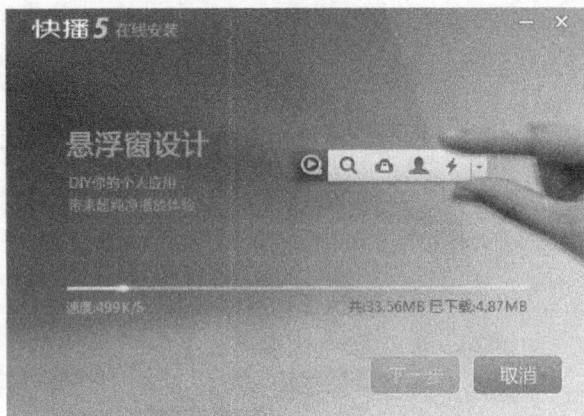

图5-27　QVOD下载界面

第三步　点击"下一步"按钮，画面将显示如图5-28所示的自定义安装对话框；

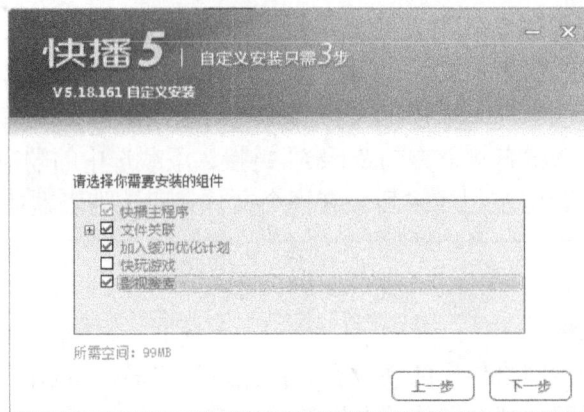

图5-28　自定义安装

第四步　选择安装的组件后点击"下一步"按钮，画面将显示如图5-29所示的选择安装路径对话框；

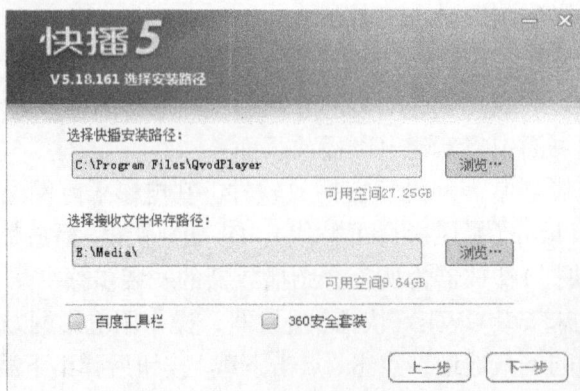

图5-29　选择安装路径

118

第五步 设置好"选择快播安装路径"和"选择接收文件保存路径"后，点击"下一步"按钮，按照提示选择，完成播放器软件的安装。

2．使用电影软件观看网络电影

在Internet网络中能用于观看网络电影的软件有很多，比较主流的软件有QQLive、PPLive、PPS网络电视和暴风影音等。下列以暴风影音为例来介绍软件的安装与使用。

（1）暴风影音的下载与安装。

暴风影音必须安装后方能使用，安装前必须上网下载或购买有暴风影音的光盘。可在暴风影音官方网站（http：//www. baofeng. com/）下载，也可在暴风影音合作下载网站下载，如新浪下载、太平洋下载、腾讯下载、华军下载等。

安装方法和步骤：

第一步 双击下载的安装文件，将弹出如图5-30所示的安装界面；

图5-30 暴风影音安装界面

第二步 点击"开始安装"按钮，将弹出如图5-31所示的安装设置界面；

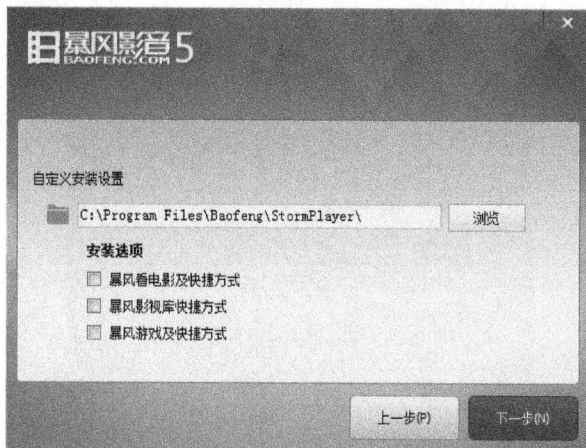

图5-31 安装设置

119

第三步　设置好安装选项后点击"下一步"按钮，将弹出如图5-32所示的选择组件界面；

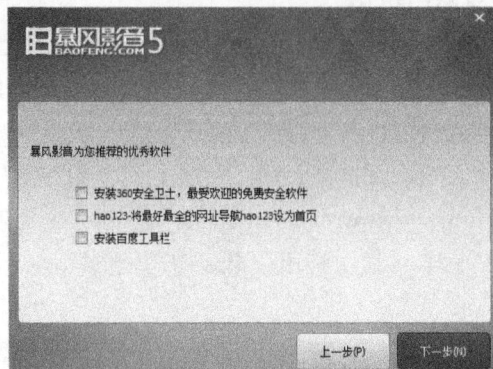

图5-32　选择组件

第四步　选择推荐的优秀软件选项后，点击"下一步"按钮，将弹出如图5-33所示的选择播放Real文件组件界面；

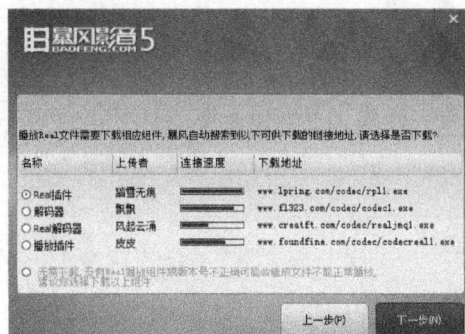

图5-33　选择播放Real文件组件

第五步　选择安装播放Real文件组件后，点击"下一步"按钮，将弹出如图5-34所示的安装完成界面；

图5-34　安装完成

第六步 点击"立即体验"按钮,结束暴风影音的安装并运行暴风影音。

(2)使用暴风影音观看网络电影。

暴风影音可播放本地视频和音频文件,也可在网站上观看视频、收听音频以及在暴风影音中收看在线视频。在本机视频和音频文件已关联暴风影音的情况下,双击本地视频和音频文件,暴风影音将自动启动并播放视频和音频文件;直接使用浏览器浏览网页,若遇网站上与暴风影音关联的视频或音频,则无须特别处理,自动启动暴风影音插件播放视频和音频;启动暴风影音主窗口,点击"在线视频"选项卡,双击所列电影列表播放在线视频。下面介绍观看在线视频(网络电影)的操作步骤:

第一步 双击暴风影音图标打开其主界面,如图5-35所示;

图5-35 暴风影音主界面

第二步 点击主界面右侧的"在线影视",查看热门电影列表;

第三步 点击电影列表中的电影名称项,在主界面的右侧将弹出影片简介窗口,如图5-36所示;

图5-36 影片简介窗口

121

第四步　点击"播放"按钮，在主界面的左侧将播放所选电影。

5.2.3　网络游戏

网络游戏（Online Game，又称"在线游戏"，简称"网游"）指以互联网为传输媒介，以游戏运营商服务器和用户计算机为处理终端，以游戏客户端软件为信息交互窗口的旨在实现娱乐、休闲、交流和取得虚拟成就的具有相当可持续性的个体性多人在线游戏。下面主要介绍两类网络游戏：益智类游戏、休闲类游戏。

1．益智类游戏

益智类游戏是指通过玩某一游戏提高游戏者智力的计算机游戏。游戏提高智力的原因是游戏里添加了开发或提高智力的元素，例如：在游戏中添加时尚元素以提高游戏者的鉴赏能力、添加科学技术知识以提高游戏者的认识能力和添加文学艺术场景以提高游戏者的修养等。然而，因为游戏者年龄的差别，导致其对游戏的智力需求不相同，所以智力游戏也分年龄段层次。下列以几款游戏为例介绍益智类游戏。

（1）昆虫回家游戏。

昆虫回家游戏是一款幼儿益智类游戏，适合5岁以下的小孩玩。该游戏一共设置10关，每一关都有一只可爱的小昆虫和一些不同颜色的花，小昆虫只能踩着某一颜色的花行走，直至昆虫到达小房子后过关。该游戏具体所包含的智力元素有：方向认识能力、颜色辨别能力、对键盘方向键的控制能力等。游戏的第一关的界面如图5-37所示。游戏的操作方法为点击主界面中的tangled maze按钮开始游戏，使用方向键移动和控制昆虫回家。

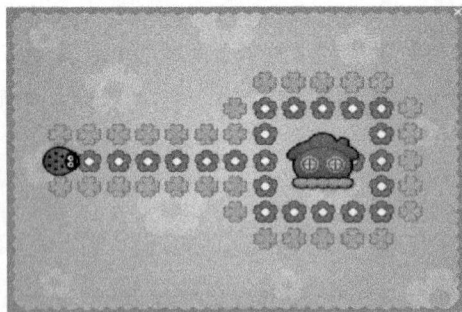

图5-37　昆虫回家第一关

（2）送三只小羊回家游戏。

送三只小羊回家游戏是一款儿童益智类游戏，适合小学高年级学生或初中生玩。该游戏描述三只小羊（肥羊羊、瘦羊羊和小羊羊）经过15道关卡回家的故事，因为三只羊的本领各不一样，所以在面临每道关卡时要合力完成。该游戏具体包含的智力元素有：团队合作能力培养、基本物理知识（如力学）学习、锻炼思考能力等。游戏的初始界面如图5-38所示。游戏操作方法为：按1~3数字键选择小羊，按↑ ← → 键移动小羊，按R键重玩本关游戏。

图5-38 送三只小羊回家初始界面

益智类游戏可以作为家庭小孩玩计算机的主要娱乐，但作者认为，无论什么游戏，家长还是应该对小孩进行监管，防止其沉迷于游戏，最终误入人生歧途。

2．休闲类游戏

休闲类游戏重在"休闲"二字，休闲是指在非劳动及非工作时间内以各种"玩"的方式求得身心的调节与放松，达到生命保健、体能恢复、身心愉悦的目的的一种业余生活。那么休闲类游戏是指通过游戏达到休闲的效果。作者认为计算机本身不宜长时间面对，因此使用计算机玩游戏也不宜连续长时间玩，那么有些需长时间玩的游戏不能归类为休闲类游戏。下面介绍两种QQ休闲游戏。

（1）QQ开心农场游戏。

QQ开心农场是以农场为背景的模拟经营类游戏。游戏中，QQ玩家扮演一个农场的经营者，完成从购买种子到耕种、浇水、施肥、喷农药、收获果实再到出售给市场的整个过程。游戏趣味性在于模拟了作物的成长过程，所以玩家在经营农场的同时，也可以感受"作物养成"带来的乐趣。游戏中，玩家可以对自己的作物进行耕种、浇水等行为，也可以对好友的作物进行耕种、浇水等行为。其游戏界面如图5-39所示。

图5-39 QQ开心农场

123

该游戏是健康休闲游戏，理由是：每次游戏时间很短，不至于成为身体健康的负担，游戏中植物逼真，使玩家认识各类植物，游戏玩法简单，老少皆宜。

进入QQ开心农场游戏的方法：QQ软件主界面→主菜单→所有服务→QQ空间。

QQ开心农场游戏的基本玩法：使用鼠标操作，点击商店购买种子→点击我的物品包再点击种子放入土地→等待植物成熟→手状鼠标点击植物收割→点击仓库后点击卖出果实→点击铁锹后点击已收植物松土→回到开始操作。

（2）QQ游戏。

QQ游戏是腾讯自主研发的全球最大的休闲游戏平台。自2003年面市以来，可提供的游戏类型已逾70款，注册用户3.5亿，最高同时在线人数超过600万。QQ游戏秉承"绿色、健康、精品"的理念，不断创新，力求为用户带来无处不在的快乐。QQ游戏分为两大类：一种是非QQ游戏平台下的网络游戏，如QQ飞行岛、QQ飞车、穿越火线等；另外一种则是基于QQ游戏平台下的以休闲游戏为主的游戏。

（3）QQ游戏大厅的安装步骤：

第一步　点击QQ软件主窗口中的QQ游戏图标，将弹出如图5-40所示的对话框；

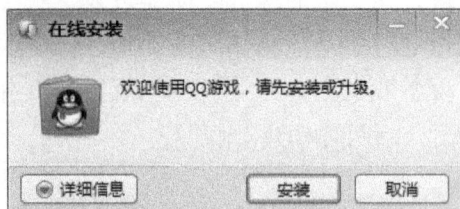

图5-40　QQ游戏安装提示

第二步　点击"安装"按钮，文件下载安装后弹出安装游戏对话框，如图5-41所示；

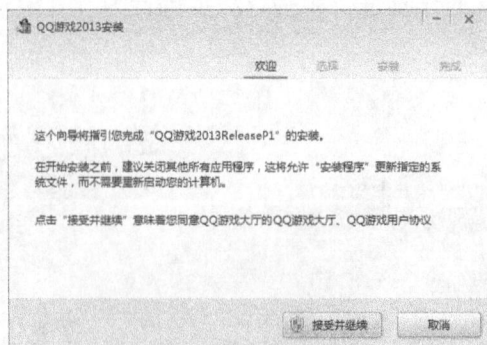

图5-41　安装游戏对话框

第三步　在安装游戏对话框中点击"接受并继续"按钮，将显示设置安装位置对话框；

第四步　设置好安装的目标文件夹（点击"浏览"按钮进行设定），点击"安装"按钮；

124

第五步　等待安装进度完成后，在完成对话框中设置执行的操作和QQ游戏推荐的安装后，点击"完成"按钮完成安装。

运行QQ游戏的操作步骤：

第一步　双击桌面QQ游戏图标，将弹出如图5-42所示的登录对话框；

图5-42　QQ游戏登录对话框

第二步　在帐号和密码处输入QQ号与密码后，点击"登录"按钮进入游戏主界面，如图5-43所示；

图5-43　QQ游戏主界面

125

第三步　点击主界面中左侧的导航栏，选择需玩的游戏的图标，若非"我的游戏"中的图标，则将在右侧显示游戏介绍和添加游戏按钮，添加游戏或首次玩该游戏将弹出游戏下载界面（如图5-44所示）；

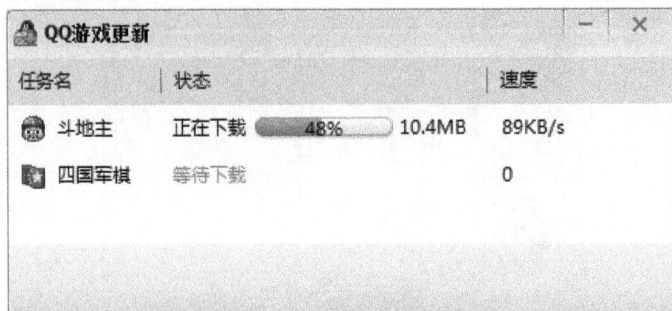

图5-44　游戏下载界面

第四步　游戏下载完成后将自动安装该游戏，安装完成后弹出新界面显示游戏的房间；

第五步　点击房间中上方的"快速开始"将自动在某一桌子旁坐下；

第六步　点击"开始"或"准备"，等待其他游戏网友，然后开始游戏。

5.3　网上购物

网上购物是指通过互联网检索商品信息，并通过某一电子商务网站制定电子订购单并发出购物请求，然后依据电子商务网站提供的送货方式和付款方式，将商品送至客户手中并从客户手中获得商品款项的交易。

5.3.1　网上购物的优缺点

网上购物的优缺点很多，但目前为止没有权威部门对其概括总结，所以作者根据自己的学识对其优缺点进行了一些描述，具体如下：

1．网上购物的优点

（1）节约购物时间，使购物变轻松。

传统购物一般非大宗商品商场是不提供送货上门服务的，因而购物时大包小包满载而归，使购物过程很疲劳，即使是可以寄存包裹也很麻烦。而网上购物从订货、买货到送货上门无须亲临现场，通过网络足不出户就可得到所需商品，因而节省了购物时间。若现实生活中的购物地点距离很远则避免了舟车劳顿，快递公司送货上门，使购物变得更轻松。

（2）节省购物成本，购买到更便宜的商品。

从消费者的角度来看，与传统去商店购买一件商品没看几家就买下来不同，网上购物可以快速地查看更多商店的商品，对购买拥有更多选择权，人们常说货比三家可以买到更物美价廉的商品，网上购物可以快速对几十家甚至上百家的商品进行比较。同一商品可以用更实惠的价格买到。

从商家的角度来看，由于简化了由生产商至零售商的中间环节，节省了实体销售场所需要支付的租金、人工成本、工商水电费、库存费及其他杂费，因而使得销售商品的附加费用大大减少，价位则能在一定幅度上低于市场零售价。举个例子，面额50元或100元的手机充值卡，在网上一般可以打折购买，而在传统商场则不能。在传统商场里，一般利润率要达到20%以上，销售商才可能盈利；而对于网上店铺，它的利润率只要达到10%销售商就可以盈利。而且，消费者还节省了外出抵达商品销售场所的交通、停车、时间等相关费用。

（3）购物不受时间和空间的限制，随时随地购买全球任意商品。

传统商店"打烊"后就无法购物，网上购物不存在"打烊"，网店都是24小时为客户服务的。消费者通过网络可以在任何时间浏览商品，订货不受任何时间的限制。

互联网无地域、国界的限制，使得网上店铺的服务范围不仅仅限定在某个固定的区域内。消费者不论身在何处，都可以购买到全球各地的商品。尤其是通过网上店铺能够找到自己想要购买但本地的实体店铺中不易寻觅或基本没有的商品，从而起到弥补传统销售方式产品短缺的弱点。

（4）快速寻找到商品，第一时间购买新产品。

传统购物是一个店铺接一个店铺地寻找商品，一整天也看不了多少商品，但网上店铺可直接搜索商品，只需知道商品的一些特征（如类型、颜色、品牌等），就可以通过搜索的方法使网页快速罗列出许多商品，而这可能只需要几秒钟时间。当某款新商品推出时，往往会在网上店铺中最先看到其销售信息，其"面市"的速度非常快，消费者可在第一时间购买新产品。即使处于偏远地区，通过网上购物，新品上市的时效性也能得到保证。

2．网上购物的缺点

（1）实物和照片的差距太大。

网上购物只能看到商品的照片，实物到达后感觉和照片不一样，使消费者感觉不如在商场里买放心。例如购买衣服或鞋子之类的商品，由于商品无法试穿，不能直接感觉出是否适合，经常导致购买后发现不合适，需要退货又要承担运费，而且手续比较麻烦。

（2）网络支付货款不安全。

网络付款可能被偷窥或者密码被盗。商家的诚信度很难保证，如果碰到诚信度很差的商家，不仅服务无法保证，甚至会出现上当受骗的现象。

（3）货物配送的速度可能会很慢。

在网上购买商品，需要经过配送商品的环节，其配送速度与商家和消费者的距离有关，还与商品的存放地有关。作者曾经网上购买了两本书，一本在商家的北京仓库，另一本在商家的广州仓库，因为是同一个商家，那么商家需先将北京的书移到广州，再由广州统一发货到惠州，结果从下订单到收货的时间超过了半个月。

5.3.2　网上购物的付款方式

1．付款方式

网上购物的付款方式是消费者最关心的事情，不同的付款存在着不同的风险。下面介绍几种常见的网上购物的付款方式：

（1）货到付款。

货到付款是指当货物交给消费者时由消费者以现金结算的付款方式，这种方式往往是商家与消费者中间增加了货运公司结算的环节。商家与货运公司签订协议，商家的货款由货运公司代收，并在一定周期内由商家与货运公司结算。该方式对消费者是很安全的，因为消费者能在验完货之后才付款。

（2）通过网银、信用卡或汇款来付款。

消费者直接通过网上银行、信用卡或汇款的方式给商家货款，商家收到货款后给消费者发货。这种方式是非常危险的，因为假如商家收到货款后不发货，那么将给消费者带来直接损失。当然，假如商家是有一定规模的正规企业，那么这种方式也是可取的，因为一个正规企业不会因为某一消费者的一小笔货款而失去全部市场。

（3）通过第三方支付担保。

第三方支付担保（又称"第三方支付服务"、"第三方托管"）是在国际上深受企业欢迎的付款方式。第三方支付担保即买方将货款支付给买卖双方之外的第三方，第三方收到货款后通知已收到买方货款，并同时通知卖方发货，卖方则将货物发运给买方，买方通知第三方收到满意的卖方货物，第三方便将货款转付给卖方。随着电子商务的蓬勃发展，目前我国国内也有不少提供第三方支付担保的服务，例如阿里巴巴的支付宝、腾讯的财付通、百度的百付宝等。

2．支付宝中添加银行账号的流程

支付宝中添加银行账号是支付宝与工行、建行、招商银行等160家银行联合推出的一项网上支付服务。用户务必先登录支付宝网站（https：//www.alipay.com/），并注册支付宝账号后按照以下操作步骤进行：

第一步　登录到我的支付宝页面，首页如图5-45所示。

图5-45 我的支付宝页面

第二步 点击左上方的"账户通"，将显示如图5-46所示的账户添加页面。

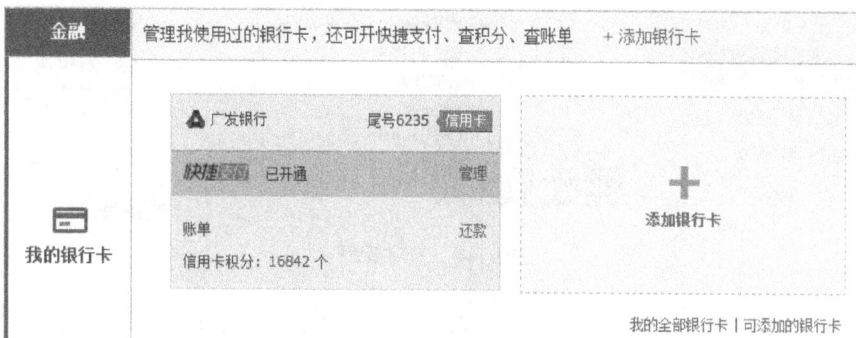

图5-46 账户添加页面

第三步 点击"添加银行卡"按钮后，将弹出一个新页面，如图5-47所示。

图5-47 再度确认银行卡相关信息

第四步　输入银行卡卡号和手机号码（注：该两个号码务必与银行资料一致，且支付宝中真实姓名和身份证号也与银行里的资料一致）后，点击"同意协议并确定"按钮。

第五步　输入手机验证码，输入银行卡支付密码后完成银行账号的添加。

5.3.3　网上购物的实例流程

假设某人在淘宝网中已经注册有账号和支付宝账号，他想在淘宝网中购买一个"取暖器"，那么，具体流程步骤为：

第一步　打开淘宝（www.taobao.com）主页。

第二步　在主页的宝贝搜索中输入"取"字，将显示以"取"字开头的商品名称，如图5-48所示，选择"取暖器家用"后，点击"搜索"按钮。

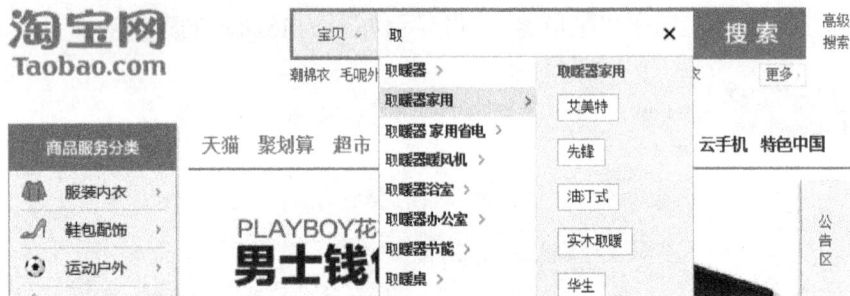

图5-48　淘宝搜索

第三步　在显示的商品列表上方，点击"所在地"并选择与自己所在地比较近的地方，如"珠三角"，因为距离较近则到货快；再点击"销量"，使销量高的商品排在前面，因为销量高商家获利就高，服务质量也会跟着高。

第四步　查看商品列表，点击商品描述或商品图片进入商品的详细描述页面。

第五步　在如图5-49所示的商品详细描述页面中，选择"颜色分类"和"数量"，然后点击"立即购买"。

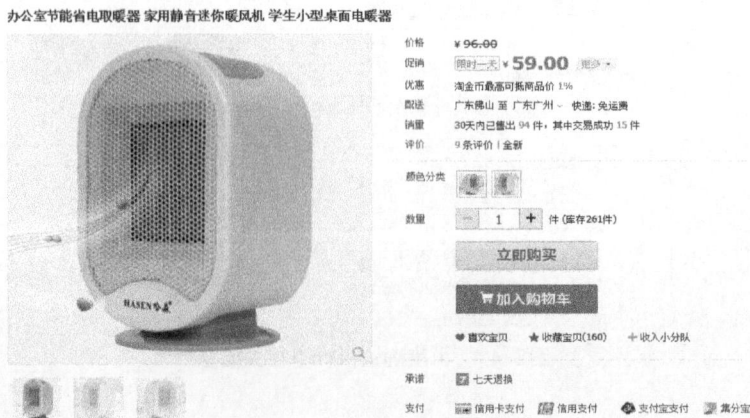

图5-49　商品详细描述页面

第六步　此时弹出"淘宝登录"界面，假如已经登录淘宝，则不会出现该界面。直接进入确认订单信息页面。

第七步　设置"确认收货地址"、"确认购买信息"后，点击"确认无误，购买"按钮。

第八步　付款到支付宝，若有支付宝则会默认为首选，在页面中选择好付款卡后，点击"下一步"按钮。

第九步　在新页面中输入支付密码后点击"确认付款"按钮。

第十步　等待商家发货，同时可通过"查看物流"（在"我的淘宝"内的"我是买家"内的"已买到的宝贝"内的货物列表上）查询货物抵达的地点。

第十一步　接收物流公司送来的货物，检查货物的质量，质量合格则在物流单上签字。

第十二步　再次登录淘宝网，在"我的淘宝"中的"已买到的宝贝"内的货物列表中点击"确认收货"按钮完成已收货物登记，并再次输入支付宝密码，让支付宝把贷款付给商家。

第十三步　对商品和商家进行评价，同时商家也会对买家进行评价，评论供后来的买家参考。

习　题

一、单选题

1. 下列不属于搜索引擎网址的是（　　　）。

A. www. baidu. com
B. www. hz0752. com
C. www. google. com
D. www. sogou. com

2. 下列不属于百度搜索引擎的功能是（　　　）。

A. 百度贴吧　　　　B. 百度知道　　　　C. 百度百科　　　　D. 百度一下

3. 下列叙述中正确的是（　　　）。

A. CNTV 和 CCTV 是同一家公司　　　B. 凤凰网和凤凰卫视是同一家公司
C. 人民网和人民日报是同一家公司　　　D. 网易和 QQ 是同一家公司

4. 下列不属于网络下载工具的是（　　　）。

A. QQ 软件　　　　B. 迅雷　　　　C. 比特精灵　　　　D. 网际快车

5. 下列属于网络下载工具的是（　　　）。

A. 电动车　　　　B. 卡丁车　　　　C. 电驴　　　　D. 电子书

6. 将网络学习资源按形式分，下列不属于学习资源的是（　　　）。

A. 文本资源　　　　B. 视频资源　　　　C. 论坛资源　　　　D. 立体资源

7. 电子邮件是网络通信的重要方式，该方式采用的计算机技术是（　　　）。

A. 邮箱　　　　B. 消息　　　　C. 短信　　　　D. 网址

8. 下列不属于网络音乐网站的网址的是（　　　）。

A. www. 1ting. com　　　　　　　　B. www. qianqian. com

C. mp3. baidu. com　　　　　　　　D. www. sina. com

9. 下列网页插件中不是用于支持网络电影播放的有（　　　）。

A. 暴风影音　　　B. FLASH插件　　　C. QVOD　　　　D. GVOD

10. 下列网络游戏中属于益智健康类游戏的是（　　　）。

A. 暗黑破坏神　　　B. QQ农场　　　C. 送三只小羊回家　　D. 魔塔

二、填空题

1. 百度的功能有＿＿＿＿＿＿、＿＿＿＿＿＿、＿＿＿＿＿＿、＿＿＿＿＿＿、

＿＿＿＿＿＿、＿＿＿＿＿＿、＿＿＿＿＿＿等。

2. 搜搜搜索引擎是＿＿＿＿＿＿旗下的搜索网站。

3. 人民网于1997年1月1日由＿＿＿＿＿＿创办，其创办宗旨为＿＿＿＿＿＿。

4. 列举四个有下载管理器的主流浏览器，分别是＿＿＿＿＿＿、＿＿＿＿＿＿

＿＿＿＿＿＿、＿＿＿＿＿＿。

5. 视频资源的网上形式有＿＿＿＿＿＿、＿＿＿＿＿＿、＿＿＿＿＿＿

＿＿＿＿＿＿。

6. 通常网络交流的形式有＿＿＿＿＿＿、＿＿＿＿＿＿、＿＿＿＿＿＿。

7. 主流即时通信软件有＿＿＿＿＿＿、＿＿＿＿＿＿、＿＿＿＿＿＿

＿＿＿＿＿＿、＿＿＿＿＿＿。

8. 网络音乐软件的典型代表有＿＿＿＿＿＿。

9. 列举两个视频网站：＿＿＿＿＿＿、＿＿＿＿＿＿。

10. 本章作者介绍的两类网络游戏为＿＿＿＿＿＿、＿＿＿＿＿＿。

上机实验

实验5.1　暴风影音的安装及使用

1. 实验目的

掌握应用软件下载、安装的方法，学会使用计算机观看电影。

2. 实验环境

一台具有Windows 8操作系统并能连接到Internet网络的计算机。

3. 实验要求

（1）要求成功安装最新版本的暴风影音；

（2）要求成功使用暴风影音播放网络电影。

4.实验内容

（1）下载安装暴风影音。

参考本书5.2.2，在暴风影音官网下载最新版本，并在本机安装。

（2）使用暴风影音播放网络电影。

打开暴风影音软件，点击在线视频观看某一网络电影。

实验5.2 益智类游戏的查找

1.实验目的

掌握查找益智类游戏的方法，学习游戏的玩法。

2.实验环境

一台具有Windows 8操作系统并能连接到Internet网络的计算机。

3.实验要求

（1）要求成功查找到一款益智类游戏的网址；

（2）要求学习查找到的游戏的玩法。

4.实验内容

（1）打开搜索引擎查找游戏"送三只小羊回家"；

参考本书5.1.1，打开"百度"搜索引擎，并查找游戏"送三只小羊回家"。

（2）打开游戏的有效网址，玩该游戏。

第6章

Word 2013实例教程

本章要点

□ Word 2013概述
□ Word 2013文档的基本操作
□ Word 2013文档的编辑
□ Word 2013文档的排版
□ Word 2013表格的处理
□ Word 2013打印文件

目前，我国常用的办公自动化字处理软件有微软公司的Word文字处理软件、金山公司的WPS文字处理系统和永中Office软件等。

Office中Word 2013是办公自动化软件中的字处理软件，其基于图形界面，方便实用，适用于多种文档的编辑排版，如书稿、报告、简历、信件、图文混排等。

Word 2013着重突出文档的编辑、版面控制、排版和显示等基本操作，以及图文混排、表格处理、图形处理、数学公式和艺术字等内容，实现了"所见即所得"的功能。

Word 2013电子文档默认的文件扩展名是"docx"，其中"doc"为英文单词"document"的前三个字母。

6.1 Word 2013概述

初学者应先行掌握Word 2013的启动及退出等操作，还应该了解Word 2013窗口的基本结构及其相关的一些专用名词、术语等。

6.1.1 Word 2013的启动

若Windows 8系统中已经安装了Office 2013中文版，则可通过如下步骤启动Word 2013：在Windows任务栏上，单击"开始"按钮，打开"开始"菜单，选择"Word 2013"选项，即可启动"Word 2013"。

当然，还可以在桌面上建立Word 2013的快捷方式，这样就可以直接在桌面上双击Word 2013图标来启动它。

Word 2013启动后，屏幕上显示Word 2013窗口，如图6-1所示。

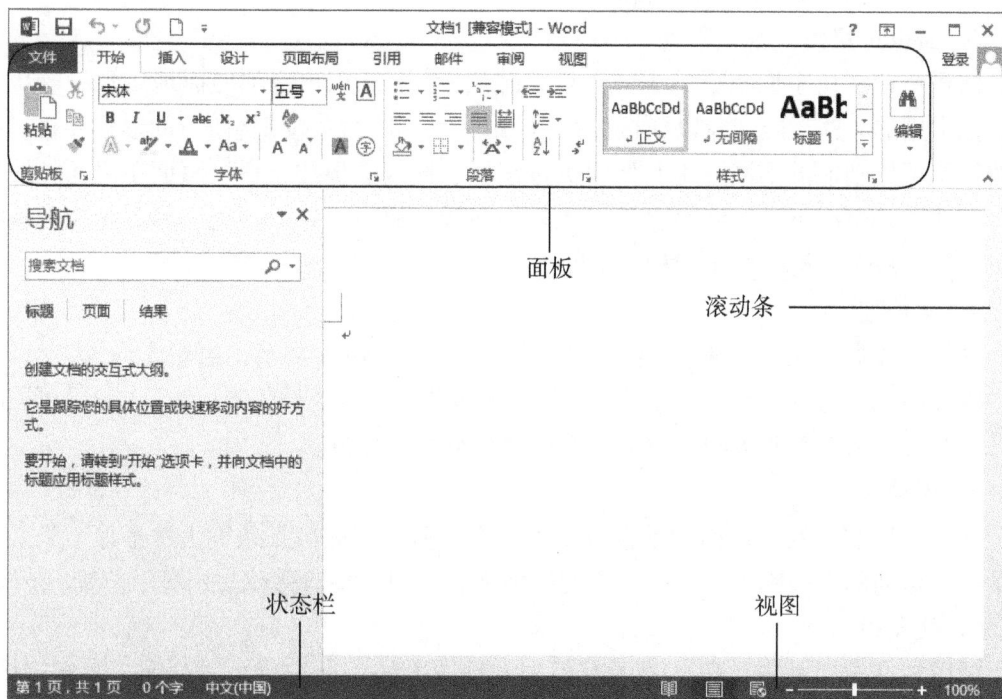

图6-1 Word 2013启动窗口

6.1.2 Word 2013的退出

如果需要退出Word 2013，则可以选择"文件"选项卡→"退出"菜单项，或者单击窗口右上角的"×"关闭按钮。

注意：在退出Word 2013时，如果退出的编辑文档还没有保存，则会弹出一个"是否保存"的提示消息框，提示用户当前文档还没有保存，需要作何处理。单击"保存"则保存退出Word 2013，单击"不保存"则不保存退出Word 2013，单击"取消"则不会退出Word 2013，并回到原来的文档编辑状态。

此外，双击Word 2013窗口左上角的Word图标，即控制菜单框，也可以退出Word 2013系统。

6.1.3 Word 2013窗口的基本结构

1．标题栏

标题栏位于Word 2013窗口的最上方。它用来显示正在被编辑的文档的名称和"Microsoft Word"这个应用程序名。标题栏最左边是控制菜单框，最右边是三个按钮，分别为"最小化"、"最大化/还原"和"关闭"。

2．面板栏

Word之前版本的菜单栏已经衍化成面板栏。面板栏位于标题栏下方，它包含了

Word 2013提供的所有功能命令。按照功能的不同，分成了文件、开始、插入、页面布局、引用、邮件、审阅、视图和加载项面板。

3．面板按钮栏

面板按钮栏位于面板栏的下方。Word 2013为了让用户更加便捷地编辑和排版文档，把常用的一些功能命令以面板按钮栏（由一系列的命令按钮组成）的形式存在。面板按钮栏根据功能的不同分为开始面板按钮栏、插入面板按钮栏、页面布局面板按钮栏等。在默认情况下，系统会自动进入开始面板按钮栏。把鼠标光标移到相应面板栏的按钮处，系统会给出按钮的相关功能提示。

4．文档编辑区

文档编辑区是用户编辑文档的工作区，用户可以输入文字，绘制图形、表格等。其中闪烁的"I"图形是光标，表示当前的插入位置，也称为插入点。Word 2013可同时打开多个文档窗口，并可同时对多个文件进行编辑、排版。

5．滚动条

文档窗口右边的长条称为垂直滚动条，文档窗口下边的长条称为水平滚动条。两者中间可移动的方块称为滚动杆，可用鼠标拖动，用于快速移动文档显示位置。

6．视图栏

视图栏在窗口的右下角，显示有不同的视图方式，可进行页面视图、大纲视图、阅读版式视图等视图方式的切换。视图栏右侧的滑标可以进行显示比例的缩放。

7．标尺

标尺包括水平方向的，位于编辑区上方，称为水平标尺；还包括垂直方向的，位于编辑区左侧，称为垂直标尺。标尺主要用于标志文档中正文的位置，还可以用于调整页面边距、排版、调整表格等。通过执行"视图"选项卡→"标尺"按钮命令，可以显示/隐藏标尺。

8．状态栏

状态栏位于文档窗口最下部，显示当前的状态信息，比如：页码信息、插入点所在的行列位置、插入点处于改写还是插入状态、插入点的语言状态等。

9．窗格

窗格主要是将Word 2013执行的一些任务，比如文档结构图，显示在导航窗格中，如图6-2所示。

窗格在默认情况下是不显示的，当执行某些命令时，比如"视图"面板→"导航窗格"命令时会显示对应的导航窗格。

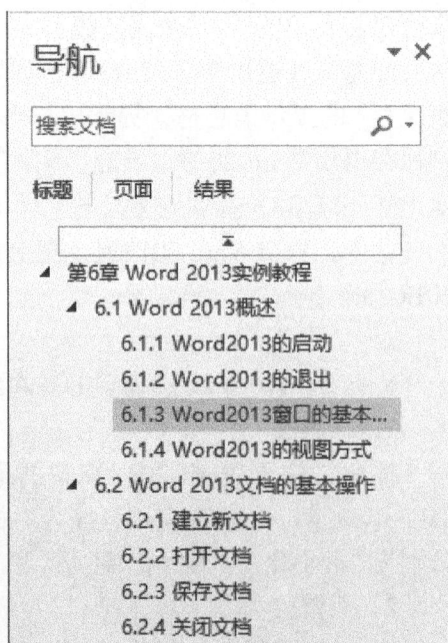

图6-2　导航窗格

6.1.4　Word 2013的视图方式

为了方便用户编辑文档，Word 2013提供了5种不同的视图方式，在"视图"面板的左侧，可以选择切换到其他不同的视图方式，或者单击视图栏的视图按钮进行切换。

1．页面视图

"页面视图"是Word 2013的缺省设置视图方式。它具有"所见即所得"的显示效果，即在屏幕上看到的显示效果与实际输出打印的效果完全相同。但它会占用更多的计算机内存，因此在屏幕滚动时速度会稍微变慢。

2．阅读版式视图

如果用户不需要编辑文档，只是想阅读文档内容，那么阅读版式视图是首选，它将优化阅读体验。在此视图方式下，用户可以更好地阅读文档内容。由于阅读版式视图始终显示两页内容，因此当移动到下一页时，上一页总是可见的。另外，利用"审阅工具栏"可以对文档作一定的修改，比如突出显示内容、修订文档、添加批注、删除批注等。

3．Web版式视图

"Web版式视图"是用于创建或显示Web页，它模仿Web浏览器来显示文档，从而使用户能方便即时地看到正在编辑的文档发布到Web页面上的效果。但是，它不显示实际的打印效果。

4．大纲视图

"大纲视图"只列出大纲和各级标题，用户可以观看其章节结构，也可以折叠标题，即只查看标题或展开标题观看文档内容。在此视图方式下，用户可以迅速了解文档结构和大概内容，还可以方便地只打印大纲和想要的正文内容。

5．草稿视图

"草稿视图"取消了页边距、页眉页脚、分栏和图片等元素，仅显示标题和正文，是最节省计算机系统硬件资源的一种视图方式。在计算机系统的硬件配置比较低的情况下，可以使用此视图方式；当然现在计算机系统的硬件配置都比较高，基本上不会存在由于硬件配置过低而使Word 2013运行不流畅等的问题。在草稿视图方式下，可以比较方便快捷地录入纯文字的数据，屏幕显示空间也比较大，视野较为开阔。

6.2　Word 2013文档的基本操作

6.2.1　建立新文档

1．建立新文档的方法

建立新文档就是新打开一个文档窗口，让用户输入所需的文档内容。

在Word 2013中建立新文档有三种方法。

方法一：启动Word 2013后，系统会自动打开一个新的文档窗口，标题为"文档1"，并处于可编写状态。新文档在保存前被Word 2013以"文档1"、"文档2"……顺序命名。

方法二：单击快速访问工具栏上的下拉按钮，在弹出的快捷菜单中选择"新建"命令，即可添加一个"新建"按钮，单击此按钮即可新建一个空白文档。

方法三：执行"文件"选项卡→"新建"命令，会出现一个"可用模板"的对话框，如图6-3所示，然后单击"空白文档"下方的"创建"按钮。

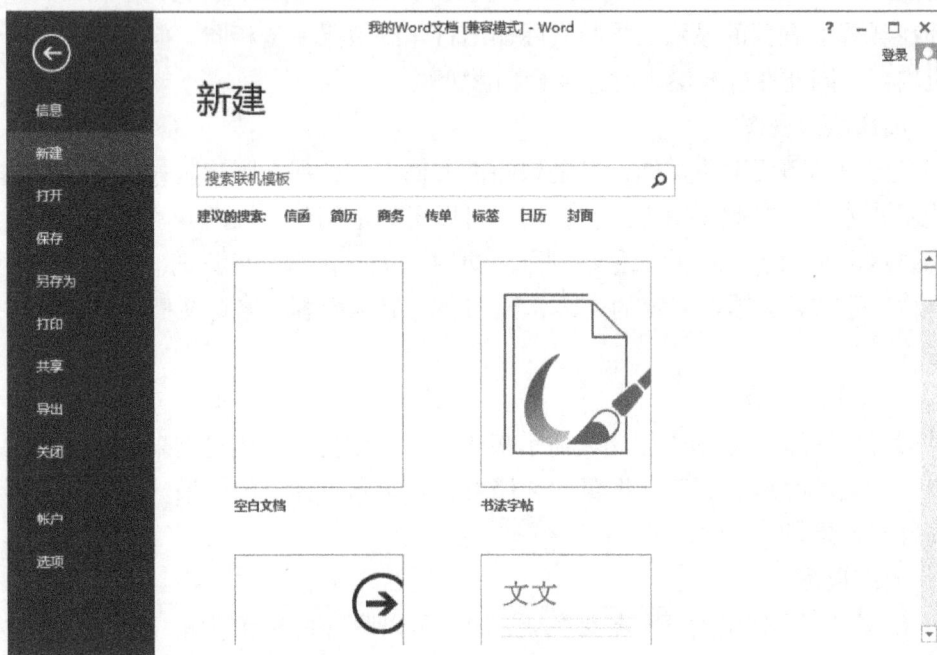

图6-3　新建"空白文档"对话框

另外，如果需要使用模板，可以在图6-3所示的对话框中选择相应的模板。Word 2013提供了会议议程、证书、奖状、小册子、名片、日历、合同、协议、法律文书、信封、费用报表等模板以满足不同用户的需求。

2．建立新文档实例

实例：建立新Word文档，以"我的Word文档"为文件名保存到"我的文档"文件夹中。

（1）单击任务栏的"开始"按钮，打开"开始"菜单，单击"Word 2013"。

（2）输入如下内容：

我的Word文档
中华人民共和国是一个好客的国家。
中华人民共和国是一个伟大的国家。
中华人民共和国是一个自强不息的国家。
中华人民共和国是一个幅员辽阔的国家。
中华人民共和国是一个具有悠久历史的国家。

　　提示：在输入了一个"中华人民共和国"之后，如何对"中华人民共和国"进行复制？可以选中"中华人民共和国"，然后按住"Ctrl"不放，用鼠标拖动被选中的"中华人民共和国"到目的地，看看有何变化？

　　（3）选择标题栏中的"保存"按钮，由于是首次对此新文档进行保存，系统会弹出"另存为"窗口，如图6-4所示；然后选择"我的文档"保存位置，将弹出"另存为"对话框，如图6-5所示；在"文件名"框中输入"我的Word文档"；在"保存类型"下拉列表框中选择"Word 97-2003文档（*. doc）"。此时，保存的文档主文件名为"我的Word文档"，扩展名为".doc"。

　　说明：在"保存类型"下拉列表框中，Word提供了多种文件格式，如. RTF（Rich Text Format）、. txt（文本格式）、. html（HTML格式）、. pdf（PDF格式）等。选择不同格式保存文档，可以把文档转换成不同的格式加以保存。例如，若采用. html格式保存，则把Word文档转换成web页格式，该文档可在浏览器中被打开浏览。

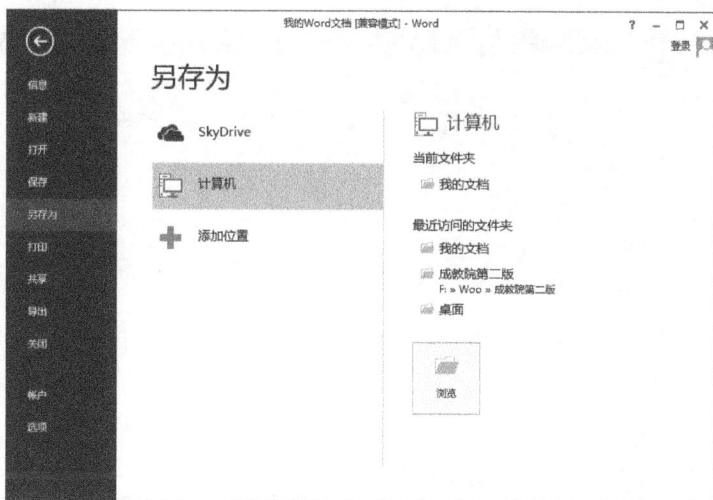

图6-4　"另存为"窗口

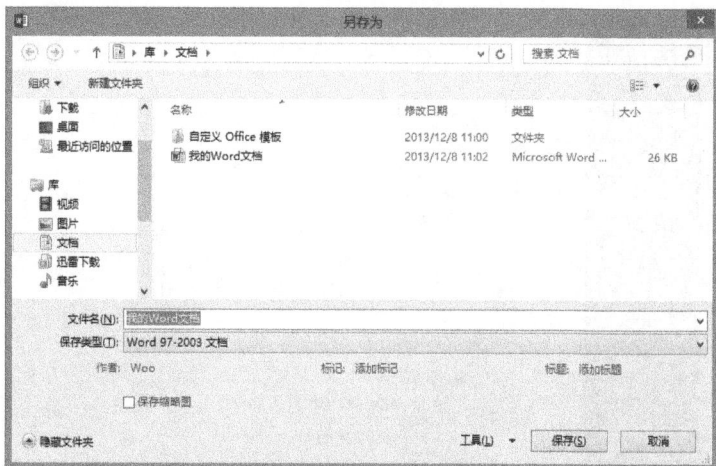

图6-5　"另存为"对话框

（4）单击快速访问工具栏中的"保存"按钮，保存所编辑的文档。

（5）选择"文件"选项卡→"退出"命令，将文档关闭。

6.2.2　打开文档

1．打开"我的Word文档．doc"文档，并设置密码保护。步骤如下：

（1）在Windows桌面上，双击"我的文档"文件夹。

（2）在"我的文档"中找到"我的Word文档．doc"文档，如图6-6所示，然后双击鼠标，将该文件打开。

（3）单击"文件"选项卡，选择"信息"命令，将会出现如图6-7所示的对话框。单击"权限"一项将会出现一个快捷菜单，如图6-8所示。选择"用密码进行加密"一项，将会弹出"加密文档"对话框，如图6-9所示。

（4）单击快速访问工具栏上的"保存"按钮，将文件保存。

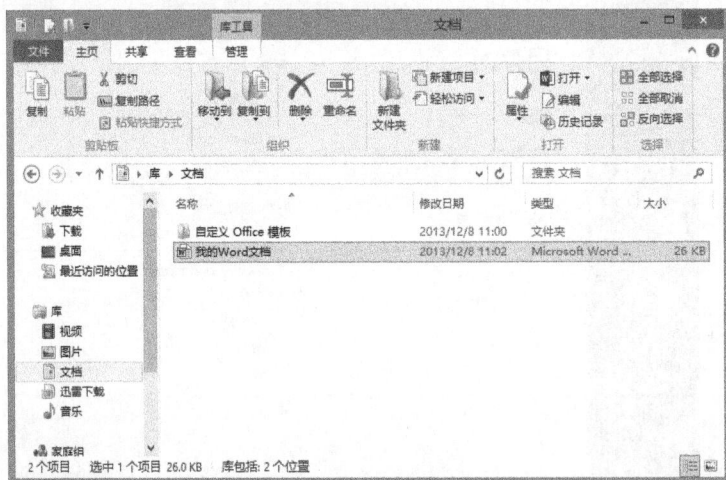

图6-6　"我的文档"窗口

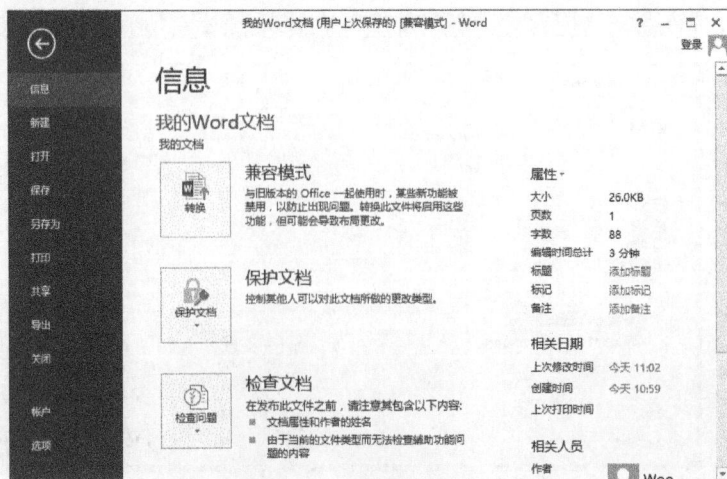

图6-7　"信息"对话框

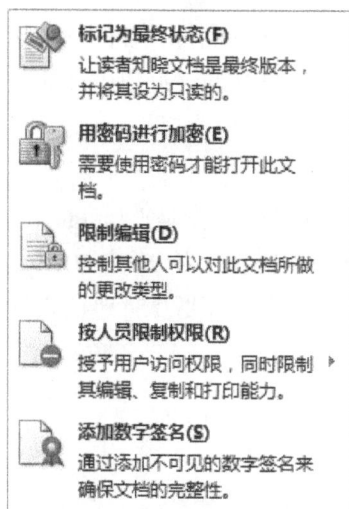

图6-8 "权限"快捷菜单

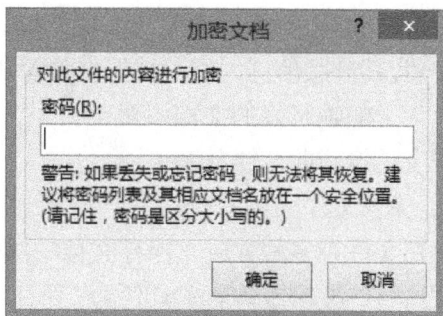

图6-9 "加密文档"对话框

如果怕文档被误删改，希望以只读的方式打开，则可以在图6-8所示的"权限"快捷菜单中双击"限制编辑"一项，将会弹出"限制格式和编辑"的任务窗格，如图6-10所示。选择"2. 编辑限制"中的"仅允许在文档中进行此类型的编辑：不允许任何更改（只读）"即可。

2. 打开最近使用过的文档

在Word 2013"文件"选项卡的"最近使用文件"中，显示最近打开过的若干个文档文件（默认为25个），用户可以从这个文档名列表中选择要打开的文档。另外，用户可以通过"文件"选项卡→"选项"，单击"高级"选项卡，可在"显示"项中改变列出的最近所用文件的个数，如图6-11所示。

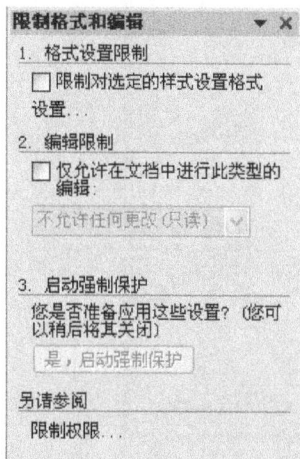

图6-10 "限制格式和编辑"任务窗格

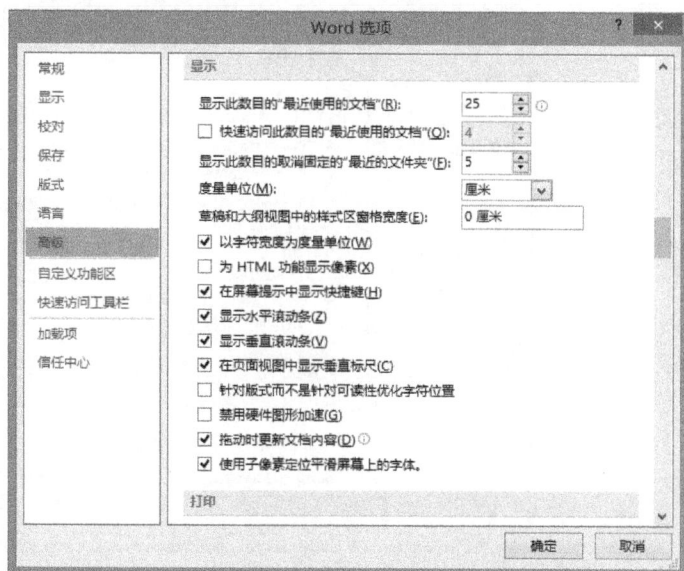

图6-11 Word选项中的"高级"对话框

用户先行打开"Word 2013"，系统在任务栏中会显示Word的图标，在图标上单击鼠标右键，最近使用的文档也会列出。用户可以在此处选择要打开的最近使用过的文档。

6.2.3　保存文档

用户在新建文档中输入的文字（Text）、图形（Graphic）、图像（Image）、表格（Table）及其排版信息，仅仅放置在计算机的内存并显示在屏幕上的Word 2013文档窗口中。为了使编辑好的文档不至于丢失，方便日后调取使用，需要及时地把它保存在硬盘或者其他辅助存储器上。

1．保存文件

保存文件有多种方法。保存文档的操作方法如下：

方法一：按快速访问工具栏上"保存"按钮![保存]。

方法二：执行"文件"选项卡→"保存"命令。

方法三：直接按键盘上的快捷组合键［Ctrl］+［S］。

2．自动保存

Word 2013提供了文档自动保存的功能，系统将根据设定的时间定时地保存文档。在默认情况下，自动保存时间间隔为10分钟，如图6-12所示。此时，系统将每隔10分钟保存文档改动的部分，这仅仅是为了防止电源或计算机发生故障时的保护措施，因此在退出Word之前仍需保存文档。用户如果觉得系统给定的10分钟不太合适，则可以根据自己的需要更改自动保存的时间间隔。同时，Word会在文档所在文件夹产生由"～$"开头的隐藏文件，这些文件是帮助恢复Word文档时使用的，用户关闭文档时系统会自动删除此类文件。

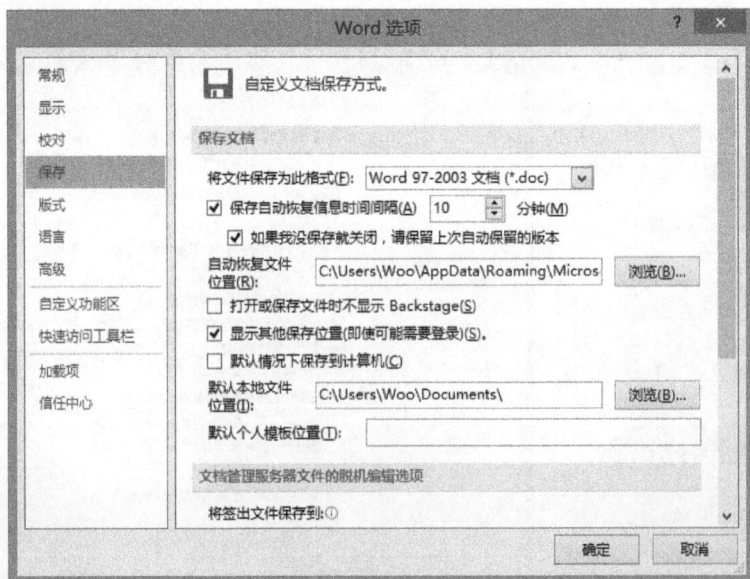

图6-12　"选项"对话框之"保存"选项

如果出现异常情况（比如断电、死机），这些以"～$"开头的隐藏文件还将保留在磁盘上，开机后重启Word 2013时会出现恢复文档的提示。如果用户选择了恢复该文档，系统则会恢复相关文档信息。

提示：如果用户不小心删除了自己的文档，则可以到Windows的回收站还原被删除的文档。如果出现更为严重的情况，比如对回收站作了清空操作，文档被直接删除，或者进行了磁盘格式化操作命令，用户可以使用"Easy Recovery Professional"这个软件来进行文档数据的恢复。

6.2.4 关闭文档

用户完成文档的输入或者编辑工作后，可以将文档关闭。但在关闭文档之前，最好先完成保存文档的操作。关闭文档的操作方法如下：

方法一：执行"文件"选项卡→"关闭"命令。

方法二：单击文档窗口的关闭按钮"×"。

方法三：按快捷键［Ctrl］+［W］。

方法四：如果当前同时打开了多个文档，并需要同时将其关闭，使用前三种方法比较烦琐。此时，可以在任务栏的"Word"图标上单击鼠标右键，选择"关闭所示窗口"命令，便可一次性关闭所有当前Word打开的文档。

提示：正在关闭一个修改过却未保存的文档时，Word 2013会提示是否保存文档，如图6-13所示。若用户选择了"保存"，则会先进行保存，然后再进行关闭；若用户选择了"不保存"，则不保存该文档，直接关闭；若用户选择了"取消"，则系统将取消关闭操作，返回该文档的编辑状态。

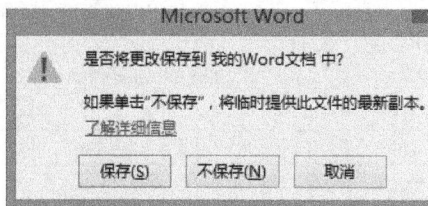

图6-13 "保存"提示消息框

6.2.5 字符输入

1. 普通字符输入

普通字符指的是一般的字符，如英文大小写字母、数字、标点等键盘上可输入的符号。用户可以通过键盘直接输入这类字符。

2. 特殊字符输入

特殊字符指的是数学符号、数学序号、单位符号、希腊字母、俄文字母、制表符等键盘上没有的字符。用户可以使用多种方法进行特殊字符的输入。

（1）利用汉字输入法如全拼、智能ABC、五笔字型等的小键盘输入字符。

143

用户可以按组合键［Win］+［Shift］（［Win］表示"Windows"键，在［Ctrl］键和［Alt］键之间）切换到汉字输入法，然后在输入法的小键盘上点击鼠标右键，将会弹出一个快捷菜单，如图6-14所示。

用鼠标选择此快捷菜单中的"特殊符号"，将会弹出"特殊符号"输入小键盘，用户可以用鼠标单击小键盘上的按键，以输入相应的字符，如图6-15所示。同时，用户也可以用手按下键盘上相应的按键进行字符输入。

图6-14　汉字输入法小键盘的快捷菜单

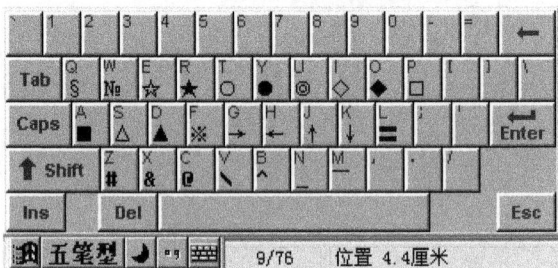

图6-15　汉字输入法的"特殊符号"输入小键盘

（2）利用Word 2013提供的"符号"对话框输入字符。

执行"插入"面板→"符号"按钮，将会弹出"符号"对话框，如图6-16所示。此对话框提供了几乎所有用到的字符，如普通文本、拉丁文本、Webdings、Wingdings等多种字体，每种字体分有若干子集。

图6-16　"符号"对话框

（3）利用Word 2013提供的"特殊字符"对话框输入字符。

执行"插入"面板→"符号"命令，将会弹出"符号"对话框，切换至"特殊字符"

选项卡，如图6-17所示。在此可以插入一些特殊字符。

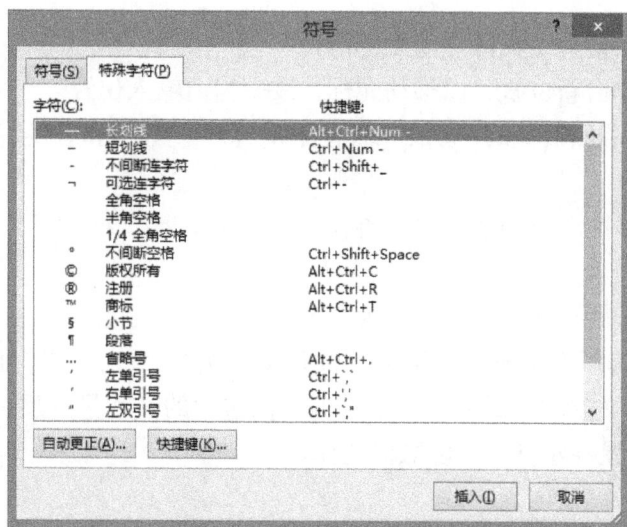

图6-17 "特殊字符"对话框

6.3 Word 2013文档的编辑

6.3.1 光标定位和文字块选择

1. 光标定位

在光标移动实现定位方面，Word 2013为用户提供了许多方便操作的功能键，这些操作键如表6-1所示。

表6-1 光标移动的操作键

操作键	功能描述	操作键	功能描述
←	向左移一个字符	Ctrl+←	向左移一个字词
→	向右移一个字符	Ctrl+→	向右移一个字词
↑	向上移一行	Ctrl+↑	移动到当前段首
↓	向下移一行	Ctrl+↓	移动到当前段尾
Home	移动到行首	Ctrl+Home	移动到文档首
End	移动到行尾	Ctrl+End	移动到文档尾
PageUp	向上移一屏	Ctrl+PageUp	移动到上一页首
PageDown	向下移一屏	Ctrl+PageDown	移动到下一页首

实例：利用Word 2013"定位"功能实现光标定位。

具体操作步骤如下：

（1）打开"我的Word文档.doc"文档，寻找正文区窗口中的光标闪烁处，确定当前输入位置。

（2）用键盘方向键、编辑键移动光标位置。

（3）试用鼠标单击新位置，以移动光标，改变当前输入位置。

（4）单击"开始"面板下的"替换"命令按钮，打开"查找和替换"对话框，选择"定位"选项卡。

（5）选择"定位目标"中的"行"，再在文本框中输入行号"25"，然后单击"定位"按钮。

（6）观察当前编辑位置的行号是否为"25"。

（7）使用鼠标选择文本时，将鼠标定位到文档块的第一个字符处，按住鼠标左键不放，拖动鼠标到文字块的最后那个字符处，使选中的文本呈现反白显示。然后光标指向空白处，单击鼠标左键，可以取消选择。

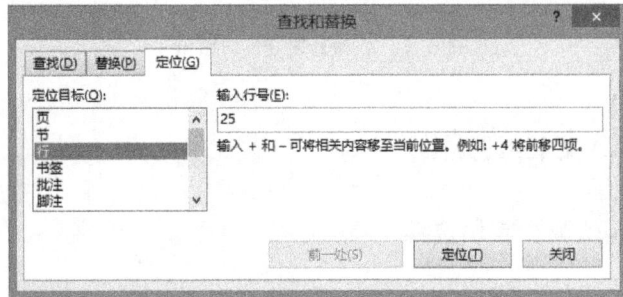

图6-18　"查找和替换"之"定位"选项卡

2．文字块的选择

文字块的选择存在多种方法，操作如下：

（1）单击一行最左端的空白位置，选择一行。

（2）双击欲选段落的最左端的空白位置，选择一个段落。

（3）用鼠标左键三击正文区最左端的空白位置，选择整个文档。

（4）按［Ctrl］+［A］快捷键，选择整个文档。

（5）使用键盘选择文本时，将光标定位到文本块的首部，同时按住［Shift］键和光标移动键（左移、右移、上移、下移），直到欲选择的文本块的结尾处。

提示：如果要选中多个不连续的文字块怎么办？可以按住［Ctrl］键不放，用鼠标单击各个文字块试试。按住［Alt］键拖曳鼠标又会出现什么功能效果呢？

6.3.2　复制、剪切和粘贴

复制、剪切和粘贴的具体操作可以通过面板按钮和快捷键来实现。

1．复制操作

实例：将"我的Word文档"中的标题行复制到第一自然段落的后面。

(1)重新打开"我的Word文档.doc"。

(2)鼠标左键单击标题行最左端的空白位置，以选中标题行。

(3)单击"开始"面板下的"复制"命令按钮，将标题内容拷贝(Copy)到"剪贴板"中。

(4)将光标定位于第三自然段的首部，单击"开始"面板下的"粘贴"命令，将"剪贴板"上的标题内容拷贝至当前光标位置，复制完成。

提示："复制"命令除了使用"开始"面板下的"复制"命令按钮外，还可以使用组合键[Ctrl]+[C]。

2．剪切操作

剪切操作方法如下：

(1)单击"开始"面板上的"🔪 剪切"命令按钮。

(2)单击鼠标右键，在快捷菜单中，选择"🔪 剪切"命令。

(3)直接使用组合键[Ctrl]+[X]。

3．粘贴操作

粘贴操作方法如下：

(1)执行"开始"面板→"📋 粘贴"命令。

(2)单击鼠标右键，在快捷菜单中，选择"📋 粘贴"命令。

(3)直接使用组合键[Ctrl]+[V]。

在编辑窗口中，选定一段文字，使用鼠标指向反白显示的文本块，然后按住鼠标左键，鼠标的尾部会出现一个小方块。拖动鼠标指针到欲放置文本块的新位置，松开鼠标左键，观察文本块被移动的位置。再次选定一段文字，使用鼠标指向反白显示的文本块，然后按住鼠标左键，鼠标的尾部会出现一个小方块。如果按住鼠标右键，则在鼠标的尾部同样会出现一个小方块。拖动鼠标指针到欲放置文本块的位置，松开鼠标右键，则会出现一个选择菜单，可以进行移动、复制或链接的选择。

6.3.3 撤销与恢复和文本的删除

1．撤销与恢复

如果想撤销本次进行的操作，可以按如下方法操作：

(1)单击快速访问工具栏上的"↶"撤销按钮。

(2)直接使用结合键[Ctrl]+[Z]。

如果想恢复已经撤销的本次操作，可以按如下方法操作：

(1)单击快速访问工具栏上的"恢复"按钮 ↷。

(2)直接使用组合键[Ctrl]+[R]。

2．文本的删除

在选中文本内容以后，按[Del]键，可对所选中的文本内容进行删除操作。

6.3.4 查找和替换、自动更正

实例：查找"中华人民共和国"并替换成"中国"。

1．在"我的Word文档．doc"一文中，查找"中华人民共和国"一词的出现次数，再用"中国"一词进行替换

操作步骤如下：

（1）在"开始"面板中单击"替换"命令按钮（或按下［Ctrl］+［H］快捷键），打开"查找和替换"对话框，如图6-19所示。

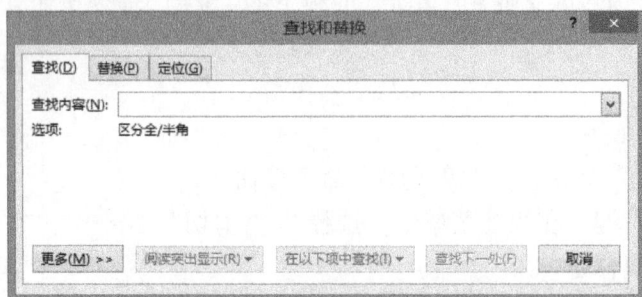

图6-19　"查找和替换"对话框

（2）在"查找内容"栏中输入汉字："中华人民共和国"，然后单击"查找下一处"按钮，每单击一次，就可以找到一个新位置，看看共重复出现几次。

（3）在"查找和替换"对话框中，单击"替换"标签，然后在"替换为"栏框中输入"中国"两个汉字。

（4）单击"全部替换"按钮，将这几个"中华人民共和国"词汇都替换为"中国"。

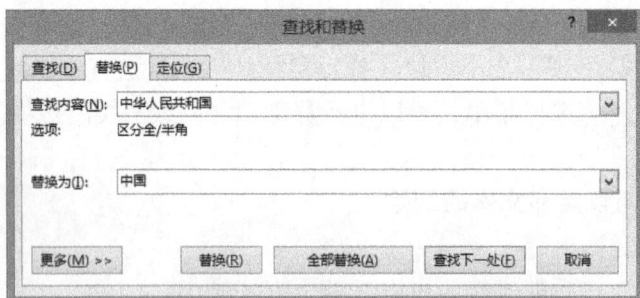

图6-20　"查找和替换"之"替换"选项卡

2．由于"惠州大学"是"惠州学院"的旧称，因此这里需要把"惠州大学"改成"惠州学院"，此时可以使用Word中的"自动更正"功能

操作步骤如下：

（1）单击"文件"选项卡→"选项"→"校对"→"自动更正选项"，Word将弹出"自动更正"对话框，如图6-21所示。

（2）在"替换"栏中输入"惠州大学"，在"替换为"栏中输入"惠州学院"，单击"确定"按钮。

（3）现在在"我的Word文档.doc"一文末尾输入"惠州大学"，看看有什么新的变化？

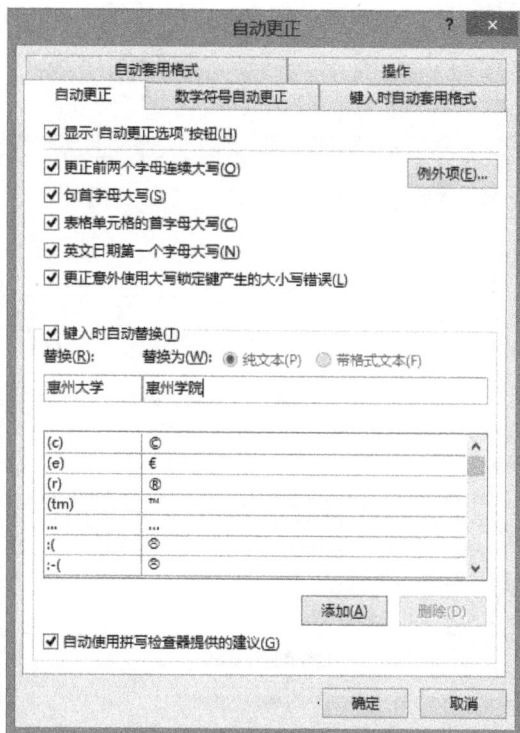

图6-21 "自动更正"对话框

提示："NCRE"是"全国计算机等级考试"的英文缩写，是否可用"自动更正"实现输入"NCRE"得到"全国计算机等级考试"呢？

6.4 Word 2013文档的排版

6.4.1 字符格式化

1.字体

（1）在"我的Word文档.doc"一文末尾中，输入"中华人民共和国"，并将其选中。

（2）执行"开始"面板→"字体"栏的扩展按钮，将弹出"字体"对话框，如图6-22所示。

（3）选择"黑体"中文字体，"加粗"字形，"一号"字号，"红色"字体颜色。

提示：在字号中，有些字号是没有的，比如：15磅，可以在"字号"中直接输入15。字号中最大的是72磅，有没有比它更大的？在"字号"中输入100，看看有何变化？最大能输入多少呢？

（4）录入公式 $Y = X_1 + X_2$，$Z = X^2 + Y^2$。

输入"Y＝X1+X2"以及"Z＝X2+Y2"。

方法一：按住"Ctrl"不放，用鼠标选中"Y＝X1+X2"中的"1"和"2"，执行"开始"面板，在"字体"栏中选中"下标"，然后按"确定"按钮；

方法二：按住"Ctrl"不放，用鼠标选中"Z＝X2+Y2"中的两个"2"，执行"开始"面板→"字体"栏的扩展按钮，在"字体"对话框中选中"上标"，然后按"确定"按钮。

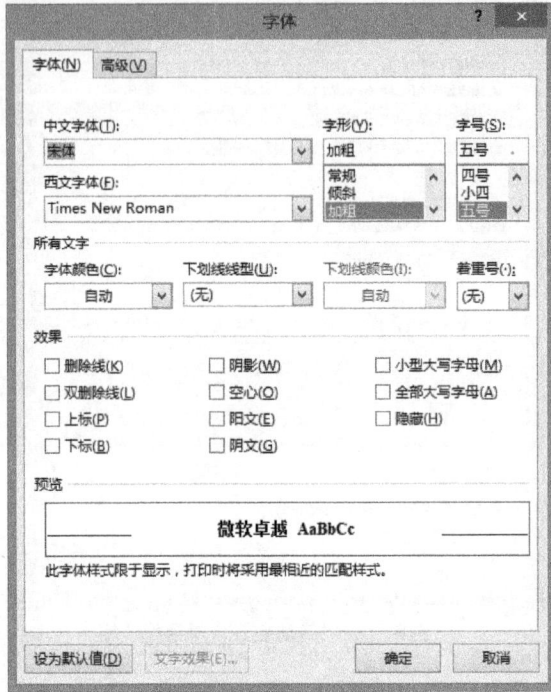

图6-22　"字体"对话框

提示：如果要输入更为复杂的数学公式，比如："$Y=X_1^2+X_2^2$"，则需要单击"插入"面板→"文本"栏→"对象"命令按钮，使用"Microsoft 公式3.0"对象（如图6-23所示）的"公式"工具栏（如图6-24所示）进行更为复杂的数学公式录入。

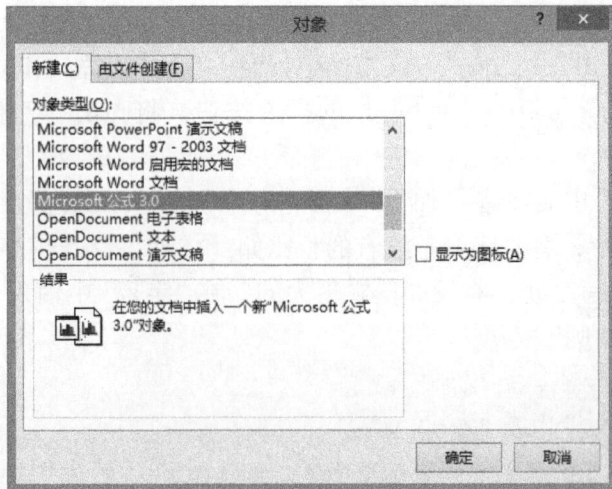

图6-23　"对象"对话框

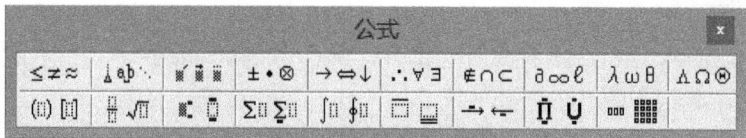

图6-24 "公式"工具栏

问题：您能输入如图6-25所示的8*8的正向离散余弦变换（FDCT）公式吗？

$$F(u, v) = \frac{1}{4} C(u)C(v) \left[\sum_{i=0}^{7} \sum_{j=0}^{7} f(i, j) \cos \frac{(2i + 1)u\pi}{16} \cos \frac{(2j + 1)v\pi}{16} \right]$$

图6-25 "FDCT"公式

2．字符间距

（1）如需要输入"炘"字，但"炘"不在"GB2312"汉字库中，可以利用"字符间距"进行弥补。输入"火"与"斤"，选中"火"与"斤"两个字，单击"开始"面板→"字体"栏的扩展按钮→"高级"选项卡→"字符间距"，"缩放"选择"50%"。

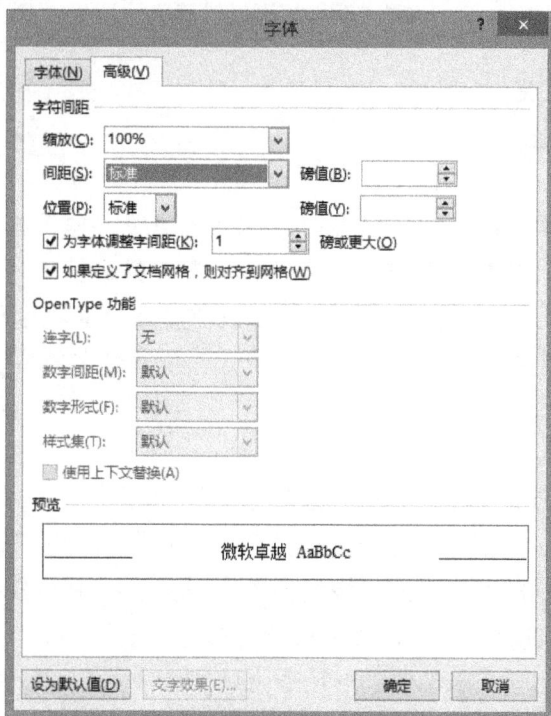

图6-26 "字体"对话框之"字符间距"选项卡

（2）另起一行，输入"计算机科学系"并选中，单击"开始"面板→"字体"栏的扩展按钮→"高级"选项卡→"字符间距"，间距选择"加宽"，磅值为"5磅"。

（3）另起一行，输入"计算机科学系"并选中，单击"开始"面板→"字体"栏的扩展按钮→"高级"选项卡→"字符间距"，间距选择"紧缩"，磅值为"3磅"。

3．文字效果

另起一行，输入"化学科学系"并选中，单击"开始"面板→"字体"栏→" 文
字效果"，选择"轮廓"的"红色"。

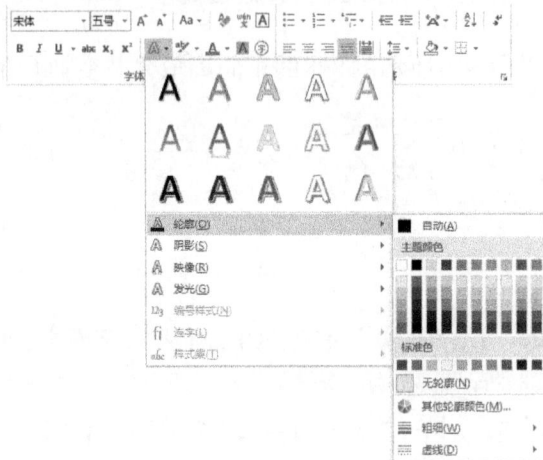

图6-27 "文字效果"菜单

6.4.2 段落格式化

实例：段落格式化的操作。

惠州学院计算机学科创建于1986年，1990年开办专科电子与微机应用专业。2000
年我院升本后申报了计算机科学与技术专业，是我院第一批6个本科专业之一。2004
年4月计算机科学与技术专业获得了学士学位授予权。计算机学科是我院重点发展的
学科，2004年7月计算机科学系成立，现设有计算机科学与技术、网络工程和软件工
程三个本科专业。

输入如上内容并选中。段落格式化的具体操作步骤如下：

（1）单击"开始"→"段落"栏的扩展按钮→"缩进和间距"选项卡。

（2）在"常规"标签的对齐方式可设置段落左对齐、居中、右对齐、两端对齐和分
散对齐。两端对齐指的是软换行时文字对齐左边界、右边界；硬换行时文字左对齐。
两端对齐对于方块字的中文来说效果不是很明显，但对于英文来说效果就非常明显了，
与左对齐的差别一样明显。分散对齐指的是不管软换行还是硬换行文字均对齐左边界、
右边界。在"大纲级别"标签中可以设置段落大纲为正文文本、1级、2级、……9级。

（3）在"缩进"标签中，可设置左缩进为2字符，右缩进为2字符，首行缩进为2字
符（注：首行缩进在"特殊格式"内）。在"间距"标签中，段前1行，段后1行，1.5倍
行距。

提示：如果以上单位为"磅"，将如何进行操作？有如下两种方法。

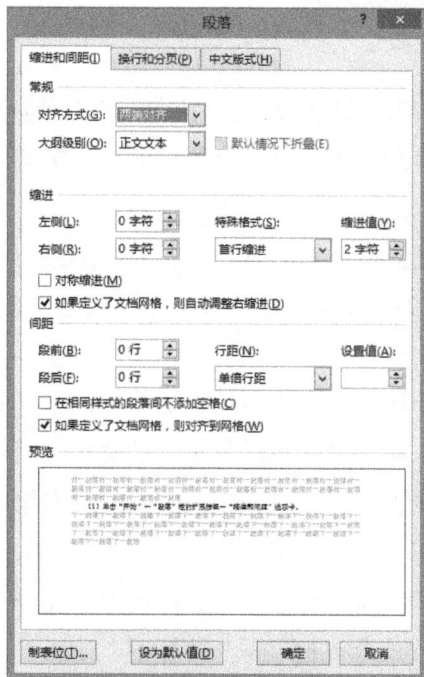

图6-28　"缩进和间距"选项卡

　　方法一：直接输入磅值并输入"磅"，如左缩进为"2字符"改输入"10磅"。

　　方法二：单击"文件"菜单→"选项"→"高级"→"显示"。度量单位为"磅"，并去掉"以字符宽度为试题单位"一项。

　　如果使用"厘米"作为单位又如何操作呢？

图6-29　"高级选项"窗口之"显示"栏

6.4.3 格式刷、样式和模板

1. 格式刷

"格式刷"按钮位于常用工具栏，用于帮助用户在排版过程中将设置好的格式快速地复制并应用于其他文本或段落。下面介绍如何使用格式刷复制"字体格式"。

操作步骤如下：

第一步　选定已经设置格式的文本（也可以单击设置好格式的文本）。

第二步　单击"常用"工具栏上的"格式刷"按钮，此时鼠标指针变成"刷子"形状。

第三步　把鼠标指针移到要应用与选定文本相同格式的文本区域之前。

第四步　按住左键，拖动鼠标经过要排版的文本区域（即选定文本操作）。

第五步　释放鼠标左键，可见被选定的文本也具有第一步选定文本的格式。

上述操作方法，只能将格式复制一次。如果需要将格式复制多次，只需将第二步的单击操作改为双击，就可将格式连续复制到多个文本块，使用完后单击"格式刷"按钮（或者按键盘的[Esc]键），则可取消格式刷状态。

2. 样式

（1）应用样式。

先选中要改变样式的段落或文本：

①应用字符样式：选中文本。

②一段应用样式：先将光标插入段中。

③多段应用样式：选中多段。

（2）选择格式工具栏中的样式即可。按住[Shift]键再单击下拉箭头，可看到更多的样式。

也可选择"格式→样式和格式"命令，能看到每个样式的说明及其预排形式。

（3）创建样式。

①使用样例文本创建样式：选定文本→"开始"面板→单击"样式"栏的扩展按钮，系统将弹出"样式"下拉列表框，如图6-30所示。

②在"样式"中单击"新建"样式按钮，然后输入样式名→格式→选择字体、段落等→确定。新样式取名为"我的样式"。

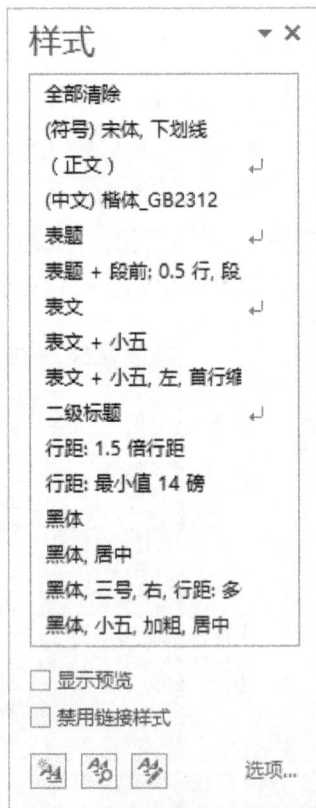

图6-30　"样式"下拉列表框

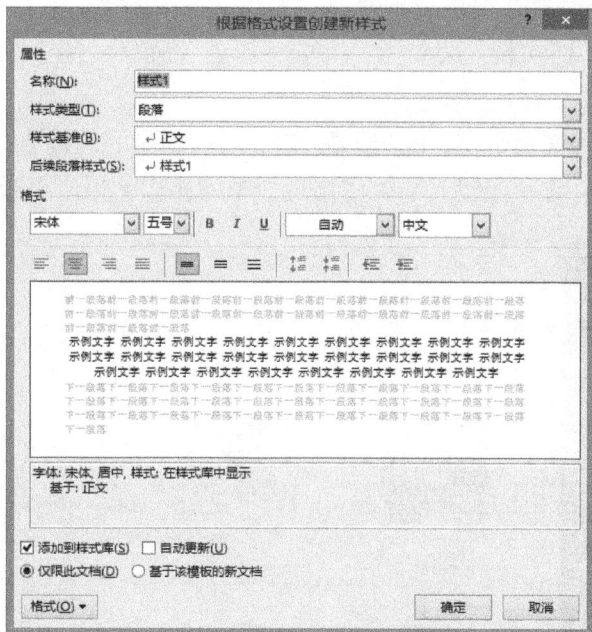

图6-31　新建样式对话框

（4）修改样式。

利用已存在的文本修改样式：选定文本→"样式"窗格的相应样式项中单击下拉按钮，选择"修改样式"→修改样式→确定。

注意：修改的样式只对本文档有效，若要使用于其他新文档，必须修改Normal模板。

3．模板

Word 2013"新建"模板对话框的"主页"中提供有空白文档、书法字帖、欢迎使用Word、单倍行距、Ion设计（空白）、报表设计（空白）、小学新闻稿、博客文章、周作业日历、教师的课程提纲、简历、简历（永恒设计）、简历（相邻设计）、简历（质朴主题）、基本简历、2014年简单日历（带备忘空间）、新年聚会请柬、新年聚会座位卡、带封面的学生报告、学生报告、经典课程教学大纲、新闻稿、年度报告（红黑设计）、年度报告、年度报告（带封面）、禁止使用手机标志、任务分配工作表。

Word 2013把模板分成若干种类别：信函、设计方案集、商务、求职信、单页、信头、传真、文具、基本、打印、个人、小型企业、纸张、橙色、蓝色、字母、方向、红色、纵向、城市设计方案集、管理—支持、机密、空白、绿色、普通、清单、示例、凸窗设计方案集、专业、白色、粉红色、活动、业务、原创设计方案集、表单、传单、行业、教育、聚会、平衡设计方案集、中庸设计方案集、插图、地址、黑色、花卉、灰色、季节、生日等。

每种类别又有若干种模板。比如信函类别的模板有：信函（药剂师设计）、信函（原创设计）、信函（平衡设计）、信函（主管人员设计）、信函（市内设计）、信函（商业设计）、信函（学院型设计）、信函（凸窗主题）、信函（质朴主题）等等。

根据自己的需要，挑选模板，迅速建立文档。操作步骤如下：

（1）在Word 2013"文件"菜单下，单击"新建"命令，便会出现一个"新建"模板对话框。

（2）根据要创建的文档类型，在"搜索"栏中输入相应的关键字，例如：输入"报告"关键字，单击"搜索"命令按钮，系统将出现一系列相应的报告模板，如图6-32所示。

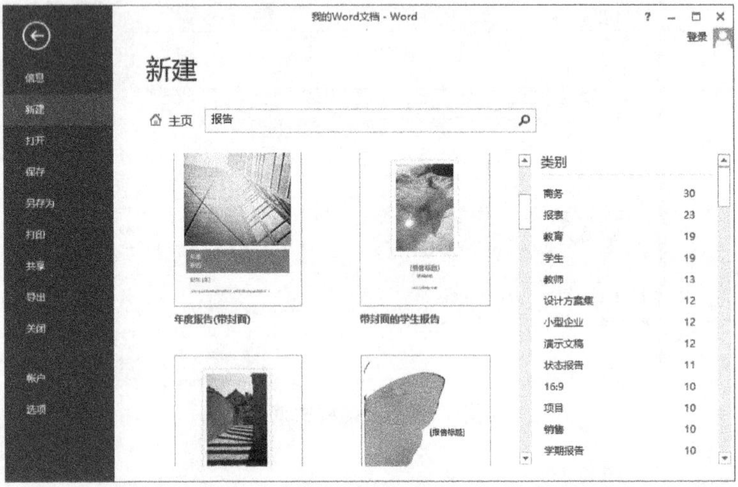

图6-32　"模板"对话框之"报告"搜索结果

（3）单击"带封面的学生报告"模板，Word 2013将弹出如图6-33所示的对话框。

（4）单击"创建"按钮，Word 2013将根据该模板自动创建一个新文档，用户在模板中相应的位置上填写内容便可。

4．为"我的Word文档．doc"文档套用一个主题

（1）打开"我的Word文档．doc"文档。

（2）在"设计"面板中，单击"主题"命令按钮，将弹出"主题"下拉框，如图6-34所示。在面板中选择相应的主题，然后观察文档的变化情况。

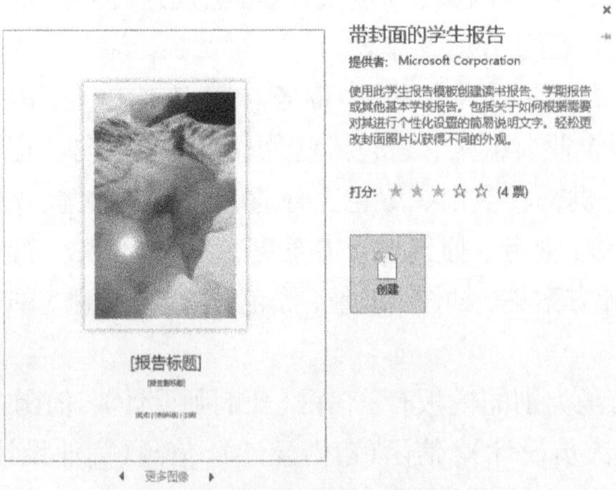

图6-33　"带封面的学生报告"对话框

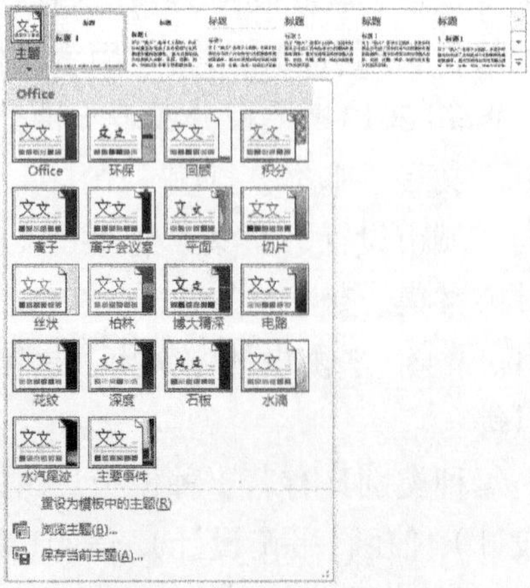

图6-34　"主题"对话框

6.4.4 自动生成目录

1．自动生成目录

实例：利用"索引和目录"让 Word 2013自动生成目录。

第6章 Word 2013实例教程

6.1 Word 2013概述

6.1.1 Word 2013的启动

6.1.2 Word 2013的退出

6.1.3 Word 2013窗口的基本结构

6.1.4 Word 2013的视图方式

6.2 Word 2013文档的基本操作

6.2.1 建立新文档

6.2.2 打开文档

6.2.3 保存文档

6.2.4 关闭文档

6.2.5 字符输入

自动生成目录的具体操作步骤如下：

（1）输入上面实例中的章节内容。

（2）章标题："第6章 Word 2013实例教程"为一级标题，使用"标题1"样式。

（3）小节标题："6.1 Word 2013概述"和"6.2 Word 2013文档的基本操作"为二级标题，使用"标题2"样式。

（4）小小节标题："6.1.1 Word 2013的启动"和"6.2.1 建立新文档"等为三级标题，使用"标题3"样式。

（5）执行"引用"选项卡→"目录"命令按钮，会弹出"目录"快捷菜单，如图6-35所示。

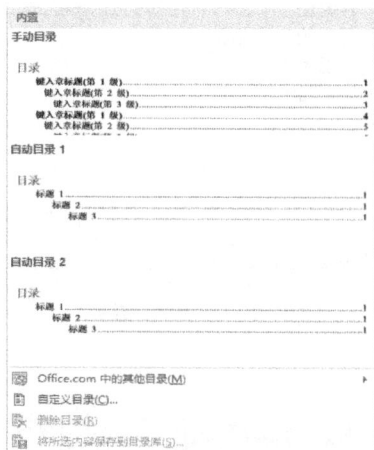

图6-35 "目录"快捷菜单

（6）单击"自定义目录"一项，将弹出"目录"对话框，如图6-36所示。在此，可以进行"显示页码"、"页码右对齐"、"制表符前导符"等方面的设置。

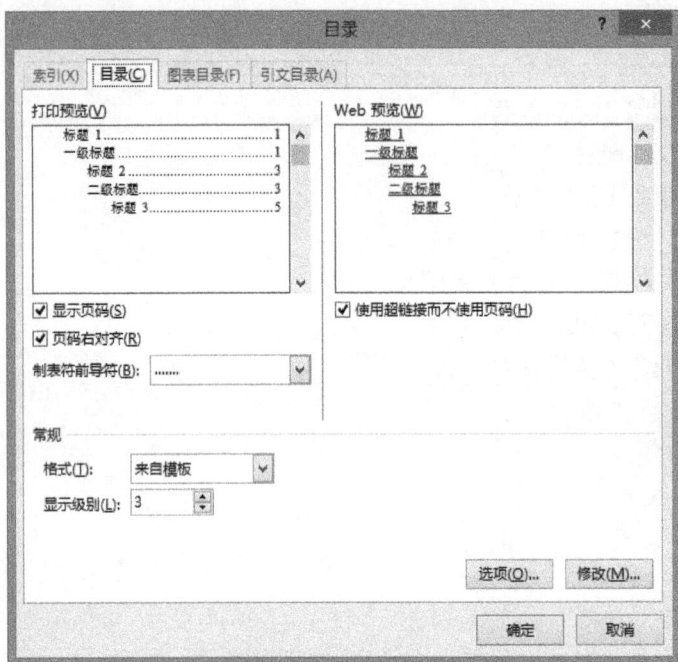

图6-36　"目录"对话框

（7）单击"确定"命令按钮。系统会自动生成目录，如图6-37所示。

（8）执行"视图"面板→"文档结构图"命令，Word 2013窗口左边也会显示当前文档的目录结构。

图6-37　"目录"效果

2．更新目录

如果对一级标题、二级标题、三级标题以及文档内容进行了更改，致使目录和正文内容对不上，目录中的页码也对不上，此时需要对目录进行更新。更新目录的具体操作步骤如下：

（1）在目录中单击鼠标右键，将会弹出一个快捷菜单。选择"更新域"菜单项。

（2）系统将会弹出"更新目录"对话框，如图6-38所示。在单选钮中选择"更新整个目录"。如果只是页码发生了变化，则选择"只更新页码"。

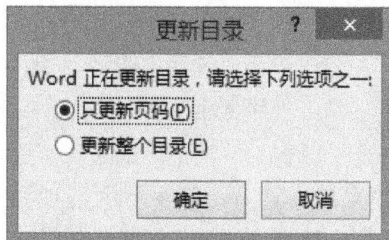

图6-38 "更新目录"对话框

6.4.5 首字下沉与首字悬挂

1．首字下沉

惠州学院现有中文系、政治法律系、经济管理系、外语系、数学系、计算机科学系、电子科学系、化学工程系、生命科学系、服装系、建筑与土木工程系、体育系、艺术教育系、思想政治理论课教学部等14个系部。另设有成人教育学院、建筑规划设计院、高等教育研究室，合作举办莱佛士国际学院等教学科研机构。学院公开发行《惠州学院学报》学术期刊。

（1）执行"插入"面板的"文本"栏→"首字下沉"，将会弹出"首字下沉"下拉式快捷菜单，选择"首字下沉"选项，将会弹出"首字下沉"对话框，如图6-39所示。

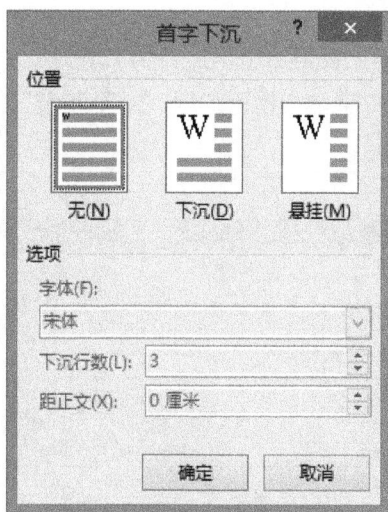

图6-39 "首字下沉"对话框

（2）在"位置"标签中选择"下沉"。

（3）在"字体"标签中选择相应的字体，默认的字体为"宋体"。

（4）在"下沉行数"标签中输入相应的下沉行数，例如3行（默认的下沉行数为2行）。

（5）在"距正文"标签中可以设置距正文的距离，默认的距正文距离为0厘米。

（6）单击"确定"按钮，查看"首字下沉"的效果。

2．首字悬挂

（1）执行"插入"面板的"文本"栏→"首字下沉"，将会弹出"首字下沉"下拉式快捷菜单，选择"首字下沉选项"，将会弹出"首字下沉"对话框。

（2）在"位置"标签中选择"悬挂"。

（3）在"字体"标签中选择相应的字体，默认的字体为"宋体"。

（4）在"下沉行数"标签中输入相应的下沉行数，默认的下沉行数为2行。

（5）在"距正文"标签中可以设置距正文的距离，默认的距正文距离为0厘米。

3．首字下沉的取消

（1）单击菜单"格式"→"首字下沉"，将会弹出"首字下沉"对话框。

（2）在"位置"标签中选择"无"。

6.4.6　中文版式

1．拼音指南

zhōng huá rén mín gòng hé guó
中 华 人 民 共 和 国

若需要给中文加上拼音，可以使用Word 2013提供的"拼音指南"功能。具体操作步骤如下：

（1）首先输入文字："中华人民共和国"，并将其选中。

（2）执行"开始"面板的"字体"栏→" 拼音指南"命令按钮，将弹出"拼音指南"对话框，如图6-40所示。

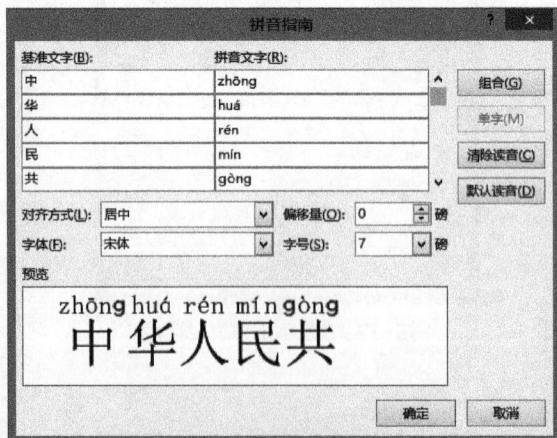

图6-40　"拼音指南"对话框

（3）在"对齐方式"的标签中，默认的拼音对齐方式是"1-2-1"，另外还有"居中"、

"0-1-0"、"左对齐"和"右对齐"方式。选择"居中"对齐方式。

(4)单击"确定"命令按钮。

2．带圈字符

中华人民共和国

若需要给中文加上圈号，可以使用Word 2013提供的"带圈字符"功能。具体操作步骤如下：

(1)执行"开始"面板的"字体"栏→"⍟带圈字符"命令按钮，将弹出"带圈字符"对话框，如图6-41所示。

(2)在"样式"标签中，默认的样式是"缩小文字"，还可以选择"增大圈号"，取消选择"无"样式。在此，选择"增大圈号"样式。

(3)在"文字"标签中，输入文字"中"，只能一个字一个字地输入。

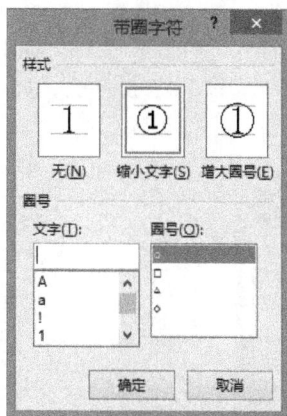

图6-41 **"带圈字符"对话框**

(4)在"圈号"标签中，可以选择不同的圈号。在此，使用默认的圆圈圈号。

(5)单击"确定"命令按钮。

(6)重复执行第(1)步操作，直到所有的字都加上圈圈。

3．纵横混排

中华人民共和国

若需要给中文进行纵横混排，可以使用Word 2013提供的"纵横混排"功能。具体操作步骤如下：

(1)选中单个汉字。

(2)执行"开始"面板的"段落"栏→"中文版式"命令按钮→"纵横混排"项，将弹出"纵横混排"对话框，如图6-42所示。

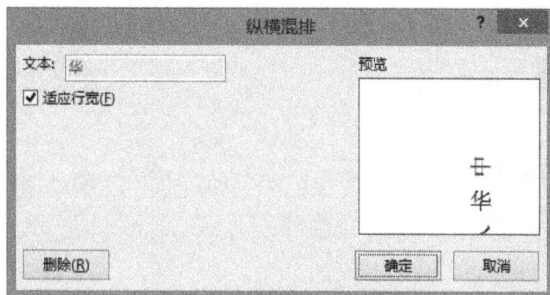

图6-42 **"纵横混排"对话框**

(3)单击"确定"命令按钮。

(4)重复执行第(1)步操作，直到所有的字均完成"纵横混排"功能。

4．合并字符

$^{中华}_{人民}$共和国

合并字符的具体操作步骤如下：

（1）选中汉字"中华人民"。注意：最多6个字符。

（2）执行"开始"面板的"段落"栏→"中文版式"命令按钮→"合并字符"项，将弹出"合并字符"对话框，如图6-43所示。

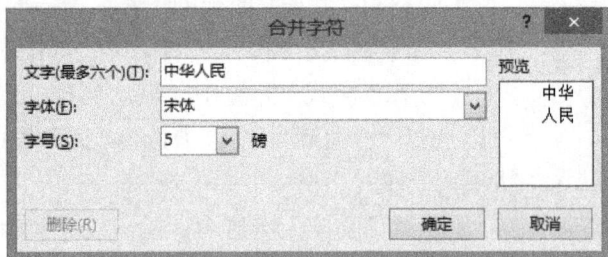

图6-43 "合并字符"对话框

（3）在"字体"标签的下拉按钮中可以进行字体的选择；在"字号"标签的下拉按钮中可以进行字号的选择。

（4）单击"确定"命令按钮。

5．双行合一

$\begin{bmatrix} 中华人民 \\ 共\ 和\ 国 \end{bmatrix}$

双行合一具体操作步骤如下：

（1）选中汉字"中华人民共和国"。

（2）执行"开始"面板的"段落"栏→"中文版式"命令按钮→"双行合一"命令，将弹出"双行合一"对话框，如图6-44所示。

（3）选中"带括号"选择框，括号样式为"[ ]"。

（4）单击"确定"命令按钮。

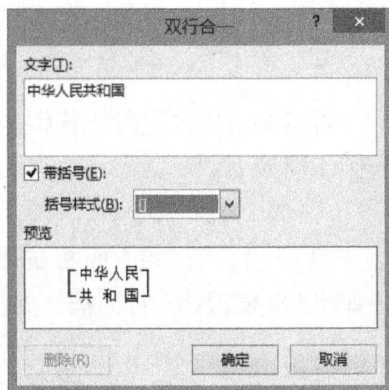

图6-44 "双行合一"对话框

6.4.7 非文本对象的输入与排版

1．剪贴画的操作

输入如下内容：

惠州学院现有中文系、政治法律系、经济管理系、外语系、数学系、计算机科学系、电子科学系、化学工程系、生命科学系、服装系、建筑与土木工程系、体育系、艺术教育系、思想政治理论课教学部等14个系部。另设有成人教育学院、建筑规划设计院、高等教育研究室，合作举办莱佛士国际学院等教学科研机构。学院公开发行《惠州学院学报》学术期刊。

学院设有国际经济与贸 思想政治教育、行政管理、 播电视新闻学、英语、艺术 息管理与信息系统、物理 工艺、生物科学、园林、电 程及其自动化、电子信息工 络工程、建筑学、服装设计

易、财务管理、市场营销、 体育教育、汉语言文学、广 设计、数学与应用数学、信 学、应用化学、化学工程与 子信息科学与技术、电气工 程、计算机科学与技术、网 与工程、法学、工程管理、

社会体育、生物技术、物流管理、软件工程等39个本科专业和法学、旅游管理、音乐 教育等10个专科专业。

插入剪贴画的具体操作步骤如下：

（1）单击"插入"面板→"联机图片"，将弹出"插入图片"的对话框。

（2）在"Office.com剪贴画"的文本框中输入"兔子"，点击"搜索"，将会出现124 个搜索结果。

（3）选中"复活节和复活节彩蛋"剪贴画，如图6-45所示。

图6-45 "联机图片"对话框

（4）单击"插入"命令按钮。

2．分栏

用户可以根据需要将选定的文字或对整篇文档进行分栏。

（1）选中上面惠州学院简介那两段文字，单击"页面布局"选项卡→"分栏"命令

按钮，将会弹出"分栏"快捷菜单，选择"更多分栏"。将弹出"分栏"对话框，如图6-46所示。在"预设"标签中选择"两栏"。栏数可以在"栏数"标签的微调框中设定。在"预设"标签中可以快速设定为"两栏"、"三栏"、"偏左"和"偏右"，若取消分栏可以选择"一栏"。

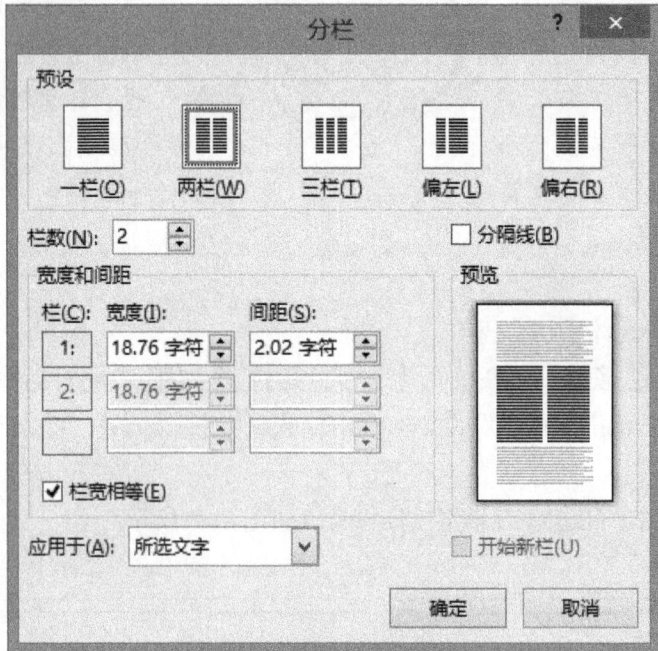

图6-46 "分栏"对话框

（2）在"宽度和间距"标签中可以设定各栏的宽度和间距。如果栏宽不相等，需要单击"栏宽相等"选择框，取消"栏宽相等"的选择。

（3）在"应用于"标签中可以选择"所选文字"或"整篇文档"。

（4）"分隔线"选择框中可以设置栏与栏之间是否需要分隔线。

（5）单击"确定"命令按钮。

3．设置图片格式

（1）选中剪贴画"兔子"，Word 2013将新增"图片工具格式"的面板，其中有一项是"自动换行"。单击此"自动换行"面板按钮，将会弹出"自动换行"菜单，如图6-47所示。选择"四周型环绕"版式，并用鼠标把"兔子"剪贴画拖曳至惠州学院简介相应位置。

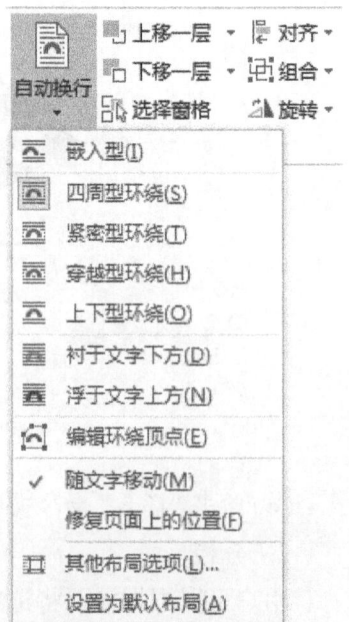

图6-47 "自动换行"菜单

在"自动换行"命令按钮弹出的快捷菜单中选择"其他布局选项",将会弹出如图6-48所示的"文字环绕"对话框。图片的环绕方式有嵌入型、四周型、紧密型、穿越型、上下型、衬于文字下方、浮于文字上方。环绕文字有两边、只在左侧、只在右侧和只在最宽一侧四个选项。

图6-48 "文字环绕"对话框

（2）单击"图片样式"栏中的"图片边框"按钮,将弹出"图片边框"快捷菜单,如图6-49所示。在此,用户可以设置边框线条的颜色、线型、虚实、粗细等。如果有相应的功能不可用,说明当前的图片不能执行此类的功能操作。

（3）单击"图片工具格式"面板的"大小"栏的扩展按钮,将弹出布局的"大小"对话框,如图6-50所示。在此,用户可以设置尺寸、旋转和图片大小缩放,"锁定纵横比"指的是保持原有的高度与宽度的比例。如果有相应的功能不可用,说明当前的图片不能执行此类的功能。如果要恢复更改前的原有信息,可以单击"重置"命令按钮。

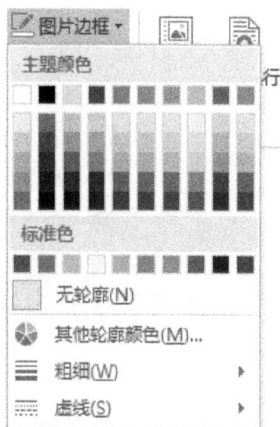

图6-49 "图片边框"快捷菜单

图6-50 "布局"的"大小"对话框

（4）单击"大小"栏中的"裁剪"按钮，将会弹出"裁剪"快捷菜单，如图6-51所示。在此，用户可以设置裁剪、裁剪为形状、纵横比、填充和调整等操作。

（5）如果需要对图片压缩设置进行更改，可单击"图片工具格式"面板的"压缩图片"命令按钮，将弹出"压缩图片"对话框，如图6-52所示。用户可以在此设置压缩选项，可选择"仅应用于此图片"和"删除图片的剪裁区域"；目标输出有打印（220ppi）、屏幕（150ppi）、电子邮件（96ppi）和使用文档分辨率四个选项。

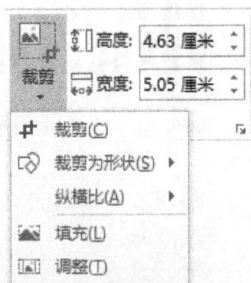

图6-51 "裁剪"快捷菜单

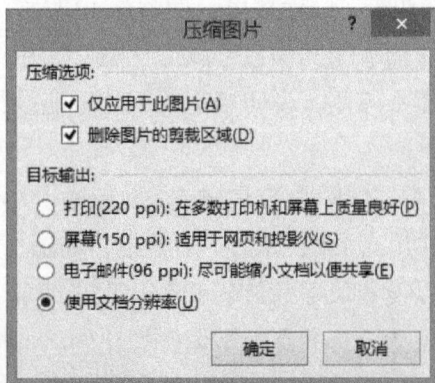

图6-52 "压缩图片"对话框

166

4. 艺术字的使用

惠州学院简介

　　惠州学院现有中文系、政治法律系、经济管理系、外语系、数学系、计算机科学系、电子科学系、化学工程系、生命科学系、服装系、建筑与土木工程系、体育系、艺术教育系、思想政治理论课教学部等14个系部。另设有成人教育学院、建筑规划设计院、高等教育研究室，合作举办莱佛士国际学院等教学科研机构。学院公开发行《惠州学院学报》学术期刊。

　　学院设有国际经济与贸易、财务管理、市场营销、思想政治教育、行政管理、体育教育、汉语言文学、广播电视新闻学、英语、艺术设计、数学与应用数学、信息管理与信息系统、物理学、应用化学、化学工程与工艺、生物科学、园林、电子信息科学与技术、电气工程及其自动化、电子信息工程、计算机科学与技术、网络工程、建筑学、服装设计与工程、法学、工程管理、社会体育、生物技术、物流管理、软件工程等39个本科专业和法学、旅游管理、音乐教育等10个专科专业。

　　（1）单击"插入"面板→"文本"栏的"艺术字"，将会弹出"艺术字样式"快捷菜单。如图6-53所示。选择第三行第一列的艺术字样式。

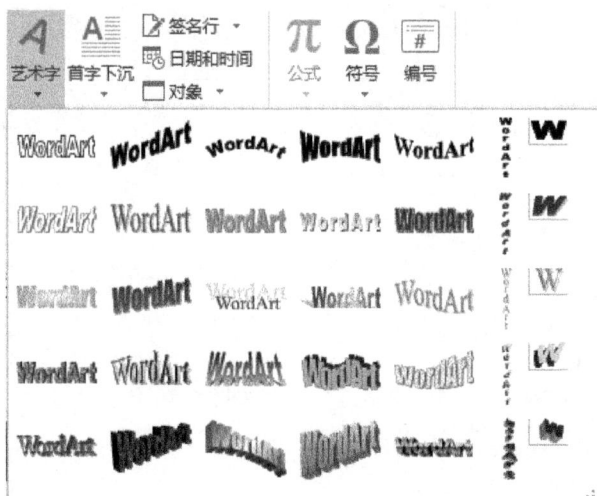

图6-53　"艺术字样式"快捷菜单

　　（2）选择好艺术字样式之后，将弹出"编辑艺术字文字"的对话框，如图6-54所示。在"文字"文本框中输入"惠州学院简介"。单击"确定"按钮，将出现名为"惠州学院简介"的艺术字。

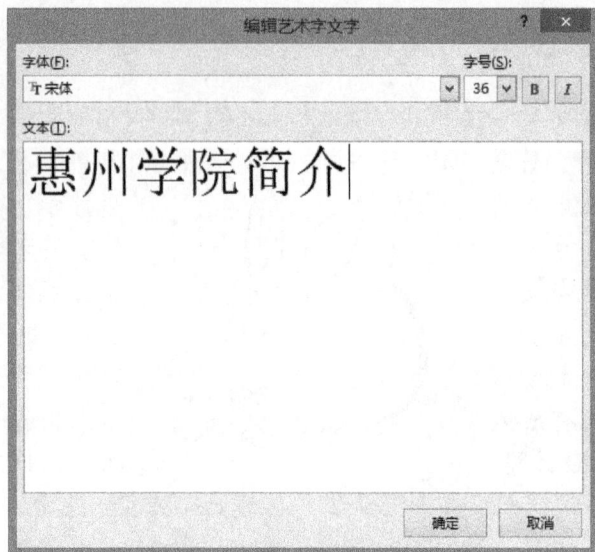

图6-54 "编辑艺术字文字"对话框

（3）选中生成的艺术字，Word 2013会在面板中新增"艺术字工具格式"选项卡及相应面板。单击"大小"栏中的扩展按钮，将弹出"设置艺术字格式"之"大小"对话框，如图6-55所示。高度设置为1厘米，宽度设置为8厘米。版式设置为"嵌入型"。单击"确定"按钮。

图6-55 "设置艺术字格式"之"大小"对话框

5．文本框的使用及创建文本框链接

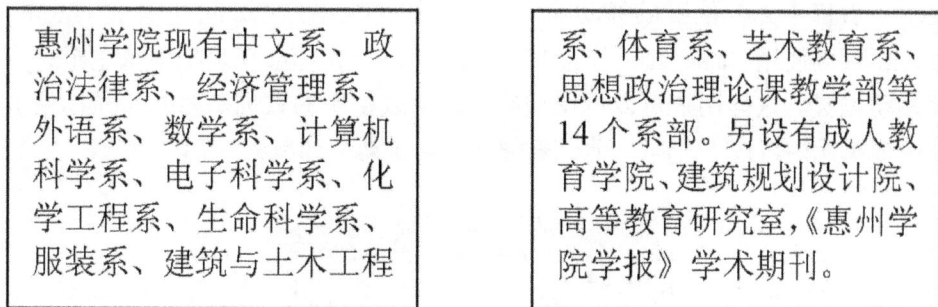

惠州学院现有中文系、政治法律系、经济管理系、外语系、数学系、计算机科学系、电子科学系、化学工程系、生命科学系、服装系、建筑与土木工程	系、体育系、艺术教育系、思想政治理论课教学部等14个系部。另设有成人教育学院、建筑规划设计院、高等教育研究室,《惠州学院学报》学术期刊。

图6-56　文本框链接示例

（1）单击"插入"面板→"文本框"，将弹出"文本框"快捷菜单，选择"绘制文本框"项。然后在绘制区拖曳鼠标，绘制一文本框A。

（2）采用同样的方法绘制另一文本框B。

（3）在文本框A中输入相应文字。

（4）单击文本框A，点击"文本框工具格式"面板中的"创建链接"，然后用鼠标左键单击文本框B，从而形成两文本框的链接，示例如图6-56所示。

6.5　Word 2013表格的处理

Word 2013具有很强的表格处理功能，可以灵活方便地进行绘制斜线表头、增减表格的行列数、设置线条类型样式、表格自动套用格式、对表格进行数据排序、公式计算等操作，还可以将表格转换成文本或将文本转换成表格。

6.5.1　新表格的绘制

1．使用快捷方式创建表格

步骤如下：

（1）执行"插入"面板→"表格"栏中的"表格"命令按钮，Word会弹出"表格"快捷菜单，如图6-57所示。

（2）在方格中选择表格的行数和列数，单击鼠标即可生成新表格。

2．使用"插入表格"对话框创建表格

（1）在图6-57所示中选择"插入表格"项，将会弹出

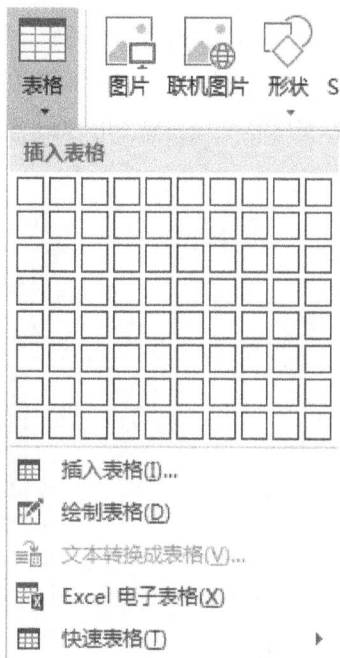

图6-57　"表格"快捷菜单

"插入表格"对话框，如图6-58所示。

（2）输入合适的行列数，单击确定。默认的情况下，列数是5，行数是2。

提示：表格中光标位置的移动除了可以使用键盘中的"←"、"→"、"↑"和"↓"方向键，还可以使用[Tab]键。不断按下[Tab]键，光标会在表格中从左至右、从上至下地移动位置。这样用户可以方便快捷地输入表格中的数据。另外，光标到了表格的最后一个单元格再按下[Tab]键，表格下面会自动增加新的一行。

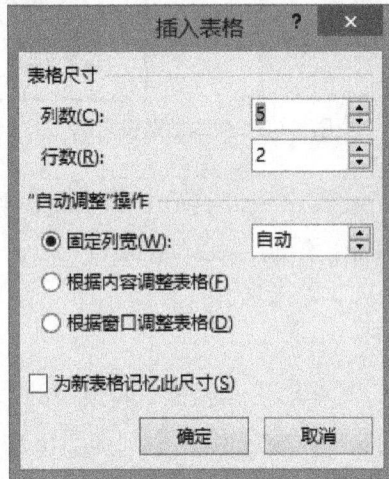

图6-58　"插入表格"对话框

6.5.2　表格边框和底纹

1．底纹的操作步骤如下：

（1）执行"表格"面板的"底纹"命令按钮，将会弹出"底纹"的快捷菜单，如图6-59所示。在此，可以设置主题颜色、标准色、无颜色和其他颜色。

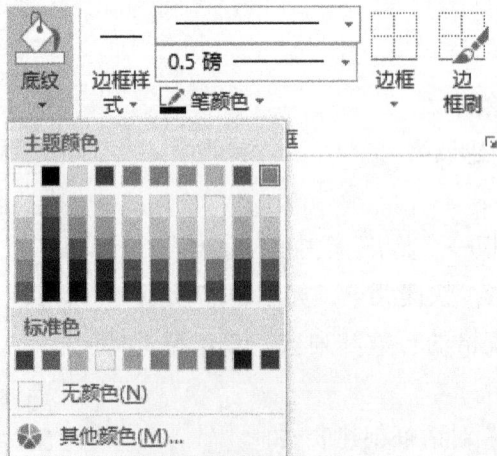

图6-59　"底纹"快捷菜单

（2）执行"边框和底纹"菜单项，将会弹出"边框和底纹"的对话框，切换至"底纹"选项卡，如图6-60所示。在此可以设置填充的颜色、图案样式和图案颜色。

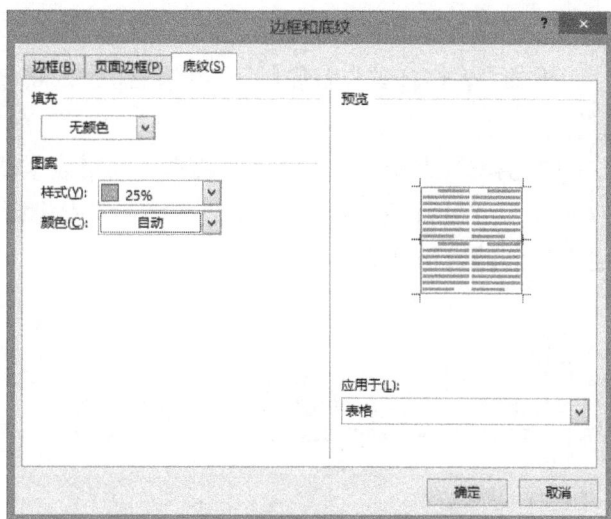

图6-60 "边框和底纹"之"底纹"对话框

2. 边框的操作步骤如下：

（1）执行"表格"面板的"边框"命令按钮，将会弹出"边框"的快捷菜单，如图6-61所示。在此对话框中可以设置各种框线。

（2）执行上面的"边框和底纹"菜单项，将会弹出"边框和底纹"的对话框，如图6-62所示。在此可以进行表格边框的设置。

图6-61 "边框"快捷菜单

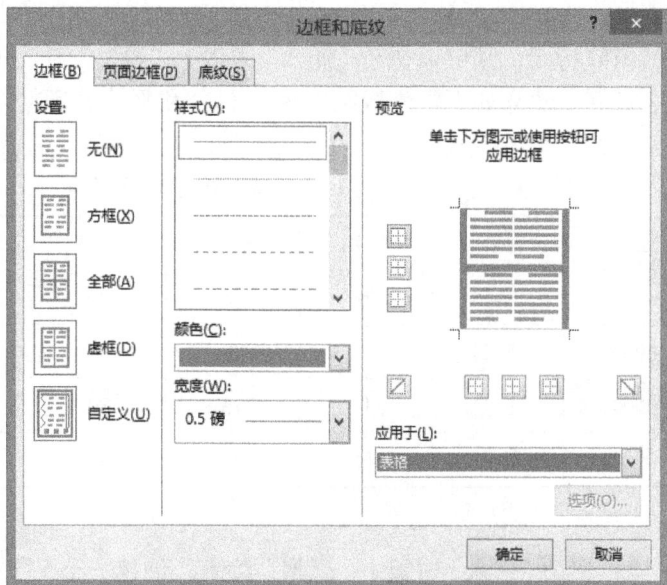

图6-62 "边框和底纹"对话框

6.5.3 表格自动套用格式

Word提供了许多表格自动套用格式供用户使用。用户可以根据自己的喜好选择相应的表格样式。

表格自动套用格式的操作步骤如下：

（1）执行"表格"面板的"表格样式"右侧的下拉按钮命令，将会弹出"表格样式"快捷菜单，如图6-63所示。

（2）在"表格样式"中选择需要的样式，如普通表格、网格表或清单表样式。

（3）在"修改表格样式"可进行表格样式的修改；"清除"中进行表格样式的清除；"新建表格样式"可建立自己的表格样式。

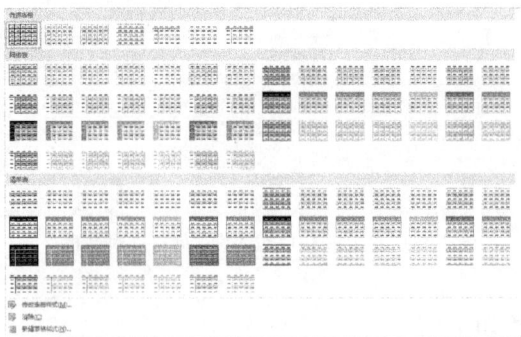

图6-63 "表格样式"快捷菜单

6.5.4 公式和排序

Word 2013提供了简单的公式函数功能供用户使用。常用的函数有：SUM()求和函数、AVERAGE()平均值函数、COUNT()求个数函数、MAX()最大值函数、MIN()最小值函数等。Word的函数比较少，无法与Excel相比。如果用户想在Word中具有Excel表格的函数功能，则可以执行"插入"面板→"表格"→"Excel电子表格"。

实例：建立如下学生成绩表格，总分和平均分用粘贴函数公式计算。

表6-2 学生成绩表

学 号	姓 名	性 别	物 理	化 学	数 学	总 分	平均分
09001	张 三	男	88	90	70	248	82.67
09002	李 四	女	80	55	65	200	66.67
09003	王 五	男	75	80	69	224	74.67
09004	赵 六	女	89	52	63	204	68

1. 使用"插入"面板中"表格"按钮，创建一个5行8列的学生成绩表。

（1）将插入点置于文档中欲插入表格的位置。

（2）单击"插入"面板中"表格"按钮，这时会出现一个网格。

（3）按下鼠标左键，沿网格向右下方拖动鼠标指针定义表格的行数5和列数8，松开鼠标左键后，在当前插入点位置处插入一个5行8列的表格。

（4）将插入点放在要输入文本的单元格中，对照原数据表，输入文本，使用光标移动键（上、下、左、右），可以在表格中选择新的单元格。

（5）鼠标左键单击"总分"列下的第一个单元格，单击"表格工具布局"面板中的"公式"命令按钮，打开"公式"对话框，如图6-64所示。

图6-64 "公式"对话框

（6）在"公式"标签下的文本框中输入"＝SUM（LEFT）"。

（7）单击"确定"按钮，则计算出的张三的总分就出现在单元格中。

（8）鼠标左键单击"平均分"列下的第一个单元格，单击"公式"命令按钮，打开"公式"对话框。

（9）在"公式"标签下的文本框中输入"＝Average（D2：F2）"。

（10）单击"确定"按钮，则计算出的张三的平均分就出现在单元格中。

（11）采用（5）~（10）的方法计算出其他人的总分和平均分。

（12）单击"表格"菜单中的"表格属性"命令，出现"表格属性"对话框。选择"居中"对齐方式和"无文字环绕"，单击"确定"按钮，完成表格制作。

2．排序

排序可以对数据进行按某关键字或多个关键字进行升序或降序的顺序排列。

操作方法如下：

执行"表格工具布局"面板→"排序"命令按钮，将弹出"排序"对话框，如图6-65所示。在"列表"中选择"有标题行"，类型为"数字"，升序，单击"确定"按钮。

一般来说，只使用到"主要关键字"，如果有两个以上标题字段进行排序，则需要"次要关键字"和"第三关键字"。比如，先按"性别"字段降序排列，相同性别的按"总分"字段降序排列，则可在"主要关键字"上选择"性别"字段，在"类型"上选择"拼音"，降序排列；在"次要关键字"上选择"总分"字段，在"类型"上选择"数字"，降序排列。

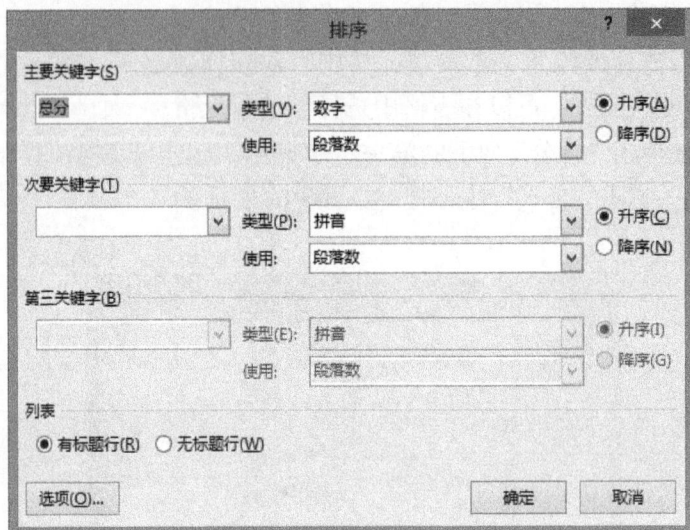

图6-65 "排序"对话框

6.5.5 文本与表格的转换

Word可以把表格转换成文本，也可以把文本转换成表格。

1．表格转换成文本

要求把表6-2中的表格转换成如下的文本。

学生成绩表

学号—姓名—性别—物理—化学—数学—总分—平均分

09001—张三—男—88—90—70—248—82.67

09002—李四—女—80—55—65—200—66.67

09003—王五—男—75—80—69—224—74.67

09004—赵六—女—89—52—63—204—68

具体操作步骤如下：

（1）首先选中待转换的表格。

（2）执行"表格工具布局"面板→"数据"栏→"转换为文本"命令按钮，将弹出"表格转换成文本"对话框，如图6-66所示。文字分隔符有段落标记、制表符、逗号和用户可自定义的其他字符。

（3）在"文字分隔符"标签中，单击"其他字符"单选钮。单击"确定"命令按钮。

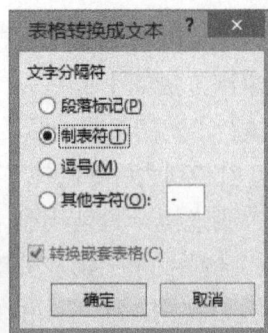

图6-66 "表格转换成文本"对话框

2．文本转换成表格

文本可以转换成表格，但此文本一定要符合规范，比如要存在相应的文字分隔符等，否则转换成的表格会杂乱无序。具体操作步骤如下：

（1）首先选中待转换的文本。

（2）执行"插入"面板→"表格"→"文本转换成表格"命令，将弹出"文本转换成表格"对话框，如图6-67所示。系统会自动指定表格的行数和列数，并且会自动指定文本当中存在的文字分隔符。

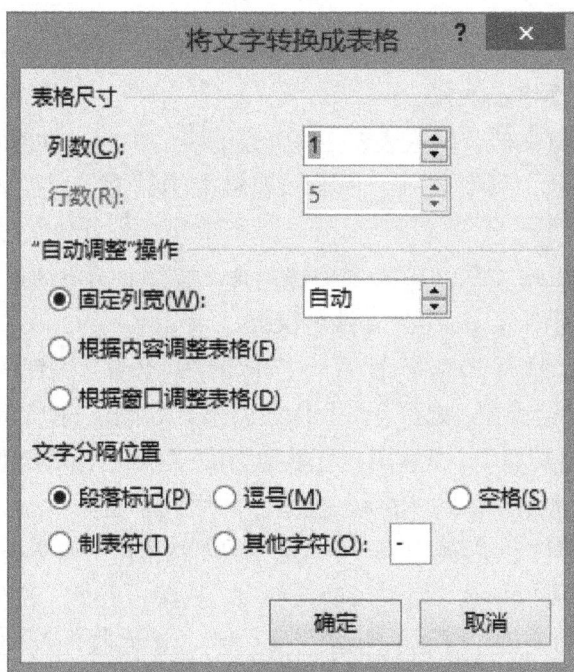

图6-67 "文本转换成表格"对话框

（3）在"表格尺寸"标签中用户可以设定表格的行数和列数，在此行数不可设定。

（4）在"'自动调整'操作"标签中，用户可以单选固定列宽、根据内容调整表格和根据窗口调整表格。一般情况下，使用系统默认的自动固定列宽。

（5）如果需要自动套用格式，则单击"自动套用格式"命令按钮。

（6）在"文字分隔位置"标签中，如果系统指定的文字分隔符不正确，用户可以根据情况自行指定。

（7）单击"确定"命令按钮。

6.5.6 邮件合并

实例：结合表6-2的学生成绩表与下面的主文档"惠大中学成绩通知单"进行邮件合并，给每位同学制作一份成绩通知单。

惠大中学成绩通知单

****同学：

你的本学期成绩如下：

学 号	姓 名	性 别	物 理	化 学	数 学	总 分	平均分
****	****	****	****	****	****	****	****

如有不及格科目，请做好下学期补考准备。

惠大中学教务处

二〇一四年一月一日

邮件合并的具体操作步骤如下：

（1）新建一个Word文档，输入表6-2学生成绩表的内容，注意：不包含"表6-2学生成绩表"这个表标题，只生成一个表格和表格中的数据。以"学生成绩表.doc"为文件名保存。

（2）再新建一个Word文档，输入主文档包含"惠大中学成绩通知单"的整个内容，并以"惠大中学成绩通知单.doc"为文件名保存。

（3）在主文档下，执行"邮件"面板→"开始邮件合并"按钮→"邮件合并分步向导"命令，Word 2013会弹出"邮件合并"任务窗格，如图6-68所示。显示邮件合并步骤1/6——"选择文档类型"，提示用户正在使用的文档是什么类型，可以单选信函、信封、标签和目录。采用默认的"信函"类型。然后，单击"下一步：开始文档"。

（4）此时，显示邮件合并步骤2/6——"选择开始文档"，如图6-69所示，提示用户想要如何设置信函，可以单选"使用当前文档"、"从模板开始"和"从现有文档开始"。采用默认的"使用当前文档"。然后，单击"下一步：选取收件人"。

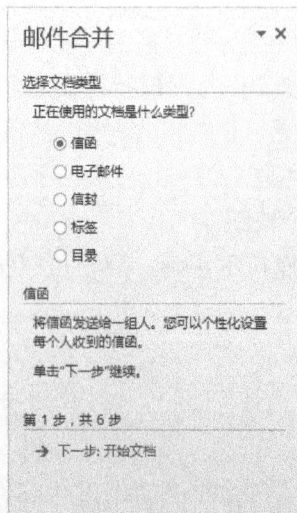

图6-68 "邮件合并"步骤1/6

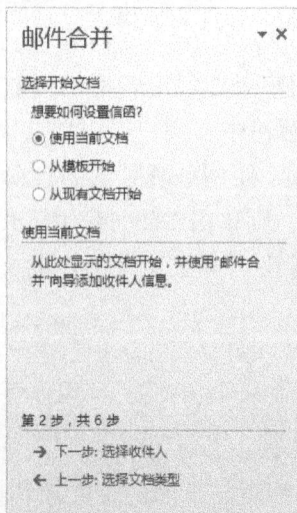

图6-69"邮件合并"步骤2/6

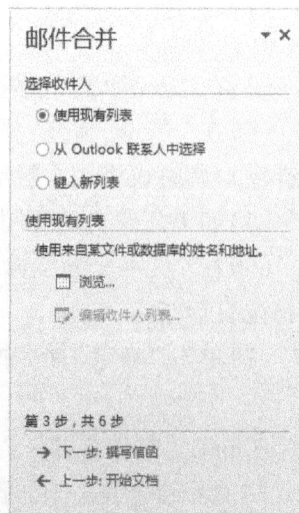

图6-70"邮件合并"步骤3/6

（5）此时，显示邮件合并步骤3/6——"选择收件人"，如图6-70所示，提示用户从哪里选择收件人，可以单选"使用现有列表"、"从Outlook联系人中选择"和"键入新列表"。采用默认的"使用现有列表"。接着，在"使用现有列表"标签下单击"浏览"，系统会弹出"选取数据源"对话框，如图6-71所示。

（6）在"选取数据源"对话框中，找到"学生成绩表.doc"文档，单击"打开"命令按钮。

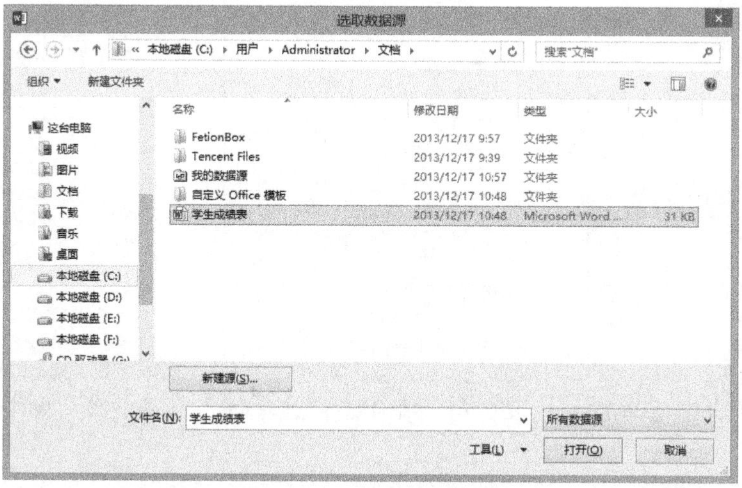

图6-71 "选取数据源"对话框

（7）如果"学生成绩表.doc"文档成功打开，会弹出"邮件合并收件人"对话框，如图6-72所示。单击"确定"命令按钮。

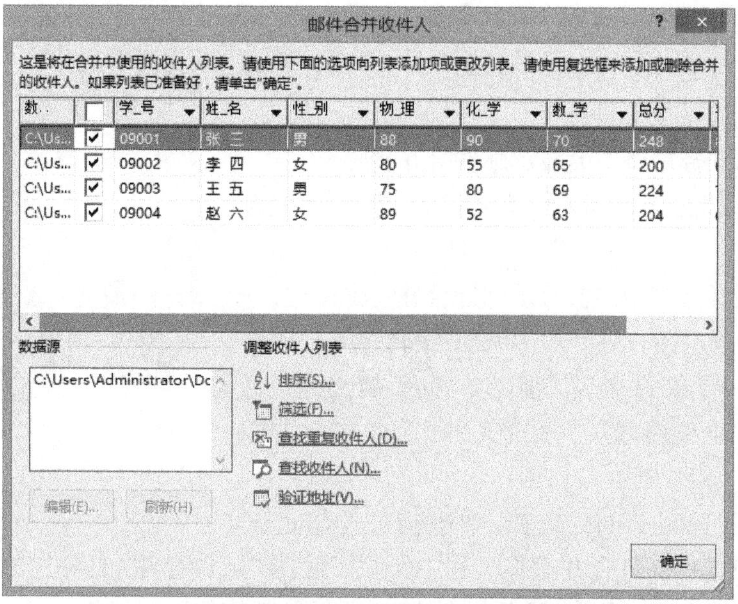

图6-72 "邮件合并收件人"对话框

（8）在邮件合并步骤3/6中，单击"下一步：撰写信函"。

（9）此时，显示邮件合并步骤4/6——"撰写信函"，如图6-73所示，提示用户想要添加什么到信函中。先用鼠标选中"****同学："中的"****"，再单击"其他项目"。

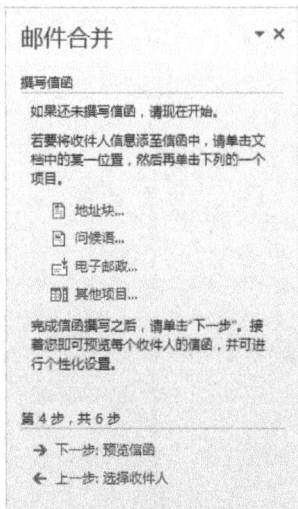

图6-73 "邮件合并"步骤4/6　　　图6-74 "邮件合并"步骤5/6　　　图6-75 "邮件合并"步骤6/6

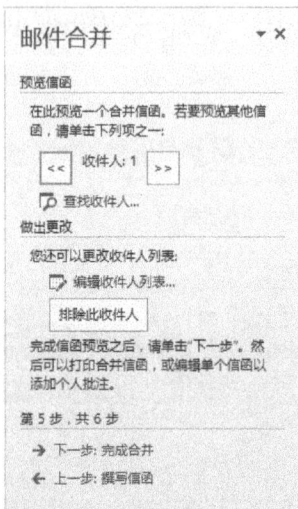

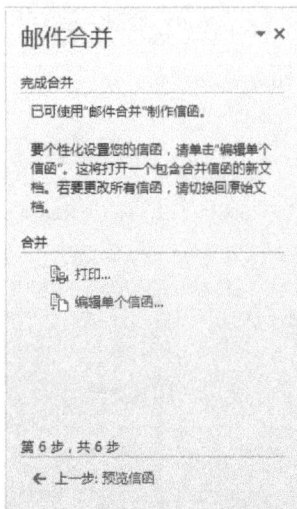

（10）此时，将会弹出一个"插入合并域"的对话框，如图6-76所示。选择"姓名"域，单击"插入"命令按钮，Word会在主文档中插入样式为"〈〈姓名〉〉"的"姓名"域，并替换掉主文档"****同学："中的星号。如法炮制，插入"学号"、"姓名"、"性别"、"物理"、"化学"、"数学"、"总分"和"平均分"合并域。

（11）在邮件合并步骤4/6中，单击"下一步：预览信函"。

（12）此时任务窗格中会显示邮件合并步骤5/6——"预览信函"，如图6-74所示。单击"下一步：完成合并"。

（13）此时任务窗格中会显示邮件合并步骤6/6——"完成合并"，如图6-75所示。单击"编辑个人信函"，Word会新建一个文件名为"字母1.doc"的文档，文档中包含"学生成绩表"中所有人的"惠大中学成绩通知单"。

图6-76 "插入合并域"对话框

（14）保存"字母1.doc"文档，邮件合并操作完毕。

另外，在进行邮件合并操作过程中，除了使用"邮件合并"任务窗格中的命令外，同样也可以使用"邮件合并"面板（如图6-77所示）的按钮进行操作。

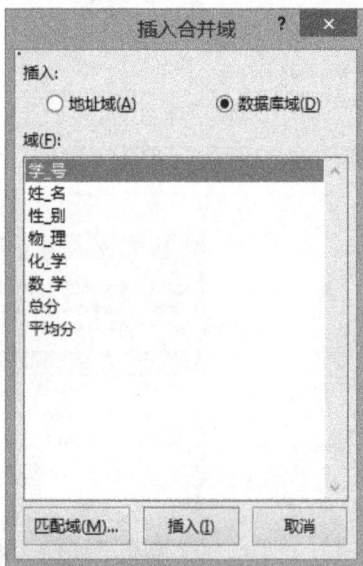

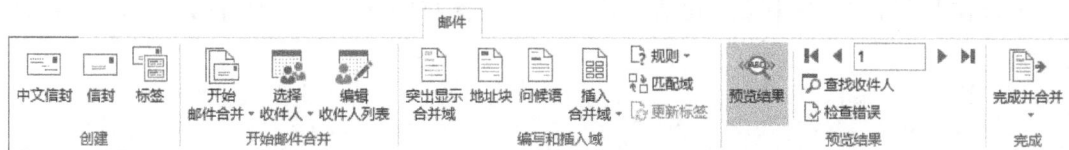

图6-77 "邮件合并"面板

Word 2013提供的"邮件合并"功能强大、使用简单、应用范围比较广,除了可以利用它来生成成绩通知单外,还可以用来打印入学通知书、毕业证书和话费通知单等。

6.6 Word 2013打印文件

6.6.1 打印预览

打印预览指的是在发送到打印机打印前从屏幕上显示所示文档的打印效果。打印预览效果与实际打印效果一致。

打印预览有如下两种方法:

方法一:单击快速访问工具栏的"打印预览和打印"。

方法二:执行"文件"菜单→"打印"命令。

当用户执行了"打印预览"命令后,Word 2013便会转换为打印预览窗口。用户可以在此进行不同比例的预览打印效果。

6.6.2 打印

打印的方法如下:

方法一:单击快速访问工具栏的"快速打印",

方法二:执行"文件"菜单→"打印"命令,进入打印预览状态,然后单击"打印"按钮。

方法三:直接使用组合键[Ctrl]+[P]。

Word 2013此时会弹出"打印"对话框,如图6-78所示。

在"打印"对话框中,用户可以设置相关的打印信息。

(1)在"打印机"名称下拉按钮中可以选择打印机(假设在安装了多台打印机驱动的情况下)。

(2)在"打印所有页"中可以选择打印的页码范围,如图6-79所示。如果用户只需要打印当前页,则单击"打印当前页面"项;如果用户打印第1页、第3页、第5页、第6页、第7页、第8页,则可以选择"自定义打印范围"项,并在右边的文本框中输入"1.3.5-8"。

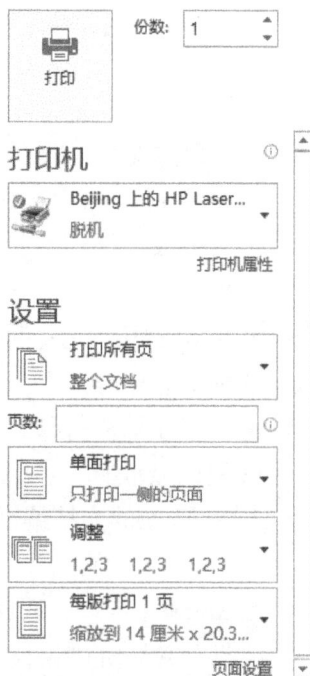

图6-78 "打印"对话框

（3）在"单面打印"中可以设置单面打印、双面打印和手动双面打印等，如图6-80所示。

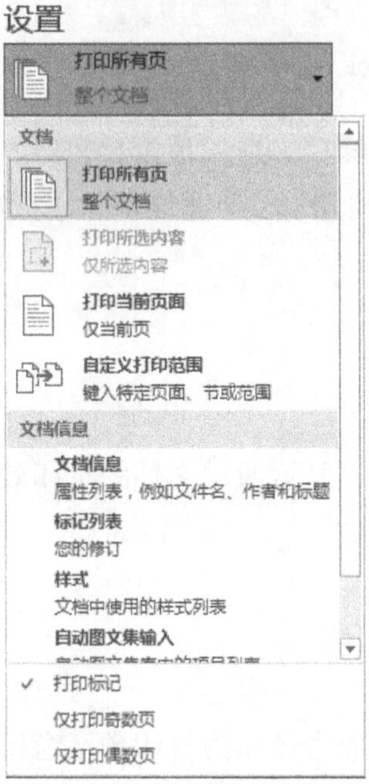

图6-79 "打印"之"选项"对话框 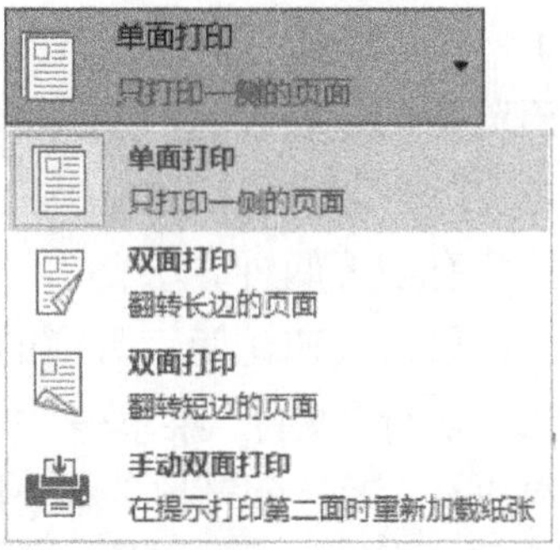   图6-80 "打印"之"选项"对话框

（4）在"每版打印1页"中可以设置每版打印的页数。

习　题

一、单选题

1.在Word 2013中，默认的文件扩展名是_____。

A. *. docx   B. *. dotx

C. *. doc   D. *. documents

2.在Word中，有一种功能能够使屏幕上显示的编辑效果与打印输出的效果完全一致，这种功能称为_____。

A.所显示即所打印   B.所见即所得

C.模拟显示   D.所见即所印

3.在Word的文档编辑过程中，每使用一次_____键，将自动插入一个"段"的标记。

A. Enter   B. Shift   C. Alt   D. Tab

4.打开Word的"窗口"菜单后，在菜单底部显示的文件名所对应的文档是_____。

A.最近被Word操作过的文档   B.扩展名是".doc"的所有文档

C. 当前已经打开的所有文档　　　　　　D. 当前正在操作的文档

5. 在Word表格中，如果要对左边单元格数值型数据进行求和，应使用公式_____。

A. ＝sum（left）　　　　　　　　　　B. ＝average（left）

C. ＝sum（above）　　　　　　　　　　D. ＝average（above）

6. 在Word中，在不改变默认"保存类型"的情况下，将正在编辑的文件"惠州学院.docx"另存为文件"惠州学院成教院"后，则磁盘中实际保存的文件是_____。

A. 只有"惠州学院"一文

B. 只有"惠州学院成教院.docx"一文

C. 有"惠州学院.docx"及"惠州学院成教院"两文

D. 有"惠州学院.docx"及"惠州学院成教院.docx"两文

7. 在文档已保存的情况下，下列操作中，_____不能关闭Word。

A. 单击标题栏右边的"×"　　　　　　　B. 单击文件菜单中的"退出"

C. 单击文件菜单中的"关闭"　　　　　　D. 双击控制菜单栏

8. 在Word编辑状态，进行"打印预览"操作，可以单击格式工具栏中的_____。

A. 🖫 按钮　　　　B. 📂 按钮　　　　C. 🔍 按钮　　　　D. 🖨 按钮

9. Word中，进行中英文输入方式切换的快捷操作是按组合键_____。

A. Ctrl+Space　　　　　　　　　　　　B. Ctrl+Shift

C. Shift+Space　　　　　　　　　　　　D. Ctrl+Insert

10. 在编辑Word文档时，要保存正在编辑的文件但不关闭或退出，则可按_____键实现。

A. Ctrl+S　　　　B. Ctrl+V　　　　C. Ctrl+N　　　　D. Ctrl+O

11. 为了尽可能地看清文档内容而不想显示屏幕上的其他内容，应使用_____视图。

A. 大纲　　　　　B. 页面　　　　　C. 普通　　　　　D. 全屏显示

12. 用键盘进行选择文本，只要按_____键，同时进行光标定位的操作就行了。

A. Alt　　　　　B. Ctrl　　　　　C. Shift　　　　　D. Ctrl+Alt

13. 目前在打印预览状态，若要打印文件，则_____。

A. 必须退出预览状态后才可以打印　　　B. 在打印预览状态可以直接打印

C. 在打印预览状态不能打印　　　　　　D. 只能在打印预览状态打印

14. 在文档中每一页都要出现的基本相同的内容都应放在_____。

A. 页眉页脚　　　B. 文本　　　　　C. 文本框　　　　D. 表格

15. 鼠标在某行选定区时，_____操作可以选择整篇Word文档。

A. 单击左键　　　B. 双击左键　　　C. 三击左键　　　D. 单击右键

16. 用户在Word编辑文档时，如果希望在"查找"对话框的"查找内容"文本框中只需一次输入便能依次查找分散在文档中的"第1名"，"第2名"，"第3名"，……"第100名"，"第101名"，……那么在"查找"对话框的"查找内容"文本框中用户应输入_____。

A. 第1名、第2名和第9名　　　　　　B. 第？名，同时选择"全字匹配"

C. 第？名，同时选择"使用通配符"　　D. 第？名

17. 在Word中可以将编辑的文档以多种格式保存，下面_____是Word所支持的格式。

A. 文本文件、wps文件、jpg文件　　　B. txt文件、doc文件、bmp文件、xls

C. txt文件、doc文件、html文件　　　D. gif文件、位图文件、html文件

18. 在Word中，设置首字下沉可通过_____来完成。

A. 格式→首字下沉　　　　　　　　　B. 编辑→首字下沉

C. 插入→首字下沉　　　　　　　　　D. 视图→首字下沉

19. 在Word中，需要插入艺术字，可以使用_____命令进行操作。

A. 插入→对象　　　　　　　　　　　B. 插入→图片

C. 插入→文件　　　　　　　　　　　D. 插入→书签

20. 使用_____面板中的标尺命令可以显示或隐藏标尺。

A. 工具　　　　B. 窗口　　　　C. 格式　　　　D. 视图

21. 在Word中绘制图形时，如果需要画圆、正方形，最好借助于_____键。

A. Ctrl　　　　B. Shift　　　　C. Alt　　　　D. Home

22. 一般情况下，将对话框中的选项设定后，需单击_____按钮才会生效。

A. 帮助　　　　B. 取消　　　　C. 保存　　　　D. 确定

23. Word对文档提供了若干保护方式，若需要禁止不知道口令者打开文档，则应设置_____。

A. 写入口令　　　　　　　　　　　　B. 保护口令

C. 修改口令　　　　　　　　　　　　D. 以只读方式打开文档

24. 如果已有页眉，再次进入页眉区只需双击_____即可。

A. 文本区　　　　　　　　　　　　　B. 菜单区

C. 页眉页脚区　　　　　　　　　　　D. 工具栏区

二、填空题

1. Word提供了多种显示文档的视图方式，其中"所见即所得"的排版效果是在_____视图模式下体现的。

2. 在Word文档中要插入数学公式，应使用_____编辑器。

3. 编辑一个新的Word文档并首次保存时，系统会弹出_____的对话框。

4. 在Word中，要复制已选定的文档，可以按下_____键，同时用鼠标拖

动选定文本到指定的位置来完成复制。

5. 如果按Del键误删除了Word文档后，应执行_____命令来恢复删除前的状态。

6. 在Word中，若要将一个文档按新名存盘，应选择"文件"菜单中的_____命令。

7. 在Word中，将鼠标定位在某行的选择区，待鼠标变为向右箭头时，连续双击鼠标，则可以选择_____。

8. 在编辑Word文档时，若将信息打印在文件每页的顶部称为_____；打印在底部称为_____。

9. 按Ctrl+_____，可以保存当前Word文档。

10. 在Word编辑状态，选择了文档全文，若在"段落"对话框中设置行距为20磅的格式，应当选择"行距"列表框中的_____。

11. 如果选择的打印页码为第4页至第10页，第16页至第20页，则应该在页码范围中输入_____。

12. 在Word中，新建一个Word文档，默认的文档名是"文档1"，文档内容的第一行标题是"计算机"，对该文档保存时没有重新命名，则该文档的文件名是_____.doc。

13. 要将Word文档转存为"记事本"程序能够直接处理的文档，应选用_____文件类型。

14. 删除插入点光标以左的字符，按_____键；删除插入点光标以右的字符，按_____键。

15. 要将某文档插入当前文档的当前插入点处，应选择_____菜单中的_____命令。

16. 在Word中，模板文件的扩展名是_____。

17. 图片的环绕方式有_____、_____、_____、_____、_____等几种。

18. 在Word中，利用"矩形"绘图工具进行绘制正方形时，需在绘制时按着_____键不放。

19. 在Word中，如果仅复制格式，可以使用工具栏的_____。

20. 如果需多次复制格式，可以对工具栏的"格式刷"_____击鼠标。

21. 在Word中选择整个文档，应按Ctrl+_____键。

22. 在Word中，实现中英文转换的快捷键是Ctrl+_____。

23. 在状态栏中，Word提供了两种工作状态，它们是插入状态和_____状态。

24. 在Word中，如果要选择矩形的文字区域，需按住_____键不放，再拖曳鼠标选择目标区域。

25. 在Word中，插入点在表格右下角单元格内，按＿＿＿＿＿＿＿键则在插入点下面插入一行。

三、简答题

1. Word提供了邮件合并的功能，可以合并主文档与数据，请叙述邮件合并的操作步骤。

2. 在Word中，文字的环绕方式有多种，请列举出其中三种，并指出它们的特点。

3. Word提供了多种视图模式，请试说出其中两种，并对其特点作简要叙述。

4. 请简要叙述如何用TrueType造字程序造字，又如何在Word中输入该字？

5. 请简要叙述两种合并两个Word文档的方法。

上机实验

实验6.1　查找与替换

1. 实验目的

掌握查找与替换的使用技巧。

2. 实验要求

要求学会查找与替换的使用方法。

3. 实验内容

要求：查找下列文字段的第几名，并把第几名设置字体颜色为蓝色。

第1名，惠州学院成教院，第2名，惠州学院成教院，第3名，惠州学院成教院，第100名，惠州学院成教院，第101名，惠州学院成教院，第102名，惠州学院成教院，第一名，惠州学院成教院，第二名，惠州学院成教院，第三名。

实验6.2　表格的制作

1. 实验目的

掌握表格的制作与使用技巧。

2. 实验要求

学习内容转换成表格制作方法。

3. 实验内容

将下面的内容转换成6行7列的表格；用公式计算总分和平均分；按总分降序排序。

给表格自动套用格式，格式：彩色型2；将特殊格式应用于：标题行、首列、末行、末列。
将表格设置成文字对齐方式为垂直和水平方向均居中；表格居中。

学号#姓名#语文#数学#计算机#总分#平均分
1001001#张三#81#72#89##
1001002#李四#85#73#88##
1001003#王五#87#65#84##
1001004#赵六#63#75#98##
1001005#吴七#75#86#65##

第7章

Excel 2013实例教程

本章要点
☐ Excel的基本概念
☐ 工作表的基本操作
☐ Excel公式与函数
☐ 页面设置和打印

Office中的Excel 2013是办公自动化软件中的电子表格处理软件，它具有强大的表格制作、数据处理、绘制图表等功能。它可以处理文本（Text）、数值（Numeric）、公式（Formula）、声音（Audio）、图像（Image）、图形（Graphics）、图表（Chart）等多种不同类型的数据。

Excel数据还可以作为数据库供应用程序操作使用，另外，Excel的导入、导出功能可以方便地导入其他应用软件的数据，也可以导出数据，在不同的应用软件中使用。

Excel 2013的文件扩展名是"xlsx"。

7.1　Excel的基本概念

初学者应先行掌握Excel 2013的启动及其退出等方法的操作，还应该了解Excel 2013窗口的基本结构及其相关的一些专用名词、术语等。

7.1.1　Excel的启动

若Windows 8系统中已经安装了Office2013中文版，则可通过如下步骤启动Excel 2013：在Windows任务栏上，单击"开始"按钮，打开"Excel 2013"项，即可启动Excel 2013。

当然，还可以在桌面上建立Excel 2013的快捷方式，这样就可以直接在桌面上双击Excel 2013快捷方式图标来启动它。

Excel 2013启动后，屏幕上将显示Excel 2013窗口，如图7-1所示。

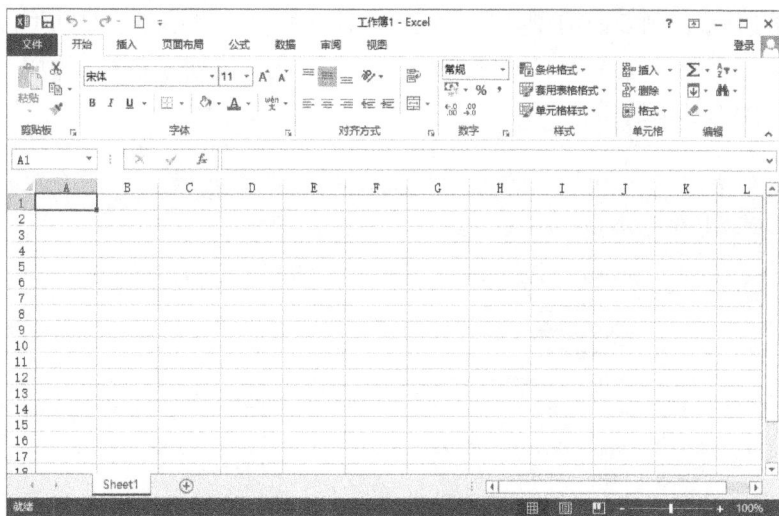

图7-1　Excel启动后的窗口

7.1.2　Excel的退出

如果需要退出Excel 2013，则可以选择"文件"菜单→"关闭"菜单项，或者单击Excel 2013窗口右上角的"关闭"按钮。

注意：在退出Excel 2013时，如果退出的编辑文档还没有保存，则会弹出一个"是否保存"的消息框（如图7-2所示），提示用户当前工作簿还没有保存，需要作何处理。单击"保存"则保存退出Excel 2013，单击"不保存"则不保存退出Excel 2013，单击"取消"则不会退出Excel 2013，并返回到原来的工作簿编辑状态。

此外，双击Excel 2013窗口左上角的Excel图标，即可控制菜单框，也可以退出Excel 2013系统。

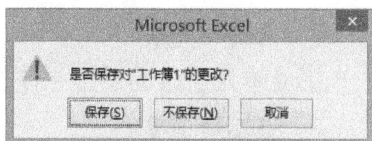

图7-2　Excel窗口

7.1.3　Excel术语

1．工作簿

一个Excel文件就是一个工作簿。一个工作簿由若干个工作表组成。在默认情况下，一个工作簿由一个工作表组成，它的名称是"Sheet1"。打开一个工作簿的同时自动打开多少个工作表，可以在"文件"菜单→"选项"→"常规"选项卡中设置，如图7-3所示。用户可以根据需要增加或减少工作表的数目，但必须是1~255之间。

2．工作表

一个工作表是由一个巨大的二维表组成的。这个二维表有1 048 576行，16 384例。行号从上到下使用数字由"1"、"2"、"3"、……"1048576"排列。列标从左至右使用字母由"A"、"B"、"C"、……"XFD"排列。

3．单元格

由行号和列标组成的格子被称为单元格。例如，第A列第1行便组成"A1"单元格。

187

Excel中规定的类型，例如数值型、货币型、会计专用型、日期型、时间型、百分比型、分数型、科学记数型、文本型、特殊型和自定义型在单元格中都可以输入，还可以插入公式函数、图形和声音等。

图7-3 "选项"对话框之"常规"对话框

4．活动单元格

活动单元格指的是正在使用的单元格，它的四周有一个黑色的方框。

5．单元格地址

单元格地址是指单元格在工作表中的位置。例如，"A1单元格"中的"A1"就是单元格地址，它是由单元格所在的列标和行号组成。

6．单元格区域

由若干个连续单元格组成的区域被称为单元格区域。例如，"A1：F10"单元格区域指的是"A1"至"F10"60个单元格组成区域。

7．填充柄

填充柄是位于选定区域右下角的小黑点。将鼠标指向填充柄时，鼠标的指针便改为黑十字光标。用鼠标拖动填充柄时，可以自动按规律增减的顺序填充内容，还可以复制公式函数。

7.2 工作表的基本操作

7.2.1 Excel数据类型

Excel数据类型有文本型、数值型、货币型、会计专用型、日期型、时间型、百分比型、分数型、科学记数型、特殊型和自定义型。数据类型的设定可以执行"开始"面板→"数字"栏的扩展按钮，系统会弹出"设置单元格格式"对话框，如图7-4所示。用户可以在此更改选定区域的数据类型。

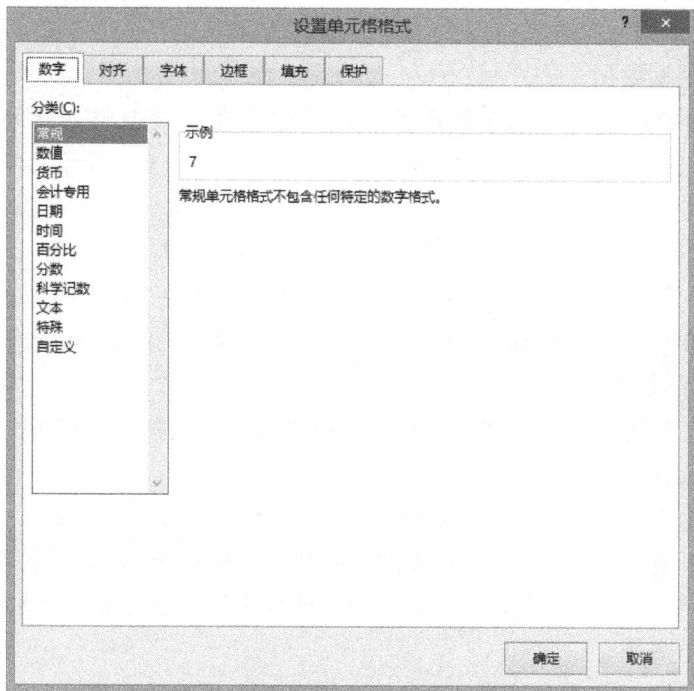

图7-4 "设置单元格格式"对话框之"数字"选项卡

1. 常规

常规是输入数据时Excel应用的默认格式。大多数情况下，"常规"格式的数字以键入的方式显示。然而，如果单元格不够列宽显示整个数字时，"常规"格式会用小数点对数字进行四舍五入。"常规"数字格式还对较大的数字（12位或更多位）使用科学计数（即指数形式）表示法进行表示。

字符型数据的输入：

请在C1单元格输入字符：07522121212

在C1单元格显现：7522121212。前面的"0"消失了，那是因为Excel默认它为数值型数据，把前面的"0"去掉了。纯数字的字符型数据应这样输入："'07522121212"，数字前面应加个英文单引号。

提示：纯数字字符串的输入方法，比如邮政编码、电话号码、身份证号码等，输入时要在数字前加一个单引号。

2. 数值型数据

对于数字的一般表示可使用Excel的数据型数据表示。用户可以指定要使用的小数位数、是否使用千位分隔符","以及如何显示负数等。

数值型数据的输入：

请在A1单元格输入数字：1234567

3．货币型数据

此类型数据用于一般货币值并显示带有默认的货币符号。用户可以指定要使用的小数位数、是否使用千位分隔符以及如何显示负数。

4．会计专用型数据

会计专用型数据格式也用于货币值，但是它会在一列中对齐货币符号和数字的小数点。

5．日期型数据

日期型数据格式会根据用户指定的类型和区域设置（国家/地区），将日期和时间系列数值显示为日期值。以星号（＊）开头的日期格式响应在 Windows "控制面板"中指定的区域日期和时间设置的更改。不带星号的格式不受"控制面板"设置的影响。

日期型数据的输入：

请在D1单元格输入日期：4/22，D1单元格会显示当年的"4月22日"。

6．时间型数据

时间型数据格式会根据用户指定的类型和区域设置（国家/地区），将日期和时间系列数显示为时间值。以星号（＊）开头的时间格式响应在 Windows "控制面板"中指定的区域日期和时间设置的更改。不带星号的格式则不受"控制面板"设置的影响。

7．百分比型数据

百分比型数据格式以百分数形式显示单元格的值。用户可以指定要使用的小数位数。

8．分数型数据

分数型数据格式会根据用户指定的分数类型以分数形式显示数字。

分数的输入：

请在B1单元格输入分数：1/3

在B1单元格显现："1月3日"，如果输入："0 1/3"呢？这样可以避免与日期型数据相混淆。

9．科学记数型数据

科学记数型数据格式以指数表示法显示数字，用"E+n"替代数字的一部分，其中用10的n次幂乘以E（代表指数）前面的数字。例如，2 位小数的"科学记数"格式将12345678901 显示为 1.23E+10，即用 1.23 乘 10 的 10 次幂。您可以指定要使用的小数位数。

10．文本型数据

这种格式将单元格的内容视为文本，并在您键入时准确显示内容，即使键入数字。

11．特殊型数据

这种格式将数字显示为邮政编码、电话号码或社会保险号码。

12．自定义型数据

这种格式允许用户修改现有数字格式代码的副本。这会创建一个自定义数字格式并将其添加到数字格式代码的列表中。您可以添加 200 到 250 个自定义数字格式，具体取决于您安装的 Excel 的语言版本。

另外，还有类似"true"或"false"的逻辑值和"#DIV/0"（意思是除数为0）的系统错误值。

7.2.2 改变行高与列宽

Excel 每一张工作表是1048576×16384个单元格组成的表格。在默认情况下，每个单元格的高度为13.5磅，宽度为8.38磅。但是，在某些时候单元格的数据往往会超过此高度或宽度。为此，用户可以设置行高和列宽，具体操作步骤如下。

（1）在需要改变的行，比如第3行上点击鼠标右键，系统将弹出一快捷菜单，内有"行高"选项，如图7-5所示。同样，如果要改变列，在需要改变的列，比如第B列上单击鼠标右键，系统同样会弹出一快捷菜单，内有"列宽"选项。

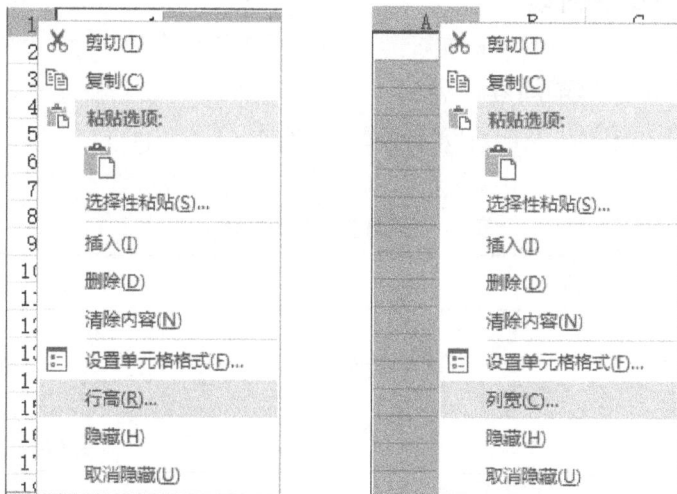

图7-5 "行高"与"列宽"快捷菜单选项

（2）在行高和列宽值设置对话框中，如图7-6所示，用户可以设置行高和列宽的具体值，单位为磅。

图7-6 "行高"值与"列宽"值设置对话框

另外，用户也可以通过格式菜单栏中的"行"或"列"进行行高或列宽的设置。如果用户让系统自动设置适合的列宽，则可以在当前列与下一列的分隔处拖曳鼠标，或者在分隔处双击鼠标，以达到合适的列宽。同样，改变行高也可采用此方法。

7.2.3　复制单元格数据

1．使用［Ctrl］键

选中要复制的数据区域，此时长按住［Ctrl］键，用鼠标指向区域边缘并拖曳鼠标至目的地，此方法可以复制选中的数据区域。

2．使用填充柄

选中要复制的单元格，单击填充柄并向下（或其他三个方向）拖曳，便可复制选中的数据区域。

3．使用复制粘贴方法

选中要复制的数据区域，复制单元格内容，再到目的地粘贴单元格内容，也可复制选中的数据区域。

7.3　Excel公式与函数

7.3.1　Excel 2013的运算符

Excel 2013的运算符及其优先顺序如表7-1所示。

表7-1　运算符及其优先顺序

优先级	运算符	备注
1	－	负号
2	%	百分号
3	^	幂运算符
4	*、/	乘、除号
5	+、－	加、减号
6	&	字符串连接符
7	=、<、>、<=、>=、<>	等于、小于、大于、小于等于、大于等于、不等于

在Excel 2013中，运算符的优先顺序将按照表7-1中的优先级数目来决定。优先级数目越小，则表示优先级越大；优先级数目越大，则反之。如果用户需要改变优先顺序，可使用一个或多个括号，即"（"或"）"来改变运算操作的顺序。注意，在此并不使用中括号"［"或"］"、大括号"{"或"}"等其他数学所使用的括号。

例如：表达式"=-5*(1+2)/(3-3)"中先运算"-5"中的负号，再运算"(1+2)"和"(3-3)"中的加减法，然后运算"-5*(1+2)"中的乘法，最后运算"-5*(1+2)/(3-3)"中的除法。

7.3.2 Excel公式的建立

公式的建立。建立公式所需要的数据如图7-7所示。

在Excel中，区别公式与否可以根据第一个字符是否为"="。在不使用Excel函数的情况下，求总分和平均分的步骤如下：

（1）单击F2单元格，输入公式"＝C2+D2+E2"，按回车键确定。

▲	A	B	C	D	E	F	G
1	学号	姓名	语文	数学	英语	总分	平均分
2	95001	张三	78	88	85	251	83.66667
3	95002	李四	79	50	86	215	71.66667
4	95003	王五	45	90	87	222	74
5	95004	赵六	81	91	88	260	86.66667
6	95005	吴七	82	92	98	272	90.66667
7	95006	梁八	83	93	55	231	77
8	95007	肖九	84	84	90	258	86
9	95008	周十	85	85	91	261	87

图7-7 公式的建立

（2）利用填充柄填充其余同学的总分。

（3）单击G2单元格，输入公式"＝（C2+D2+E2）/3"，按回车键确定。

（4）利用填充柄填充其余同学的平均分。

7.3.3 Excel地址的引用

Excel 2013向用户提供了相对地址引用、绝对地址引用、混合地址引用以及三维地址引用的使用。

1．相对地址引用

在一般情况下，Excel 2013在单元格中使用相对地址来引用单元格中的数据。

相对地址引用指的是单元格地址中的行号与列标均未加"$"符，在复制公式时单元格地址中的行号和列标会随着单元格的位移发生相应的变化，变化多少取决于单元格的位移量。

比如，C1单元格有公式：＝A1+B1。

当用户将公式复制到C2单元格时变为：＝A2+B2。

当用户将公式复制到D1单元格时变为：＝B1+C1。

2．绝对地址引用

绝对地址引用指的是单元格地址中的行号与列标均加有"$"符，在复制公式时单元格地址中的行号和列标不会随着单元格的位移发生相应的变化。

比如，C1单元格有公式：＝$A$1+$B$1。

当用户将公式复制到C2单元格时仍为：＝$A$1+$B$1。

当用户将公式复制到D1单元格时仍为：＝$A$1+$B$1。

3．混合地址引用

混合地址引用指的是单元格地址中的行号或者列标加有"$"符，在复制公式时单元格地址中加有"$"符的行号或者列标不会随着单元格的位移发生相应的变化，而未加"$"符的行号或者列标则会随着单元格的位移发生相应的变化。

比如，C1单元格有公式：＝$A1+B$1。

当用户将公式复制到C2单元格时变为：＝$A2+B$1。

当用户将公式复制到D1单元格时变为：＝$A1+C$1。

4．三维地址引用

比如，当前为表Sheet1，需要引用表Sheet2单元格B2的内容，可以使用表达式：＝Sheet2!B2。其中感叹号"!"表示隶属关系，指的是引用表Sheet2中单元格B2的内容。

7.3.4　Excel常用函数

1．常用函数

常用函数有COUNT()、AVERAGE()、SUM()、MAX()、MIN()、RANK()等等。

2．函数的使用

建立待操作的数据源，数据源如图7-8所示。

	A	B	C	D	E	F	G	H	I
1	学号	姓名	语文	数学	英语	总分	平均分	总评	排名
2	95001	张三	78	88	85	251	84	良	5
3	95002	李四	79	50	86	215	72	及格	8
4	95003	王五	45	90	87	222	74	及格	7
5	95004	赵六	81	91	88	260	87	良	3
6	95005	吴七	82	92	98	272	91	优秀	1
7	95006	梁八	83	93	55	231	77	及格	6
8	95007	肖九	84	84	90	258	86	良	4
9	95008	周十	85	85	91	261	87	良	2
10									
11		最高分	85	93	98	272	91		
12		最低分	45	50	55	215	72		
13		总人数	8						

图7-8　Excel数据源

如果使用Excel的SUM()和AVERAGE()函数的操作步骤如下：

（1）单击F2单元格，单击常用工具栏中的"自动求和"按钮，当F2单元格中显示"＝SUM（C2：E2）"时，按回车键。然后，使用填充柄填充其余的总分。"SUM"函数对话框如图7-9所示。

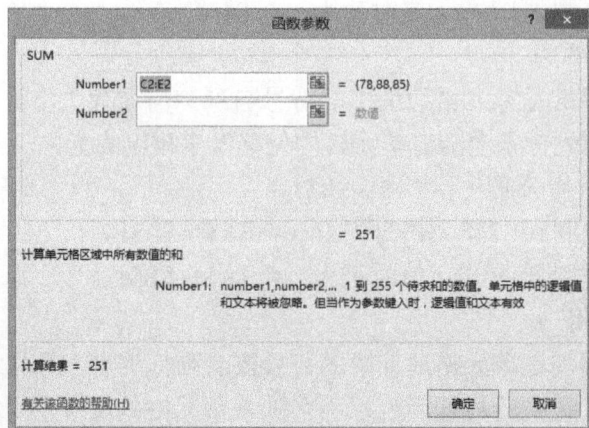

图7-9　"SUM"函数对话框

（2）单击G2单元格，使用公式"＝AVERAGE（C2：E2）"，按回车键，并使用填充柄填充其余的平均分。但是，有的平均分有若干位小数位，可以使G2单元格再用一个"ROUND()"四舍五入函数，变成"＝ROUND（AVERAGE（C2：E2），0）"，再填充其余的平均分，看看有何变化？如果把"ROUND()"函数的第二个参数0改成1，看看结果有什么变化？如果改成-1呢？

"AVERAGE"函数对话框如图7-10所示。

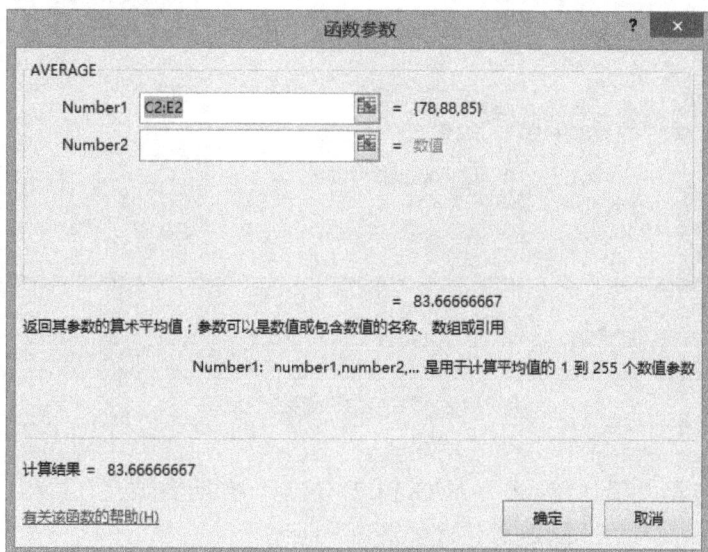

图7-10 "AVERAGE"函数对话框

（3）单击H2单元格，如果需要按平均分给每个人算出总评，可以键入"＝IF（G2>＝90，"优秀"，IF（G2>＝80，"良"，IF（G2>＝70，"及格"，"不及格"）））"。"IF"函数对话框如图7-11所示。

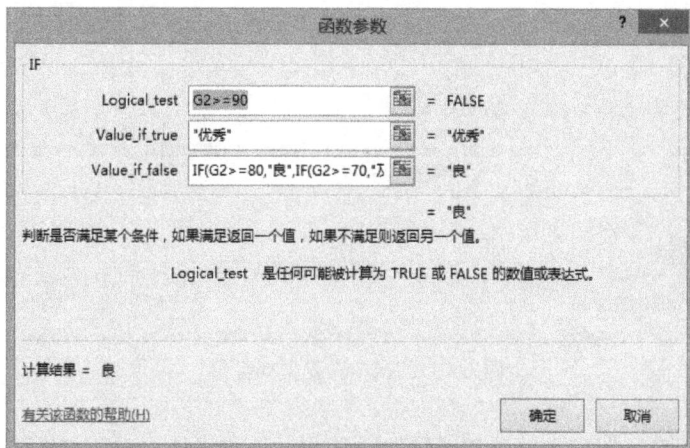

图7-11 "IF"函数对话框

195

（4）单击I2单元格，输入"＝RANK（F2，F2：F9）"，并填充其余的排名，我们会发现排名并不正确。把公式改成"＝RANK（F2，$F$2：$F$9）"，全部人的成绩使用绝对引用，并填充其余的排名，我们会发现此时排名正确。"RANK"函数对话框如图7-12所示。

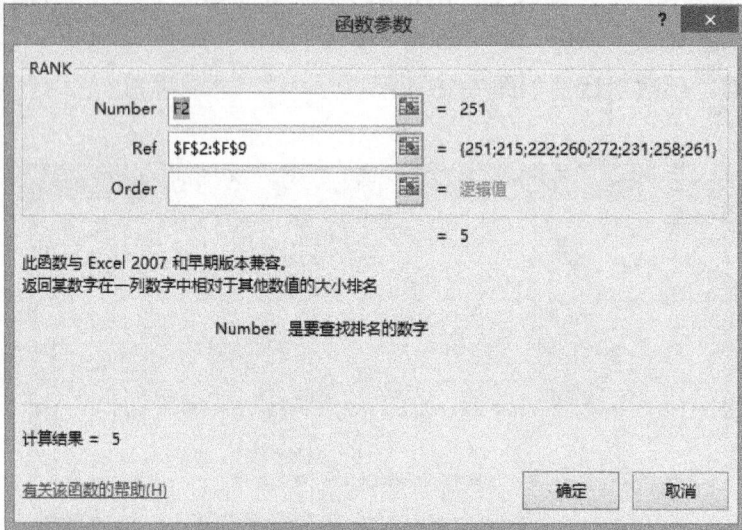

图7-12 "RANK"函数对话框

（5）单击C11单元格，输入"＝MAX（C2：C9）"，并向右填充，可得出各科及总分、平均分的最高分。"MAX"函数对话框如图7-13所示。

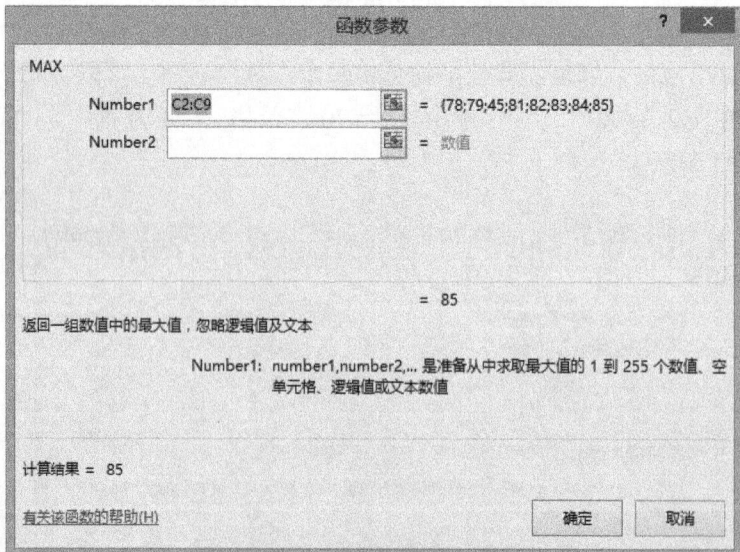

图7-13 "MAX"函数对话框

（6）单击C12单元格，输入"＝MIN（C2：C9）"，并向右填充，可得出各科及总分、平均分的最低分。"MIN"函数对话框如图7-14所示。

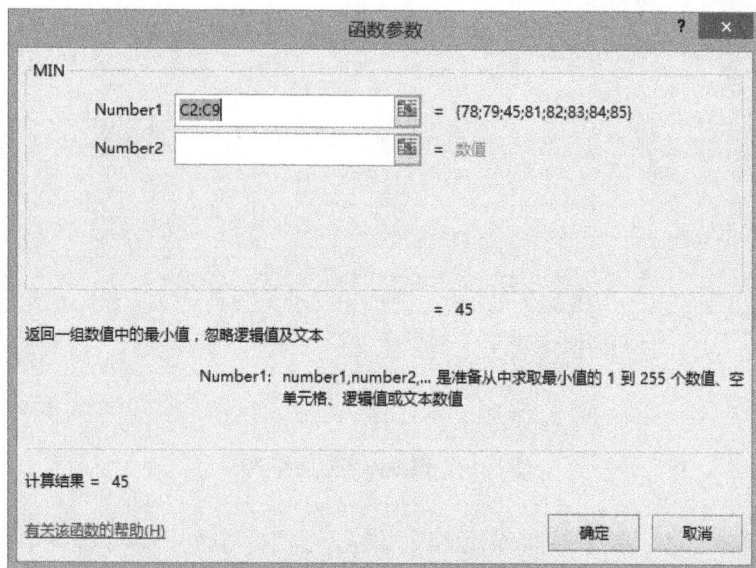

图7-14　"MIN"函数对话框

（7）单击C13单元格，输入"＝COUNT（G2∶G9）"，对所有平均分求个数，可得出全班人数。试问，对所有总分求个数，可以得出全班人数吗？对所有姓名求个数呢？"COUNT"函数对话框如图7-15所示。

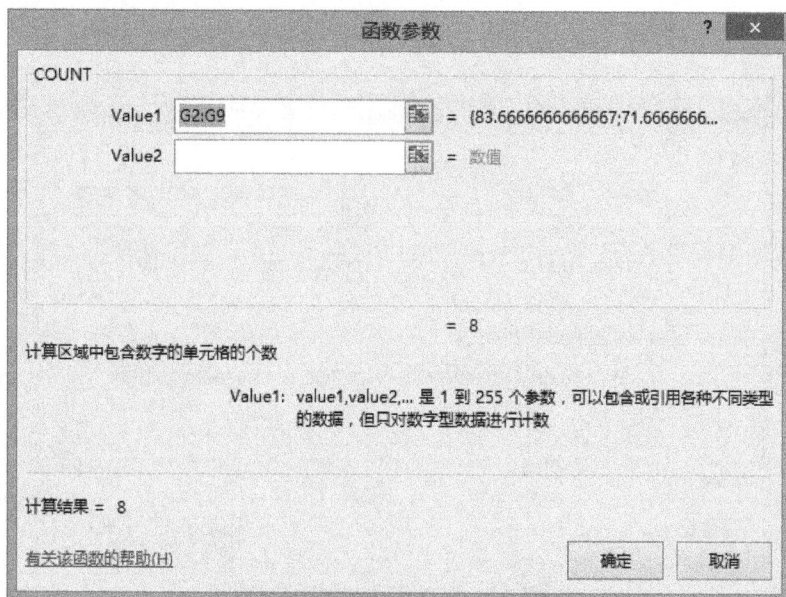

图7-15　"COUNT"函数对话框

3．数据库函数

数据库函数数据源如图7-16所示。

	A	B	C	D	E	F	G	H	I	J
1	学号	姓名	性别	语文	数学	英语	总分	平均分	总评	排名
2	0801001	张三	男	78	77	79	234	78	及格	4
3	0801002	李四	男	81	83	78	242	81	良	3
4	0801003	王五	女	76	69	80	225	75	及格	5
5	0801004	赵六	女	98	83	90	271	90	优秀	2
6	0801005	吴七	女	67	78	71	216	72	及格	7
7	0801006	梁八	男	90	91	95	276	92	优秀	1
8	0801007	黄九	男	56	60	64	180	60	不及格	8
9	0801008	肖十	女	69	78	75	222	74	及格	6
10										
11				语文	数学	英语	总分	平均分		
12			最高分	98	91	95	276	92		
13			最低分	56	60	64	180	60		
14			单科状元	赵六	梁八	梁八	梁八	梁八		
15			平均分最高的男同学：		梁八				性别	平均分
16			平均分最低的女同学：		吴七				男	92
17			男生的平均分：		77.75				性别	平均分
18			女生的平均分：		77.75				女	72

图7-16 数据库函数数据源

（1）求单科状元。单击D14单元格，单击公式栏中的"ƒₓ"插入函数按钮，将会弹出"插入函数"对话框。在"选择类别"中选择"全部"。单击"选择函数"中的某个函数，按下字母"d"，然后向下找到"DGET"函数，单击"确定"。在数据库"Database"参数中选择A1：J9，在字段"Field"参数中选择B1，在条件"Criteria"参数中选择D11：D12，并在前两个参数加上绝对引用，即＝DGET（$A$1：$J$9，$B$1，D11：D12），按回车键确定。

请注意：Excel中的相对引用、绝对引用、混合引用这三者有什么区别？"DGET"函数对话框如图7-17所示。

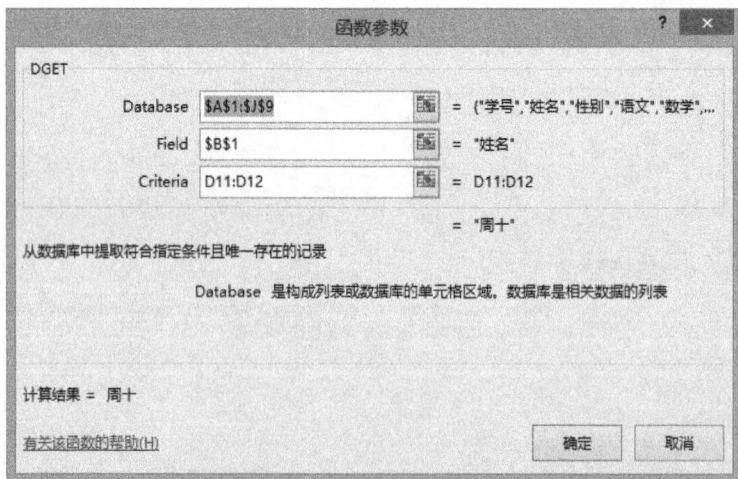

图7-17 "DGET"函数对话框

（2）使用填充柄求出数字、英语、总分、平均分的单科状元。

（3）求男同学的最高平均分与女同学的最低平均分。在I15和I17单元格分别输入"性别"，在I16单元格输入"男"，在I18单元格输入"女"，在J15和J17单元格分别输入"平均分"。在J16单元格中求出男同学的最高平均分，在J18单元格中求出女同学的最低平均分。

单击J16单元格，单击公式栏中的"**fx**"插入函数按钮，将会弹出"插入函数"对话框。在"选择类别"中选择"全部"。单击"选择函数"中的某个函数，按下字母"d"，然后向下找到"DMAX"函数，单击"确定"。在数据库"Database"参数中选择A1：J9，在字段"Field"参数中选择H1，在条件"Criteria"参数中选择I15：I16，即＝DMAX（A1：J9，H1，I15：I16），按回车键确定。"DMAX"函数对话框如图7-18所示。

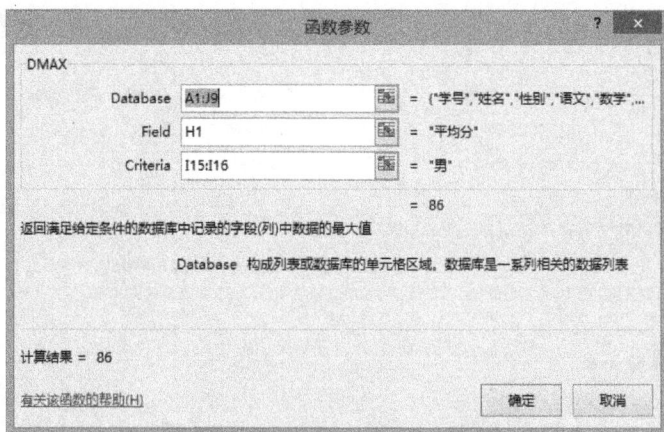

图7-18 "DMAX"函数对话框

单击J18单元格，单击公式栏中的"**fx**"插入函数按钮，将会弹出"插入函数"对话框。在"选择类别"中选择"全部"。单击"选择函数"中的某个函数，按下字母"d"，然后向下找到"DMIN"函数，单击"确定"。在数据库"Database"参数中选择A1：J9，在字段"Field"参数中选择H1，在条件"Criteria"参数中选择I17：I18，即＝DMIN（A1：J9，H1，I17：I18），按回车键确定。"DMIN"函数对话框如图7-19所示。

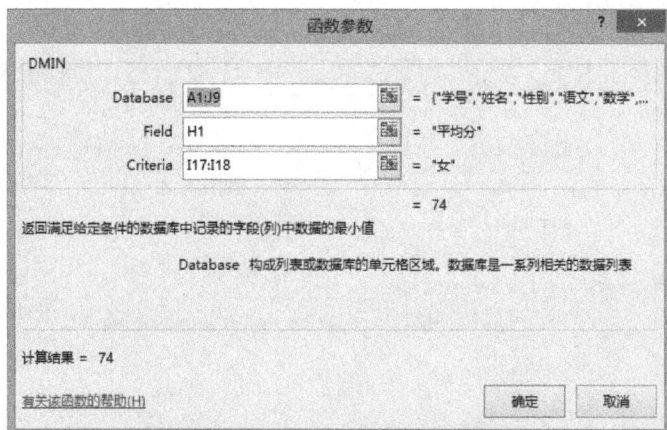

图7-19 "DMIN"函数对话框

（4）求平均分最高的男同学姓名与平均分最低的女同学姓名。

单击F15单元格，单击公式栏中的"*fx*"插入函数按钮，将会弹出"插入函数"对话框。在"选择类别"中选择"全部"。单击"选择函数"中的某个函数，按下字母"d"，然后向下找到"DGET"函数，单击"确定"。在数据库"Database"参数中选择A1：J9，在字段"Field"参数中选择B1，在条件"Criteria"参数中选择I15：J16，即＝DGET（A1：J9，B1，I15：J16），按回车键确定。"DGET"函数对话框如图7-20所示。求平均分最高的男同学时所使用的"DGET"函数对话框如图7-20所示。

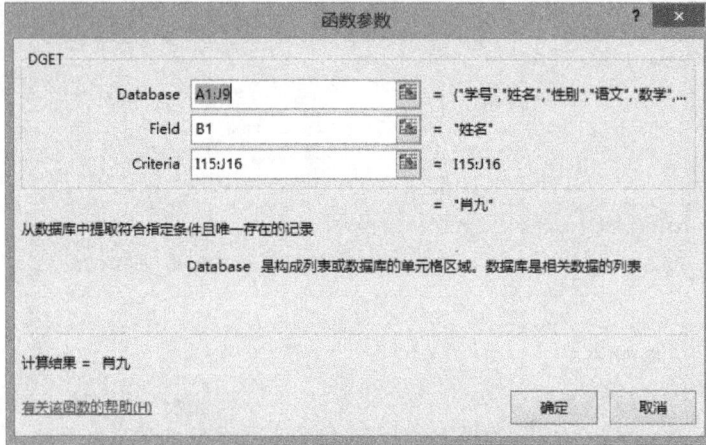

图7-20 "DGET"函数对话框

单击F16单元格，单击公式栏中的"*fx*"插入函数按钮，将会弹出"插入函数"对话框。在"选择类别"中选择"全部"。单击"选择函数"中的某个函数，按下字母"d"，然后向下找到"DGET"函数，单击"确定"。在数据库"Database"参数中选择A1：J9，在字段"Field"参数中选择B1，在条件"Criteria"参数中选择I17：J18，即＝DGET（A1：J9，B1，I17：J18），按回车键确定。求平均分最低的女同学时所使用的"DGET"函数对话框如图7-21所示。

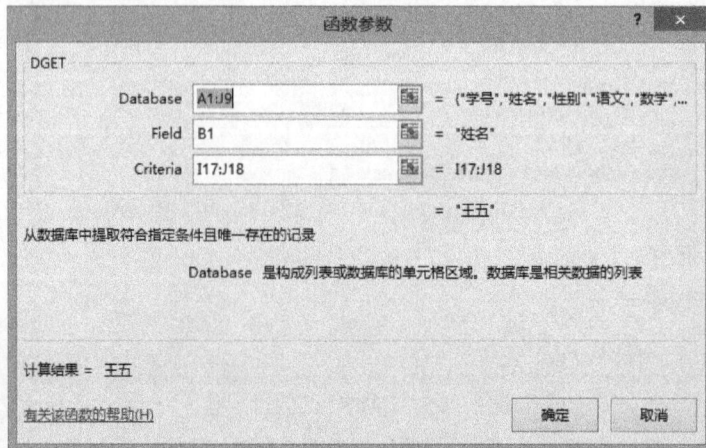

图7-21 "DGET"函数对话框

（5）求男同学和女同学的平均分。

单击E17单元格，单击公式栏中的"f_x"插入函数按钮，将会弹出"插入函数"对话框。在"选择类别"中选择"全部"。单击"选择函数"中的某个函数，按下字母"d"，然后向下找到"DAVERAGE"函数，单击"确定"。在数据库"Database"参数中选择A1：J9，在字段"Field"参数中选择H1，在条件"Criteria"参数中选择I15：I16，即＝DAVERAGE（A1：J9，H1，I15：I16），按回车键确定。求男生的平均分时所使用的"DAVERAGE"函数对话框如图7-22所示。

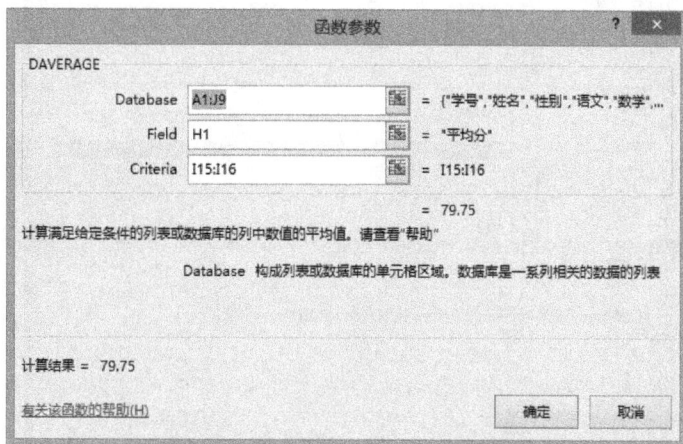

图7-22 "DAVERAGE"函数对话框

单击E17单元格，单击公式栏中的"f_x"插入函数按钮，将会弹出"插入函数"对话框。在"选择类别"中选择"全部"。单击"选择函数"中的某个函数，按下字母"d"，然后向下找到"DAVERAGE"函数，单击"确定"。在数据库"Database"参数中选择A1：J9，在字段"Field"参数中选择H1，在条件"Criteria"参数中选择I17：I18，即＝DAVERAGE（A1：J9，H1，I17：I18），按回车键确定。求女生的平均分时所使用的"DAVERAGE"函数对话框如图7-23所示。

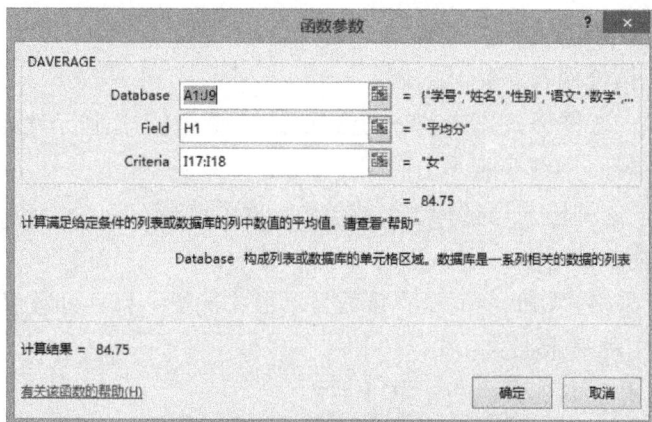

图7-23 "DAVERAGE"函数对话框

7.3.5　工作表格式设置

1．数字的格式选择

单元格格式"数字"对话框如图7-24所示。

图7-24　"设置单元格格式"之"数字"对话框

（1）数字的格式类型。

在Excel中数字的含义不只是数值，还可以表示为百分比、货币、分数、科学记数、日期、时间等。

选择数字格式类型的一般方法为：

选择单元格或区域→单击鼠标右键→"设置单元格格式"→"数字"选项卡→在"分类"列表中选择公式类型→在"类型"列表中选择显示形式→确定。

（2）数字的常规格式。

常规格式不包括任何特定格式。

（3）数值格式。这种格式可选择：小数位数；是否使用千位分隔符；负数形式：前面加负号、加括号、用红字表示。

（4）货币格式。这种格式可选择：小数位数；货币符号：￥、$、€、£等；负数形式。

（5）会计专用格式。

这种格式与货币格式相似，但没有负数显示形式选择，且一列数值的货币符号对齐

（6）日期。有多种显示形式：

一九九七年十月一日；一九九七年十月；

十月一号；1997年10月1日；1997年10月；

202

10月1日；星期三；1997-10-1；

1997-10-1 1：00 PM；1997-10-1 13：00；

97-10-1；10-1；10-1-97；10-01-97；1-Oct；

1-Oct-97；01-Oct-97；Oct-97；October-97；

O；O-97。

（7）时间。也有多种显示形式：

下午三时三十六分；十五时三十六分；

下午3时36分00秒；下午3时36分；

15时36分00秒；15时36分；

3：36：00 PM；15：36。

（8）百分比。

这种格式将单元格内容乘以100，并以百分比形式显示，可以设置小数点后位数。

（9）分数。

这种格式将单元格内容以小数形式（近似值）显示。具体有9种形式可选择。

（10）科学记数法。

将单元格内容以有效数乘以10的整数次方形式（用Exx表示）显示，有效数的小数位数可选择。

（11）特殊格式。

可以用中文大写或中文小写数字显示。

格式工具栏中有关按钮的应用：

"货币样式"、"百分比样式"、"千位分隔样式"、"增加/减少小数位数"。

2．字体的格式化

选择字体格式的一般方法为：

选择单元格或区域→单击鼠标右键→"设置单元格格式"→"字体"选项卡→选择有关字体格式→确定。

可以对字体、字形、字号（以"磅"为单位）、下划线、颜色、特殊效果（删除线、上标、下标）等进行设置。当选择"普通字体"时，即为12磅黑色宋体，无其他特殊效果。

设置的效果可在"预览"中观察。

字形和字体颜色在格式工具栏中有相应按钮。

单元格格式"字体"对话框如图7-25所示。

3．设置数据对齐

选择单元格或区域→单击鼠标右键→"设置单元格格式"→"对齐"选项卡→选择有关对齐方式→确定。

单元格格式"对齐"对话框如图7-26所示。

（1）水平对齐方式：缺省为常规方式。常规：数字右对齐、文本左对齐；左对齐（可加缩进量）、居中、右对齐；合并：可以把几个单元格合并在一起，形成一个标题。水平对齐选项及其含义如表7-2所示。

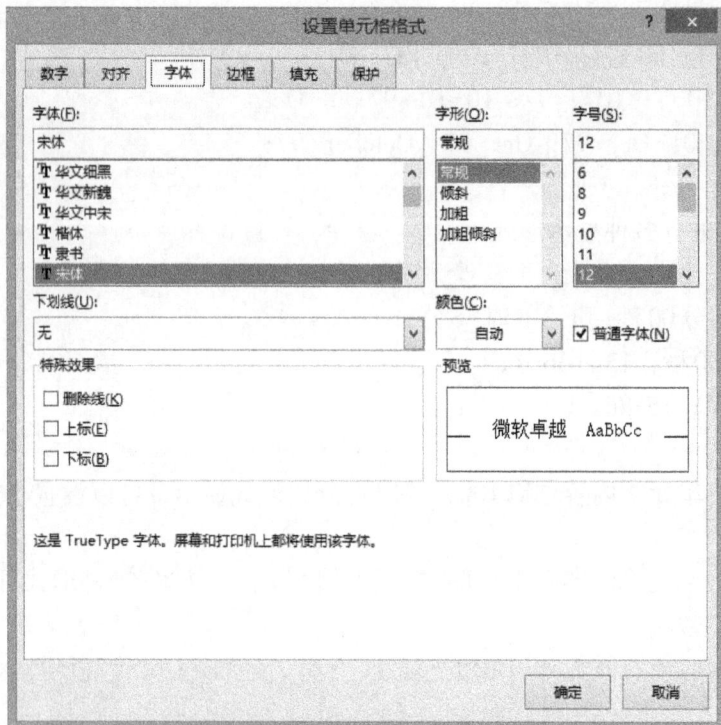

图7-25　单元格格式"字体"对话框

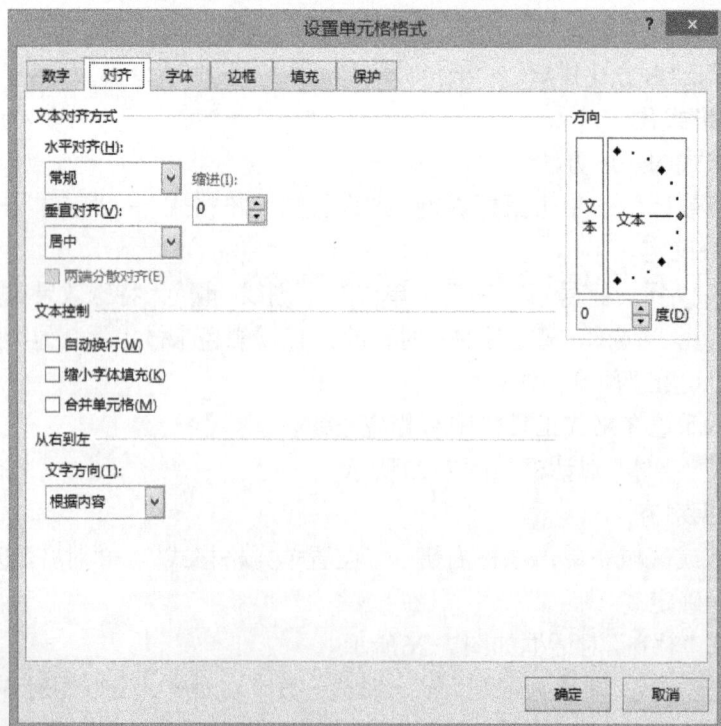

图7-26　单元格格式"对齐"对话框

表7-2 水平对齐选项及其含义

选项	含义
常规	Excel默认格式,即文字左对齐,数字右对齐
靠左〈缩进〉	左对齐单元格中的内容,如果在"缩进"框中指定了缩进量,Excel会在单元格内容的左边加入指定缩进量的空格字符
居中	将数据放在单元格的中间
靠右	将单元格的数据靠右边框对齐
填充	重复已输入的数据,直到单元格填满
两端对齐	单元格的文本超过列宽时,列宽不动,将单元格中文本折行显示,行高自动增加,最后一行左对齐
跨列居中	将最左端单元格中的数据放在所选单元格区域的中间位置
分散对齐	文本在单元格内均匀分布。若单元格中的数据超过列宽时,列宽不动,将单元格中的数据折行显示,行高自动增加

在格式工具栏中有左对齐、居中、右对齐、合并与居中、增加缩进量、减少缩进量等按钮。

（2）垂直对齐。

垂直对齐有居中、靠上、靠下、两端对齐等选择。垂直对齐选项及其含义如表7-3所示。

表7-3 垂直对齐选项及其含义

选项	含义
靠上	数据靠单元格顶端对齐
居中	数据放在单元格中部〈垂直方向〉
靠下	数据靠单元格底部对齐
两端对齐	数据靠单元格的顶端和底部两端对齐
分散对齐	单元格中的数据靠单元格的顶端和底部分散对齐

（3）文字方向。

文字竖排:单击"对齐"对话页中"方向"下面的"文本"框,使其变黑,再单击"确定"即可。

改变文字角度:用鼠标拖动"对齐"对话页中"方向"下面的"文本"指针,改变其角度,再单击"确定"。

4．底纹颜色和图案

选择单元格或区域→单击鼠标右键→"设置单元格格式"→"填充"选项卡→选择颜色及图案→确定。

底纹颜色也可在格式工具栏的"填充色"下拉式列表框中选择。单元格格式"图案"对话框如图7-27所示。

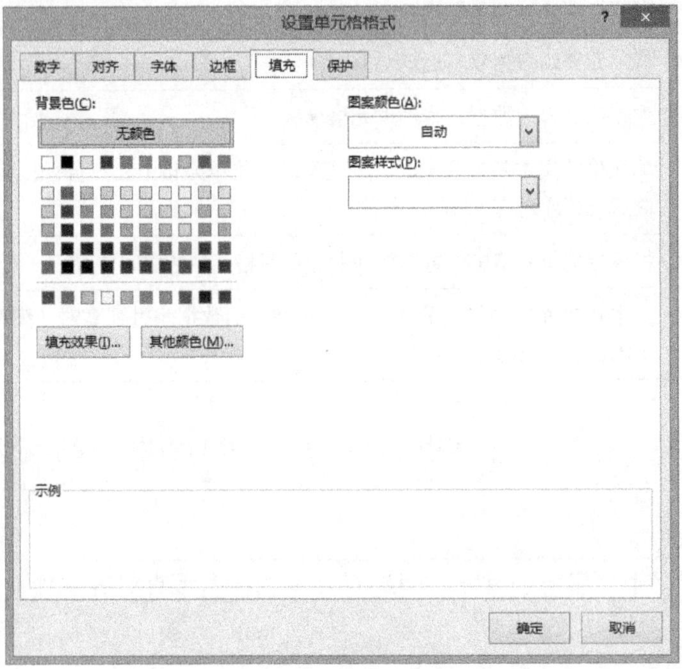

图7-27　单元格格式"图案"对话框

5．边框

选择单元格或区域→单击鼠标右键→"设置单元格格式"→"边框"选项卡→选择"边框"（或"预置"）、"线形样式"及颜色→确定。

也可使用格式工具栏的"边框"下拉式列表框。单元格格式"边框"对话框如图7-28所示。

6．自动套用格式

选择单元格或区域→"开始"面板中的"样式"栏→"套用表格格式"→选择一个现有格式。

单元格格式"套用表格格式"弹出菜单如图7-29所示。

7．条件格式

选中C2：G9数据区，单击"开始"面板"样式"栏中的"条件格式"命令按钮，选择"新建规则"菜单项，将弹出"新建格式规则"对话框，如图7-30所示。在"选择规则类型"中选择"只为包含以下内容的单元格设置格式"；在"编辑规则说明"中选择"单元格值"→"小于"→输入"60"，单击"格式"命令按钮，在出现的"单元格格式"

对话框中，在"颜色"标签中选择字体颜色"红色"，单击"确定"。

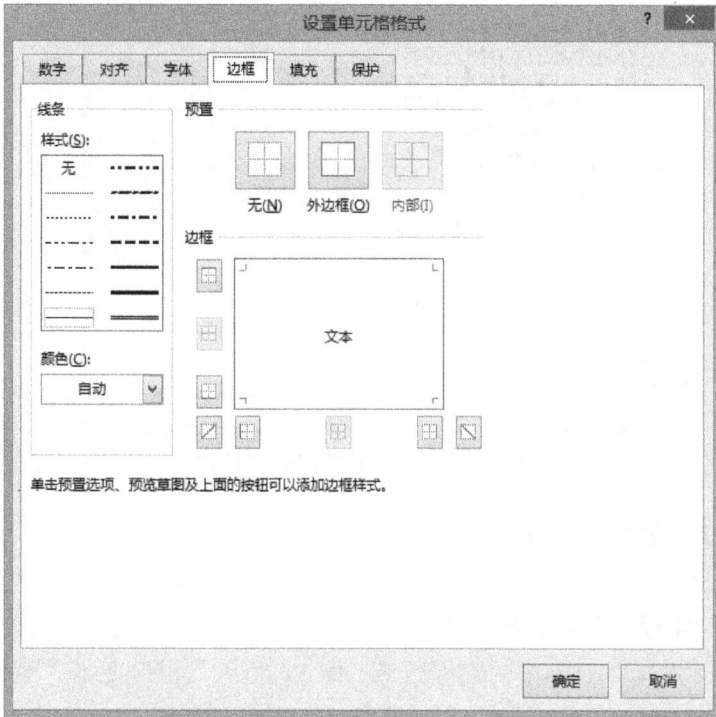

图7-28 单元格格式"边框"对话框

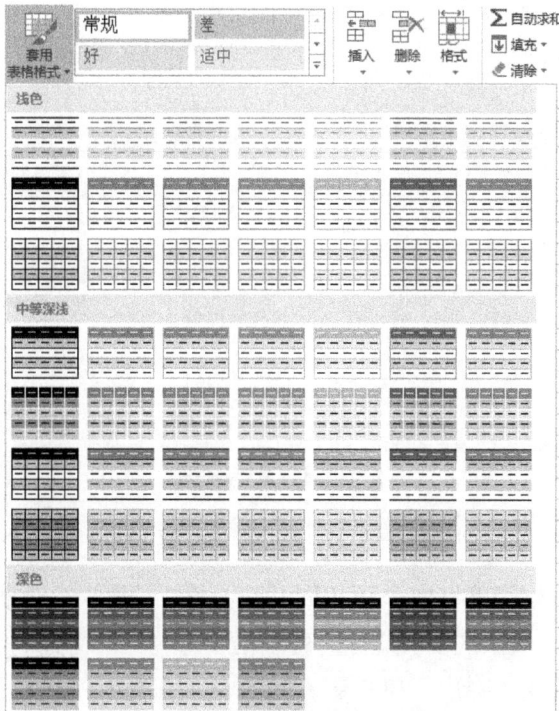

图7-29 "套用表格格式"弹出菜单

图7-30 "新建格式规则"对话框

7.3.6　Excel数据库功能

1．简单排序

（1）选择"学生成绩"工作表。

（2）拖动鼠标选择参与排序的数据区域，即A1至I9，选择"数据"菜单下的"排序"菜单命令。

（3）打开"排序"对话框，如图7-31所示。在"主要关键字"列表框中选择"平均分"，选择排序顺序为"降序"。

（4）单击"确定"按钮。

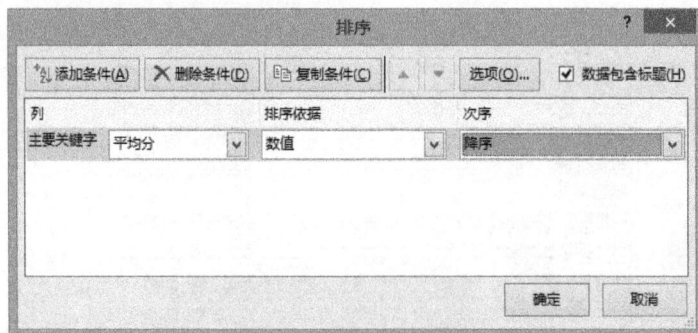

图7-31 "排序"对话框

2．多重排序

（1）多重排序步骤与简单排序步骤相同，只是在"排序"对话框中的"主要关键字"列表框中选择"姓名"，在"次要关键字"列表框中选择"平均分"。

（2）选择排序顺序为"降序"和"降序"，单击"确定"按钮，则完成以"姓名"为"主要关键字"，"平均分"为"次要关键字"的双关键字排序操作。如图7-32所示。

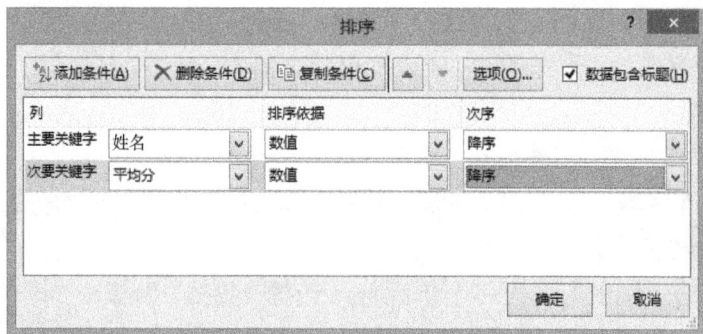

图7-32 "多重排序"对话框

3．自动筛选操作

（1）选择"学生成绩"工作表。

（2）用鼠标点击工作表数据区内的任意单元格，选择"开始"面板的"排序和筛选"命令按钮。

（3）单击"筛选"菜单项，在标题列右边出现下拉按钮，如图7-33所示。

	A	B	C	D	E	F	G	H	I	J
1	学号	姓名	性别	语文	数学	英语	总分	平均分	总评	排名
2	95001	张三	男	78	88	85	251	84	良	5
3	95002	李四	男	79	50	86	215	72	及格	8
4	95003	王五	女	45	90	87	222	74	及格	7
5	95004	赵六	女	81	91	88	260	87	良	3
6	95005	吴七	女	82	92	98	272	91	优秀	1
7	95006	梁八	男	83	93	55	231	77	及格	6
8	95007	肖九	男	84	84	90	258	86	良	4
9	95008	周十	女	85	85	91	261	87	良	2

图7-33 "自动筛选"示例

（4）单击打开"平均分"列的下拉按钮，单击"数字筛选"菜单项，选择"大于或等于"，将会弹出"自定义自动筛选方式"对话框，如图7-34所示。

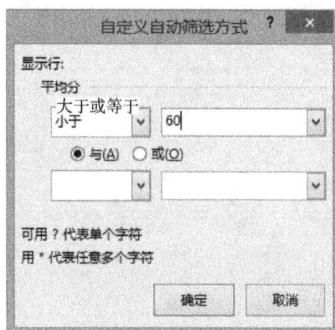

图7-34 "自定义自动筛选方式"对话框

（5）设置筛选条件为"大于或等于"，在右边列表框中输入"60"。

（6）单击"确定"按钮，完成操作，窗口显示出"平均分"大于或等于"60"的学生。

（7）若撤销筛选操作，选择"开始"面板→"排序和筛选"→"筛选"菜单命令，结束筛选操作，列标题的"筛选条件"列表框也随之消失。

4．高级筛选

（1）选择"学生成绩"工作表。

（2）建立条件区域，在空白单元格K1中输入条件区标题"平均分"，在单元格K2中输入条件">＝70"。

（3）单击数据区域中的任意一个单元格，选择"数据"面板中"排序和筛选"栏中的"高级"命令。

（4）打开"高级筛选"对话框，如图7-35所示。"高级筛选"对话框中的数据区域已经自动选择好。

（5）单击条件区域右侧的"折叠"按钮。选择条件区域，包括标题行与下方的条件，即K1：K2单元格。

（6）选中"将筛选结果复制到其他位置"选项，单击复制到右侧的"折叠"按钮，选择存放结果的位置，再单击"展开"按钮，单击"确定"按钮。结果见图7-36所示。

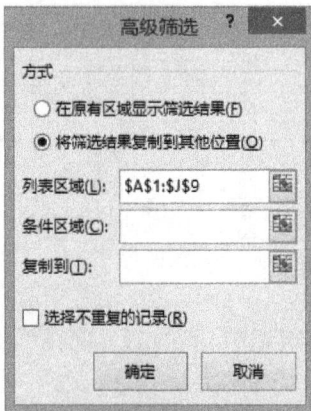

图7-35 "高级筛选"对话框

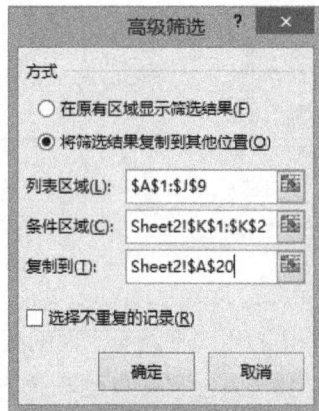

图7-36 "高级筛选"结果

5．分类汇总

（1）分类汇总数据如图7-37所示。

	A	B	C	D	E	F	G	H	I	J
1	学号	姓名	性别	语文	数学	英语	总分	平均分	总评	排名
2	95001	张三	男	78	88	85	251	84	良	5
3	95002	李四	男	79	50	86	215	72	及格	8
4	95003	王五	女	45	90	87	222	74	及格	7
5	95004	赵六	女	81	91	88	260	87	良	3
6	95005	吴七	女	82	92	98	272	91	优秀	1
7	95006	梁八	男	83	93	55	231	77	及格	6
8	95007	肖九	男	84	84	90	258	86	良	4
9	95008	周十	女	85	85	91	261	87	良	2

图7-37 插入"性别"一列后结果

（2）选择"数据"菜单下的"排序"菜单命令，打开"排序"对话框。在"主要关键字"列表框中选择"性别"，单击选择排序顺序为"升序"，然后单击"确定"按钮，完成排序的操作。

（3）拖动鼠标选择参与分类汇总的数据区域A1:J9，单击"数据"菜单中"分类汇总"菜单命令，打开"分类汇总"对话框，如图7-38所示。

（4）在"分类字段"列表框中选择"性别"，在"汇总方式"列表框中选择"平均值"，在"选定汇总项"列表框中选择"语文"、"数学"、"英语"、"总分"、"平均分"。

（5）默认是选中"替换当前分类汇总"和"汇总结果显示在数据下方"两个选项，要使其处于有效状态。

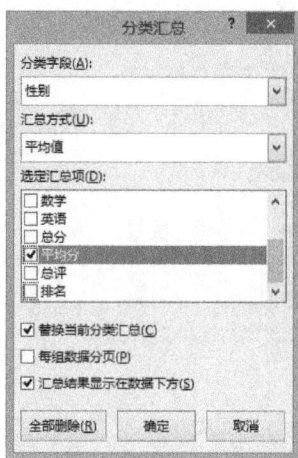

图7-38 "分类汇总"对话框

（6）单击"确定"按钮，完成按性别分类汇总的操作，结果如图7-39所示。

	A	B	C	D	E	F	G	H	I	J
1	学号	姓名	性别	语文	数学	英语	总分	平均分	总评	排名
2	95001	张三	男	78	88	85	251	84	良	
3	95002	李四	男	79	50	86	215	72	及格	
4	95006	梁八	男	83	93	55	231	77	及格	
5	95007	肖九	男	84	84	90	258	86	良	
6			男 平均值	81	78.75	79	238.75	79.75		
7	95003	王五	女	45	90	87	222	74	及格	
8	95004	赵六	女	81	91	88	260	87	良	
9	95005	吴七	女	82	92	98	272	91	优秀	
10	95008	周十	女	85	85	91	261	87	良	
11			女 平均值	73.25	89.5	91	253.75	84.75		
12			总计平均	77.125	84.125	85	246.25	82.25		

图7-39 "分类汇总"示例

（7）选择分类汇总数据所在的区域，即A1:J9。然后选择"数据"菜单中"分类汇总"菜单命令，打开"分类汇总"对话框，单击"全部删除"按钮，完成删除分类汇总的操作。

7.3.7 图表制作

操作步骤：

1．创建图表

(1)选择"学生成绩"工作表。

(2)首先拖动鼠标选择数据源第一部分区域B1:B9，然后按下［Ctrl］同时拖动鼠标选择数据源第二部分区域G1:G9。

(3)执行"插入"面板的"图表"按钮，打开"更改图表类型"对话框，如图7-40所示。

(4)在"所有图表"列表框中，单击选择"柱形图"，在子图表类型中选择"簇状柱形图"。

(5)在"图表工具—设计"面板中选择"选择数据"按钮，将弹出"选择数据源"对话框，如图7-41所示。在此可以进行图表数据区域的更改，行/列的切换。

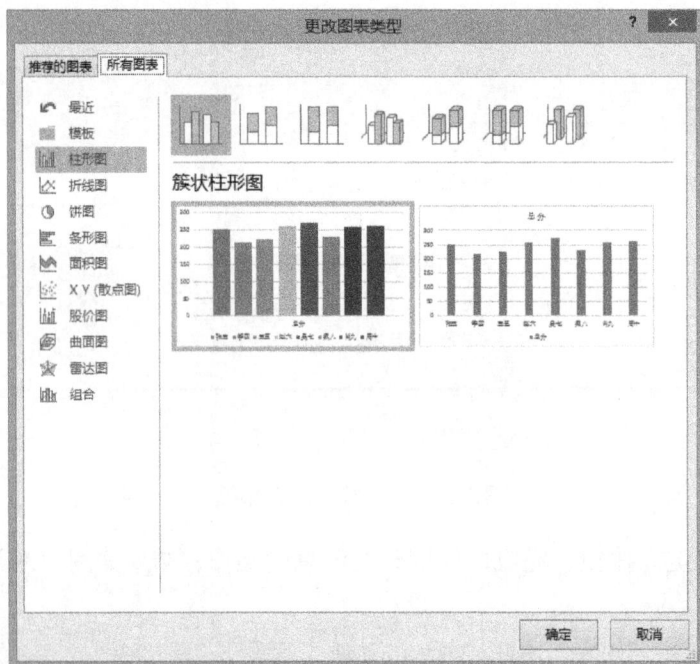

图7-40 "更改图表类型"对话框

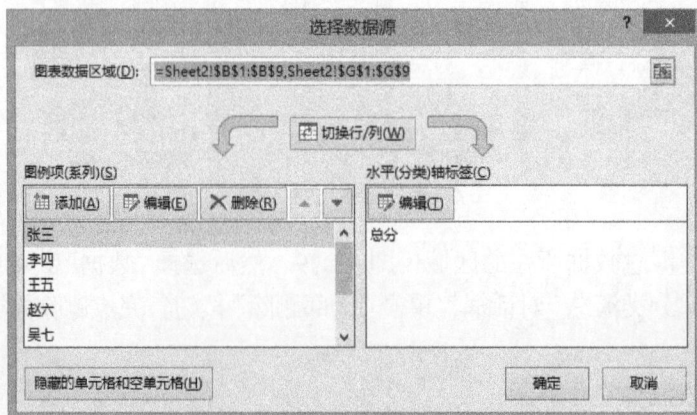

图7-41 "选择数据源"对话框

（6）在"数据区域"编辑框中的数据源区域，由于在该编辑框中当前的数据是"＝学生成绩!\$B\$1:\$B\$9，学生成绩!\$F\$1:\$F\$9"，正是已选中的数据区域，所以无须更改。选择序列产生在"列"，然后单击"确定"按钮。

（7）添加图表标题。执行"图表工具—设计"面板→"添加图表元素"→"图表标题"→"图表上方"，如图7-42所示。"图表标题"编辑框中输入图表标题"学生成绩表"。

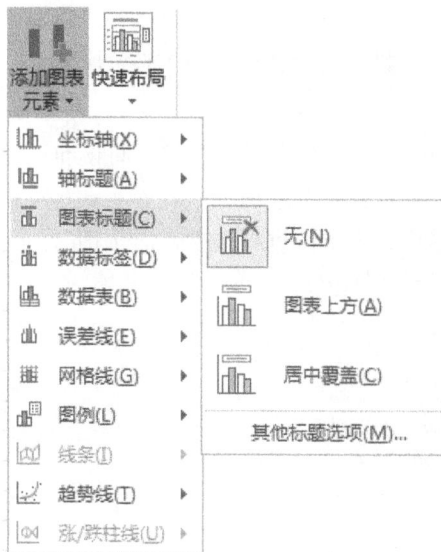

图7-42 "图表选项"对话框

（8）若要移动图表所放位置，可以执行面板中"移动图表"进行图表位置的更改。若选择"作为新工作表插入"选项，即创建独立图表，图表放在一个新的工作表中。若选择"作为其中的对象插入"选项，即创建嵌入式图表，图表与数据源在同一工作表中。

2．图表的缩放

（1）单击图表区，图表周围将出现8个小方块，表示图表已被选中。

（2）鼠标指向右下角的小方块并向右下方拖动，可放大图表。

3．图表标题修改

（1）在图表标题上双击左键或单击右键调出快捷菜单，单击"图表标题格式"命令。

（2）打开"图表标题格式"对话框，单击"字体"标签。

（3）在该标签中选择字体为"楷体"，字形为"加粗倾斜"，字号为"26"。

（4）单击"确定"按钮，完成对图表标题的修改（对"图例"、"坐标轴格式"及"坐标轴标题格式"的修改与图表标题的修改方法相同）。

4．设置图表区

（1）在图表区单击鼠标右键，在弹出的快捷菜单中单击"图表区格式"命令。

（2）打开"图表区格式"对话框，单击"图案"标签，如图7-43所示。

（3）单击"填充效果"按钮，打开"填充效果"对话框。

（4）单击"纹理"标签，在"纹理"标签中，选择"白色大理石"。

（5）单击"确定"按钮，完成对图表区背景的修改。

5．增加"数据标志"

（1）在图表区单击鼠标右键，在弹出的快捷菜单中单击"图表选项"命令。

（2）打开"图表选项"对话框，在"图表选项"对话框中，选择"数据标志"标签，如图7-44所示。

（3）在"数据标志"标签中，选择数据标志为"显示值"。

（4）单击"确定"按钮，完成操作。

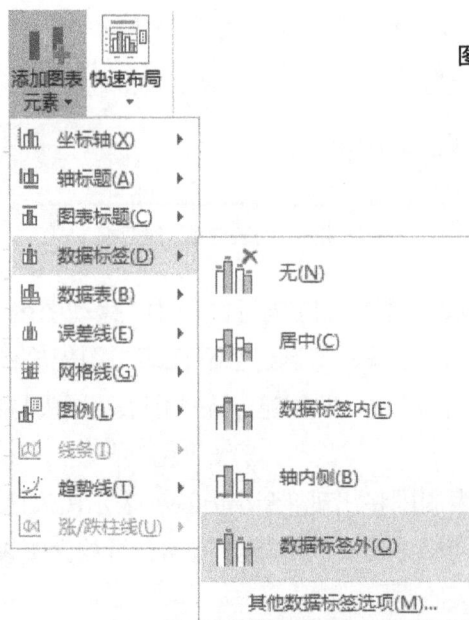

图7-43 "图表区格式"对话框

图7-44 "图表选项"对话框之"数据标志"选项卡

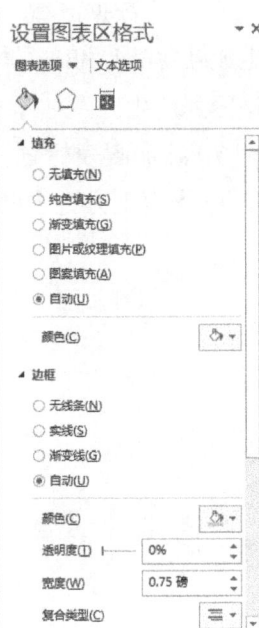

6．更改图表类型

（1）在图表区单击鼠标右键，在弹出的快捷菜单中单击"更改图表类型"命令。

（2）打开"更改图表类型"对话框，单击"所有图表"标签，如图7-40所示。

（3）在该标签中，选择图表类型为"曲面图"，选择子图表类型为三维曲面图。

（4）单击"确定"按钮，完成操作。

7．删除工作表中的图表

在图表区单击右键调出快捷菜单，单击快捷菜单中的"清除"命令，完成删除图表操作。

7.4　页面设置和打印

7.3.1　设置页面

在打印前，用户一般要进行页面、打印预览、打印等方面的设置。

1．打印机设置

若Windows已安装打印机，则可按下列步骤设置：

执行"文件"菜单→"打印"命令，然后在"打印机"的"名称"下拉列表框中选择打印机，否则需先在"Windows"的"控制面板"中的"打印机和传真"安装相应打印机。

2．打印页面设置

执行"页面布局"面板→"页面设置"扩展按钮，可出现"页面设置"对话框，如图7-45所示。若打印内容不多，一页又打不下，可以将"缩放"标签的缩放比例值设置得小一些。

图7-45　"页面设置"对话框之"页面"选项卡

（1）打印方向设置。

在"页面设置"对话框"方向"中选择"纵向"或"横向"打印方式。

（2）纸张大小设置。

在"页面设置"对话框"纸张大小"的下拉列表中可以选择A3、A4、A5、B4、B5等纸张大小设置。

（3）页边距设置。

在"页面设置"对话框的"页边距"选项卡中输入"上"、"下"、"左"、"右"边距值，如图7-46所示。若需要在纸张左侧装订，可以把左边距稍设大一些，比如左边距设置为2.9。

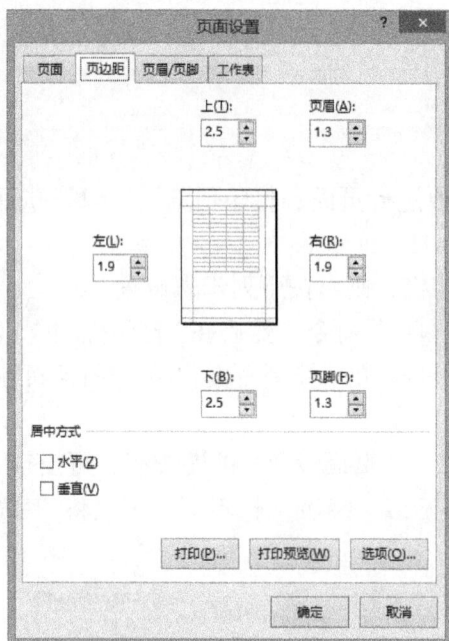

图7-46 "页面设置"对话框之"页边距"选项卡

（4）页眉与页脚。

需要时可在打印文稿中打印页眉与页脚：

在"页面设置"对话框的"页眉/页脚"选项卡"页眉"及"页脚"下拉列表中选择一种标准的页眉与页脚。"页面设置"对话框之"页眉/页脚"选项卡如图7-47所示。

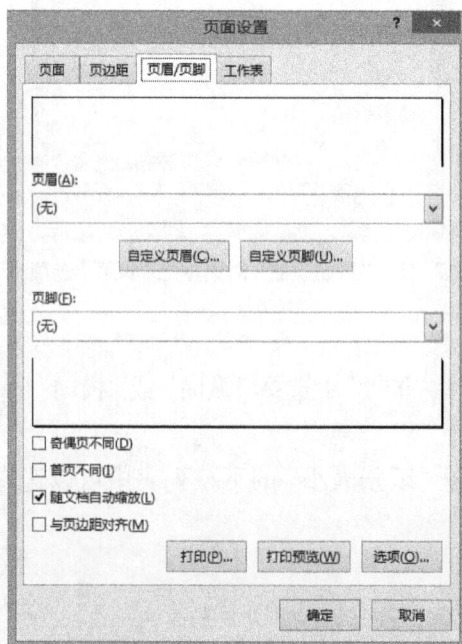

图7-47 "页面设置"对话框之"页眉/页脚"选项卡

当然，也可单击"自定义页眉"和"自定义页脚"，自行输入页眉或页脚的数值，如图7-48所示。

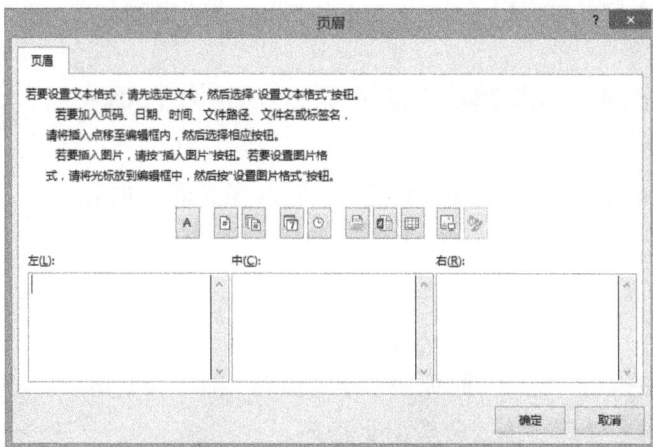

图7-48 "页眉/页脚"对话框

（5）工作表打印区域设置。

可使用下面三种方法中的任意一种：

方法一：在"页面设置"对话框的"工作表"选项卡中，可在"打印区域"列表框中，如图7-49所示，直接输入打印区域。

图7-49 "页面设置"对话框之"工作表"选项卡

方法二：也可在"页面设置"对话框的"工作表"选项卡中，单击"打印区域"文本框，然后将"页面设置"对话框拖曳到一旁，用鼠标选定打印区域。

方法三：先用鼠标选定好打印区域，再执行"页面布局"面板→"打印区域"按钮进行打印区域的设置。

7.3.2 打印预览

1. 打印预览

（1）进入预览：单击常用工具栏的"打印预览"按钮或执行"文件"菜单→"打印预览"命令。

（2）改变显示比例：单击"缩放"按钮可使显示比例在50%~100%之间切换。

（3）页面设置：单击"设置"或"页边距"可改变页面或页边距设置。

（4）退出：单击"关闭"按钮。

2. 分页预览

在常规视图中执行"视图"面板→"分页预览"命令可进入分页预览视图，即在处理表格时可看出页边界。

7.3.3 打印

打印预览完毕之后便可进行打印操作，方法如下：

方法一：单击常用工具栏的"打印"按钮。

方法二：执行"文件"菜单→"打印"命令，系统会弹出"打印"对话框，如图7-50所示。

在"打印"对话框中，可设置打印范围、打印份数、改变打印机设置属性，也可将打印输出设置为"打印到文件"。

方法三：直接使用键盘组合键［Ctrl］+［P］。

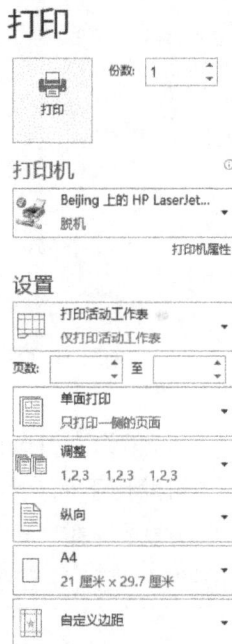

图7-50 "打印"对话框

习　题

一、单选题

1. 若要将0012345作为文本型数据输入单元格，应输入_____。

A. /0012345　　　B. '0012345　　　C. '0012345'　　　D. +0012345

2. Excel的数据库中最多可有_____条记录。

A. 256　　　B. 128　　　C. 65 535　　　D. 27 727

3. 在Excel中复制工作表使用的操作是_____。

A. 先选定源工作表，按工具栏的复制按钮，选定目标工作表，按粘贴按钮

B. 先选定源工作表，按工具栏的剪切按钮，选定目标工作表，按粘贴按钮

C. 先选定目标工作表，按工具栏的复制按钮，选定源工作表，按粘贴按钮

D. 先选定目标工作表，按工具栏的剪切按钮，选定源工作表，按粘贴按钮

4. 下列有关Excel的叙述，错误的是_____。

A. 双击工作表标签可选定工作表

B. 工作簿的第一个工作表名约定为"Sheet1"

C. 双击工作表标签可重新命名工作表

D. 可以改变一个工作簿中默认的工作表数目

5. 在Excel中，建立图表可利用常用工具栏的_____。

A. 图表向导　　　　B. 格式刷　　　　　C. 粘贴函数　　　　D. 绘图

6. Excel中，在单元格中输入公式时，编辑栏上的"√"按钮表示_____操作。

A. 取消　　　　　　B. 拼写检查　　　　C. 确认　　　　　　D. 函数向导

7. 在Excel中，当某单元显示一排等宽的"#"时，说明_____。

A. 所输入的公式中出现分母为0

B. 被引用单元可能已被删除

C. 所输入公式中含有Excel不认识的正文

D. 单元内数据长度大于单元的显示宽度

8. 在Excel中，对工作表的所有输入或编辑操作均是对_____进行的。

A. 单元地址　　　　B. 单元格　　　　　C. 表格　　　　　　D. 活动单元格

9. 在Excel中，关于在活动单元格处插入单元格的叙述错误的是_____。

A. 新插入的单元格具有原活动单元格的数据

B. 插入单元格可能导致活动单元格下移

C. 插入单元格可能导致活动单元格右移

D. 插入单元格操作可用快捷菜单来实现

10. 在Excel中，下面关于工作表与工作簿的论述正确的是_____。

A. 一个工作簿中一定有16张工作表

B. 一张工作表保存在一个文件中

C. 一个工作簿的多张工作表类型相同，或同是数据表，或同是图表

D. 一个工作簿保存在一个文件中

11. Excel中，在单元格中输入公式时，编辑栏上的"×"按钮表示_____操作。

A. 取消　　　　　　B. 拼写检查　　　　C. 确认　　　　　　D. 函数向导

12. 在每一张Excel工作表中，最多能有_____个单元格。

A. 128×128　　B. 256×256　　C. $65\,536 \times 256$　　D. $65\,536 \times 128$

13. 在建立Excel文件时，Excel使用的默认文件类型是_____。

A. doc　　　　　　B. mdb　　　　　　C. ppt　　　　　　D. xls

14. 在Excel中，单元格地址绝对引用的方法是_____。

A. 在行号与列标之间加符号"$"　　　　B. 在行号与列标前分别加符号"$"

C. 在单元格地址后面加符号"$"　　　　D. 在单元格地址前面加符号"$"

15. Excel单元格中的文字型数据的默认对齐方式是_____。

A. 右对齐　　　　　B. 左对齐　　　　　C. 居中　　　　　D. 说不清楚

16. 在Excel工作表中输入数据时，如果需要在单元格中回车换行，应按组合键_____。

A. Alt+ Enter 　　　　　　　　　　B. Ctrl+Enter

C. Shift+Enter 　　　　　　　　　　D. Ctrl+Shift+Enter

17. 使用"编辑"菜单中的_____命令，可以只复制单元格中的数值，而不复制单元格中的其他内容（如公式）。

A. 粘贴　　　　　B. 选择性粘贴　　　　C. Office 剪贴板　　　　D. 填充

18. 在Excel工作表中，不允许使用的单元格地址是_____。

A. A$22　　　　　B. $A22　　　　　C. A2$2　　　　　D. $A$22

19. 下列Excel公式中，正确的是_____。

A. =B2*Sheet2!B2 　　　　　　　　B. =B2*Sheet2:B2

C. =2B*Sheet2!B2 　　　　　　　　D. =B2*Sheet$B2

20. 在选定一列数据后自动求和时，求和的数据将放在_____。

A. 第一个数据的上边　　　　　　　B. 第一个数据的右边

C. 最后一个数据的下边　　　　　　D. 最后一个数据的右边

21. 已知A1单元格中的公式为：=AVERAGE（B1：F6），将B列删除之后，A1单元格中的公式将调整为_____。

A. =AVERAGE（#REF）　　　　　　B. =AVERAGE（C1：F6）

C. =AVERAGE（B1：E6）　　　　　　D. =AVERAGE（B1：F6）

22. 已知A1单元格中的公式为：=D2*$E3，如果在D列和E列之间插入一个空列，在第2行和第3行之间插入一个空行，则A1单元格的公式调整为_____。

A. =D2*$E2　　　　B. =D2*$F3　　　　C. =D2*$E4　　　　D. =D2*$F4

23. Excel工作簿中既有工作表又有图表，当执行"文件"菜单中的"保存"命令时，则_____。

A. 只保存其中的工作表

B. 只保存其中的图表

C. 把工作表和图表分别保存到两个文件中

D. 将工作表和图表保存到一个文件中

24. 在Excel中，选定大范围连续区域的方法之一是：先单击该区域的任一角上的单元格，然后按住_____键再单击该区域的另一个角上的单元格。

A. Alt　　　　　B. Ctrl　　　　　C. Shift　　　　　D. Tab

25. 在使用自动筛选或高级筛选时，下面哪个条件可以筛选出姓李的记录？_____

A. 李*　　　　　B. 李@　　　　　C. 李?　　　　　D. 李某某

二、填空题

1. 在Excel中提供了"自动筛选"和"＿＿＿＿＿＿＿"命令来筛选数据。

2. 在Excel中双击工作表标签可以＿＿＿＿＿＿＿工作表标签。

3. 在默认情况下，一个Excel工作簿有＿＿＿＿＿＿＿个工作表。

4. Excel工作簿文件的扩展名为＿＿＿＿＿＿＿。

5. 在Excel中，当把一个含有单元格地址的公式拷贝到一个新的位置时，公式中的单元格地址会随着公式位置的改变而改变，这种单元格的地址称为＿＿＿＿＿＿＿。

6. 在Excel中数值型数据会自动＿＿＿＿＿＿＿对齐，文字型数据会自动＿＿＿＿＿＿＿对齐。

7. 在Excel中单元格的引用（地址）有＿＿＿＿＿＿＿、＿＿＿＿＿＿＿和＿＿＿＿＿＿＿三种形式。

8. Excel的每个工作表，最多能有＿＿＿＿＿＿＿列和＿＿＿＿＿＿＿行。

9. 选定某一单元格，可以发现这时此单元格的右下角显示为一个黑色的小方块，这个小方块所在的位置称为＿＿＿＿＿＿＿。

10. 第一次编辑所创建的工作表，在首次保存时会出现"＿＿＿＿＿＿＿"对话框。

11. 单元格A5、B5中已经输有两个数字，现在想利用公式，在单元格C5中计算出单元格A5的数减去B5的结果，则C5中输入的公式可以为＿＿＿＿＿＿＿。

12. 单元格A1、B1、C1、D1里的数字分别为10、20、30、40，已知单元格E1里输入的公式为＝average（A1:C1），则E1这个公式的计算结果是＿＿＿＿＿＿＿。

13. 在对总分进行排序以排名次时，在数据排序对话框中，"主要关键字"处选好"总分"后，右边的排序顺序应选择"＿＿＿＿＿＿＿"，然后单击"确定"。

14. 在填充"名次"或"编号"这种各单元格依次差值一般为1的等差序列时，至少要先选择＿＿＿＿＿＿＿个此列的数据，才能正确地进行填充。

15. 如果要保存全部已打开的Excel工作簿，可以按＿＿＿＿＿＿＿键不放，用鼠标单击"文件"菜单栏，然后选择"全部保存"一项。

16. 如果要选择中同一工作簿中的多个工作表，可以按＿＿＿＿＿＿＿键不放，然后用鼠标单击要选择的工作表标签。

17. 在对某字段进行分类汇总前需对该字段进行＿＿＿＿＿＿＿。

18. 要在Excel单元格中输入内容，可以直接将光标定位在编辑栏中，也可以在活动单元格中输入内容，输入完内容后单击编辑栏左侧的＿＿＿＿＿＿＿按钮确定。

19. 要删除单元格的内容，可以按＿＿＿＿＿＿＿键。

20. 在Excel中，若要将光标移到工作表A1单元格，可按＿＿＿＿＿＿＿键。

21. Excel工作表最底行为状态行，准备接收数据时，状态行显示＿＿＿＿＿＿＿。

22. 将"A1+A2+B3"，用绝对地址表示为＿＿＿＿＿＿＿。

23. ＝COUNT（1，2，"惠州学院成人教育学院"）的值为＿＿＿＿＿＿＿。

24. ＝ROUND（3.14159，1）的值是＿＿＿＿＿＿＿。

25. 单击工作表＿＿＿＿＿＿＿角的矩形块，可以选取整个工作表。

三、简答题

1. 在Excel中，什么是相对地址、绝对地址、混合地址？

2. 如果让所选区域中数值型数据小于60的用红色字显示出来，应如何操作？

上机实验

实验7.1　数据的操纵

1. 实验目的

掌握SUM()、AVERAGE()、IF()和RANK()等函数的使用，以及掌握排序、分类汇总和高级筛选等对数据的操纵。

2. 实验要求

要求学习SUM()、AVERAGE()、IF()和RANK()等函数的使用方法，以及学习排序、分类汇总和高级筛选等对数据的操纵方法。

3. 实验内容

输入表7-4的数据。作如下操作：

（1）求出每个人的总分、平均分。求总分时使用SUM()函数，求平均分时使用AVERAGE()函数。

（2）使用IF()函数求出每个人的总评，要求平均分大于等于80分的总评成绩为"优良"，大于等于60的为"合格"，小于60的为"不合格"。

（3）使用RANK()函数求出每个人的排名。

表7-4　实验题数据

学号	姓名	性别	语文	数学	英语	总分	平均分	总评	排名
2013001	蔡伟明	男	78	77	87				
2013002	古义强	男	56	67	80				
2013003	黄升华	男	89	87	86				
2013004	郑则梅	女	89	83	76				
2013005	何东诗	女	90	90	88				
2013006	蓝永康	男	91	84	88				
2013007	谢宝成	男	89	39	67				
2013008	周锦才	男	90	92	77				
2013009	秦寿生	女	92	93	85				
2013010	卢建国	男	99	94	93				

（4）按照总分字段进行降序排序。

（5）利用"高级筛选"筛选出有不及格科目的学生，数据放置在以A20开始的单元格区域。

（6）以性别为分类汇总字段对数据进行汇总，汇总方式为平均值，汇总项为语文、数学、英语、总分和平均分。

实验7.2　图表的制作

1. 实验目的

掌握图表的制作。

2. 实验要求

要求学习图表的制作方法。

3. 实验内容

根据下述数据，按照图7-51的范例作出图表。其中第2行的宽度为30，第3行至第11行为14.25，B~F的列宽为12，标题为14磅黑体加粗，其余为11磅宋体。提示：作图时先选择柱形图，然后再把"合计"的图形改为折线图。

图7-51　实验题图表示例

第8章

PowerPoint 2013实例教程

本章要点

☐ PowerPoint 2013的概述
☐ 演示文稿的基本操作
☐ 幻灯片设计
☐ 在演示文稿中插入对象、超链接
☐ 设置幻灯片的效果
☐ 幻灯片的播放
☐ 演示文稿的打印与打包

在日常工作生活中，为了更好地向公众表达用户自己的观点、演示成果和传递信息，需要一个功能强大、使用方便的演示文稿制作软件，相关的软件有Authorware多媒体制作、Flash动画制作、PowerPoint 2013。但Authorware和Flash功能虽强大，但过于复杂且专业，需要经过专门的学习才能够使用它们，而PowerPoint 2013演示文稿软件则不同，使用便捷、操作简单且与微软其他同类型软件具有操作一致性，因此，后者很容易上手，是用户创作演示文稿的首选软件。

PowerPoint演示文稿是Office家族的成员之一，可以轻松地使用它制作出集文本（Text）、图像（Image）、图形（Graphics）、声音（Audio）、音乐（Music）、动画（Animation）甚至视频（Video）为一体的演示文稿。它可应用于教师课件、学术报告、论文答辩、产品展示、案例分析等场合。演示文稿一旦制作完毕，便可把它打印出来形成硬拷贝（Hard Copy）或在电脑上一屏一屏地浏览显示，还可以进一步制作成幻灯片或投影片并用标准投影仪显示，甚至可以制作成全球广域网文档放入Internet供用户共享使用。

PowerPoint 2013演示文稿是由若干张采用多媒体技术的幻灯片组成的计算机文档，它默认的文件扩展名是"pptx"。

8.1　PowerPoint 2013的概述

8.1.1　PowerPoint 2013的启动

若Windows 8系统中已经安装了Office 2013中文版，则可通过如下步骤启动

PowerPoint 2013：在Windows任务栏上，单击"开始"按钮，打开"程序"菜单，单击"Microsoft Office"→"Microsoft Office PowerPoint 2013"菜单项，即可启动PowerPoint 2013。

当然，还可以在桌面上建立PowerPoint 2013的快捷方式，这样就可以直接在桌面上双击PowerPoint 2013图标来启动它。

PowerPoint 2013启动后，屏幕上显示PowerPoint 2013窗口，如图8-1所示。

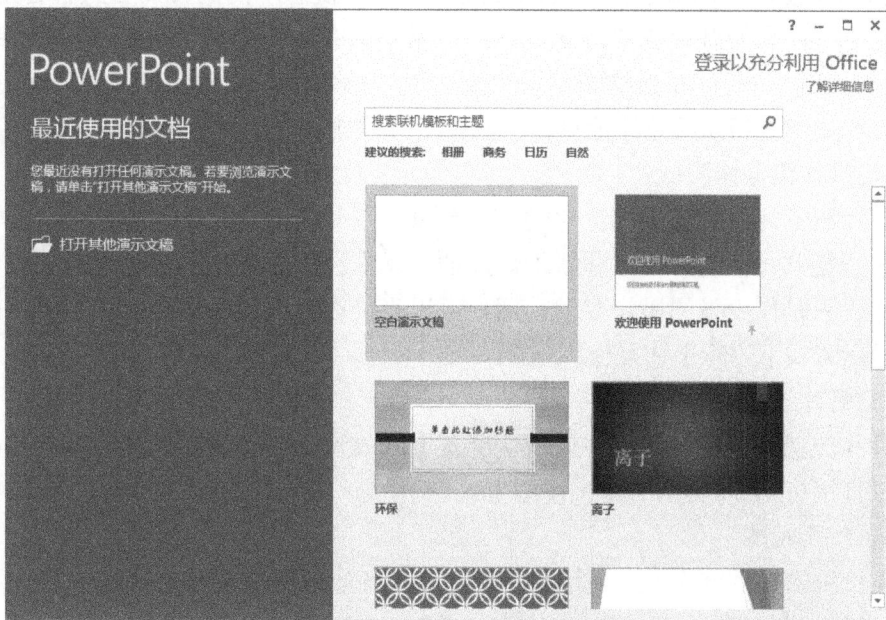

图8-1　PowerPoint 2013窗口

8.1.2　PowerPoint 2013的退出

如果需要退出PowerPoint 2013，则可以选择"文件"菜单→"退出"命令，或者单击窗口右上角的"关闭"按钮。

注意：在退出PowerPoint 2013时，如果退出的编辑文稿还没有保存，则会弹出一个"是否保存"的提示消息框，如图8-2所示，提示用户当前文稿还没有保存，需要作何处理。单击"是"则保存文稿并退出PowerPoint 2013，单击"否"则不保存退出PowerPoint 2013，单击"取消"则不会退出PowerPoint 2013，而回到原来的幻灯片编辑状态。

此外，双击PowerPoint 2013窗口左上角的PowerPoint图标，即控制菜单框，也可以退出PowerPoint 2013系统。

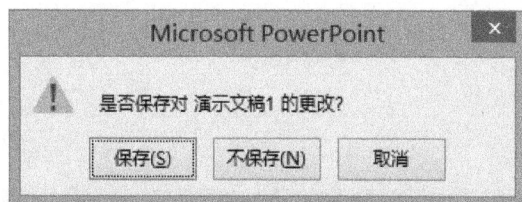

图8-2　"是否保存"消息框

8.1.3　PowerPoint 2013的视图方式

为了方便用户编辑和放映幻灯片，PowerPoint 2013提供了5种不同的视图方式，单击"视图"菜单可以选择切换到不同的视图方式，或者单击视图栏的视图按钮进行切换。

1．普通视图

普通视图是PowerPoint 2013默认的视图方式，它包含三种窗格：视图窗格、幻灯片窗格和备注窗格。视图窗格的视图方式栏可以切换至不同的视图方式：普通视图、幻灯片游览视图和幻灯片放映视图。另外，视图窗格还可切换至大纲幻灯片、缩小幻灯片显示方式。在幻灯片窗格中，可以查看或者编辑幻灯片的内容。在备注窗格中，用户可以在此编辑相应的备注信息，但其在幻灯片放映时不显示。

2．幻灯片浏览视图

幻灯片浏览视图是若干幻灯片的效果预览。在此视图方式下，用户可以方便地对幻灯片进行复制、移动、删除和新幻灯片插入操作。但如果不是大量地对幻灯片进行上述操作，只是作少量的操作改动，用户可以直接在普通视图方式的视图窗格的缩小幻灯片显示方式下进行上述操作。

3．幻灯片放映视图

幻灯片放映视图是对幻灯片进行全屏幕方式放映，放映从当前的幻灯片开始。用户也可以直接按［F5］键切换至该视图方式。

4．备注页视图

备注页视图是系统为了方便用户编辑幻灯片备注信息而设的一种视图方式。

5．母板视图

母板视图主要用于设置一些幻灯片的共同信息，比如：标题样式、各级文本样式、页脚区样式等，如图所示，让幻灯片有一个统一美观的效果。"幻灯片母板"视图如图8-3所示。

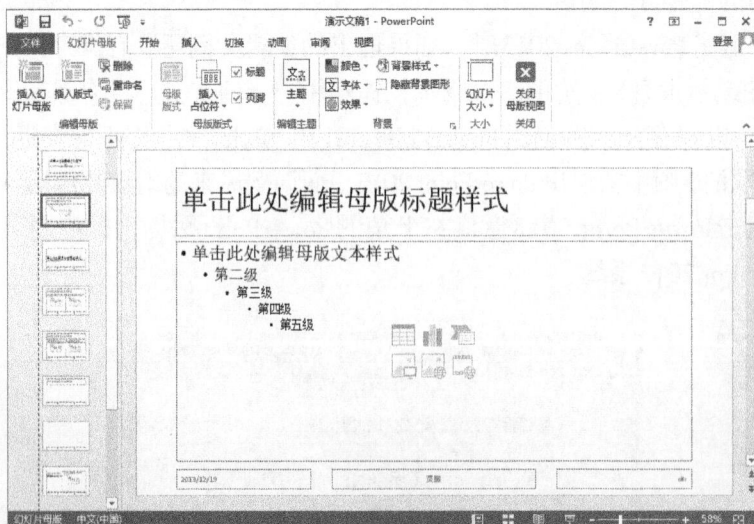

图8-3　"幻灯片母板"视图

8.2 演示文稿的基本操作

8.2.1 建立新幻灯片

具体操作步骤如下：

（1）启动PowerPoint：点击"开始"菜单的"程序"子程序，指向"Microsoft PowerPoint"命令，或双击桌面上的PowerPoint快捷图标，打开PowerPoint应用程序窗口，如图8-4所示。

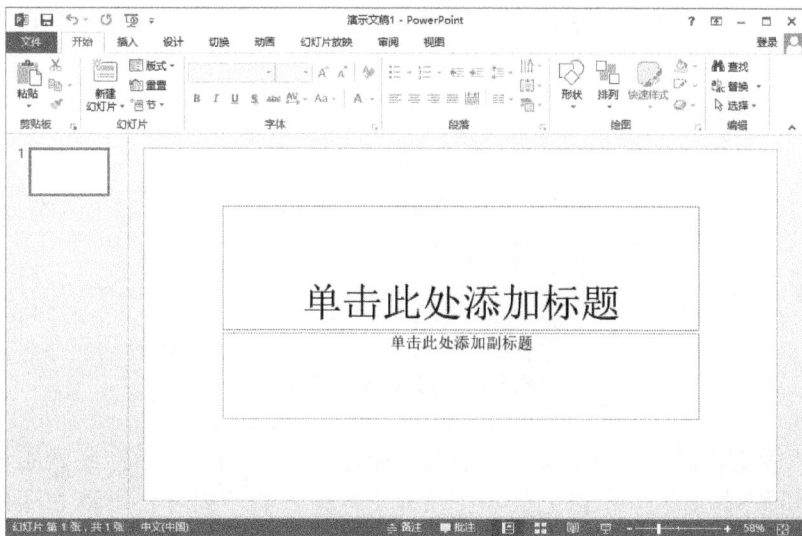

图8-4 PowerPoint应用程序窗口

（2）建立演示文稿：在"单击此处添加标题"中输入"我的幻灯片"，在"单击此处添加副标题"中输入"张三"，出现如图8-5所示的"标题幻灯片"版式效果。

图8-5 "标题幻灯片"版式效果

提示：

当用户启动PowerPoint时，有三种方法建立演示文稿：利用"内容提示向导"建立演示文稿；利用"模板"建立演示文稿；建立空演示文稿。一般情况下，则使用默认方式直接建立空演示文稿。

（3）版式设计：执行"开始"面板→"版式"命令，如图8-6所示，在"版式"弹出菜单中选择幻灯片的版式。

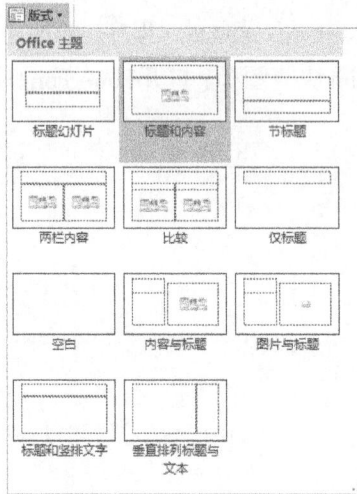

图8-6 "版式"弹出菜单

（4）插入新幻灯片：单击"插入"中的"新幻灯片"，并在"单击此处添加标题"中输入"计算机硬件"，在"单击此处添加文本"中输入如下内容，可得如图8-7所示版式效果图。

控制器（Control Unit）
运算器（Arithmetic/Logic Unit）
存储器（Memory）
输入设备（Input Device）
输出设备（Output Device）

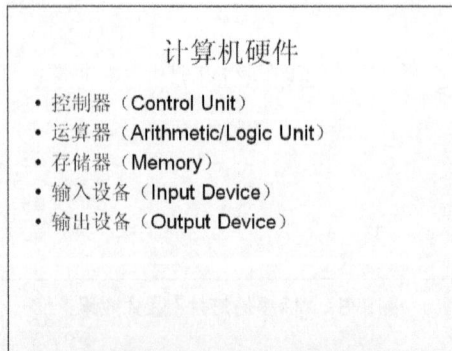

图8-7 "标题与文本"版式效果

提示：多次重复本步操作可得多张幻灯片。

8.2.2　演示文稿的编辑

操作步骤：

（1）幻灯片的复制：

幻灯片的复制有如下两种方法：

方法一：选择要复制的幻灯片，用"编辑/制作副本"命令，在选定幻灯片的后面将产生一份内容相同的幻灯片。

方法二：选择要复制的幻灯片，单击"复制"按钮，把鼠标定位到需要粘贴的位置，单击"粘贴"按钮。

（2）幻灯片的移动：幻灯片移动可以利用"剪切"和"粘贴"命令来改变幻灯片的排列顺序，其方法和复制操作相似。也可以用鼠标选择要移动的幻灯片后，按住鼠标左键拖曳幻灯片到需要的位置，拖曳时有一个长条的直线就是插入点。

（3）幻灯片的删除：选中相应的幻灯片，再按［Del］键，即可删除该幻灯片，后面的幻灯片会自动向前排列。如果要删除两张以上的幻灯片，可选择多张幻灯片再按［Del］键。

8.3　幻灯片设计

8.3.1　应用设计主题

操作步骤：

（1）打开如图8-7所示的幻灯片，并单击菜单栏"格式"的"幻灯片设计"，在屏幕右侧出现如图8-8所示的"幻灯片设计"任务窗格。

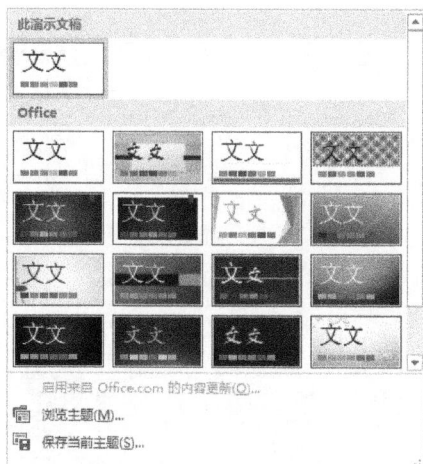

图8-8　"幻灯片设计"任务窗格

（2）找到"平面"模板，点击鼠标右键，"平面"模板会出现一个下拉按钮。单击下拉按钮，将会出现一个下拉菜单，如图8-9所示。

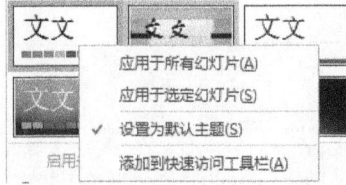

图8-9　"幻灯片设计"模板下拉菜单

（3）单击"应用于所有幻灯片"，将所有的幻灯片加载上此主题。如果只是应用至当前幻灯片，则选择"应用于所选幻灯片"。效果如图8-10所示。

图8-10　"平面"模板效果

8.3.2　幻灯片的背景设置

操作步骤：

（1）执行"设计"面板中的"设置背景格式"命令，将弹出"设置背景格式"任务窗格，如图8-11所示。

（2）选择"渐变填充"，如图8-12所示。在此可以进行渐变填充的设置。

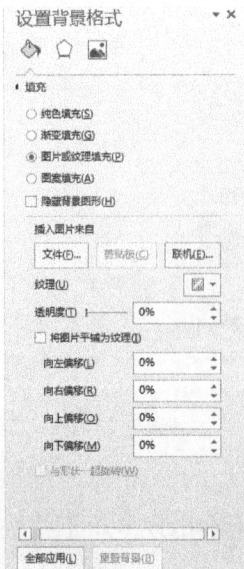

图8-11　"设置背景格式"任务窗格　　　图8-12　"背景"的"填充效果"下拉菜单

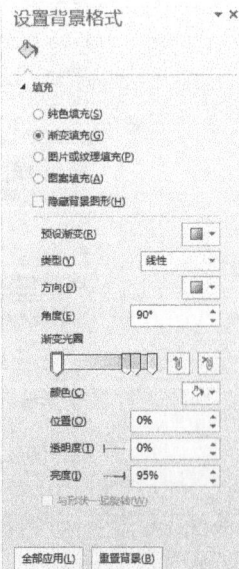

（3）选择"图案填充"，界面如图8-13所示。在此可以进行填充图案的选择。

（4）选择"纯色填充"，界面如图8-14所示。在此可以进行纯色填充的设置。

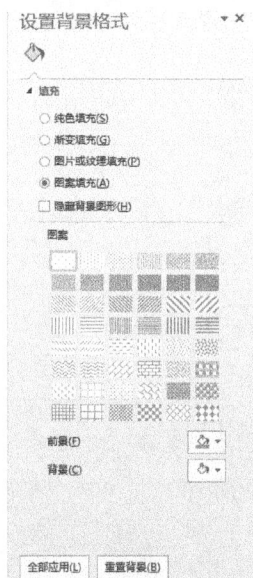

图8-13　"图案填充"对话框

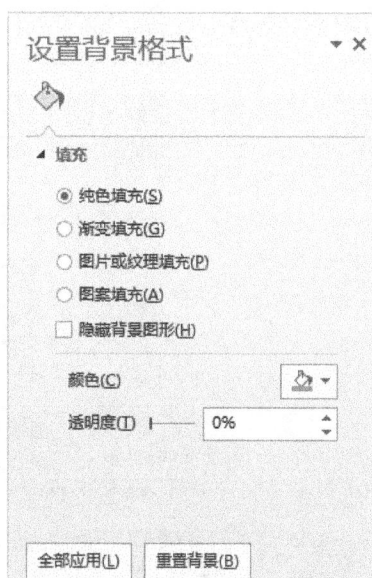

图8-14　"纯色填充"对话框

8.3.3　变体

操作步骤：

（1）执行"设计"面板中的"变体"的下拉按钮，在"变体"的级联菜单选择"颜色"，将出现"配色方案"，选择"Office"，如图8-15所示。

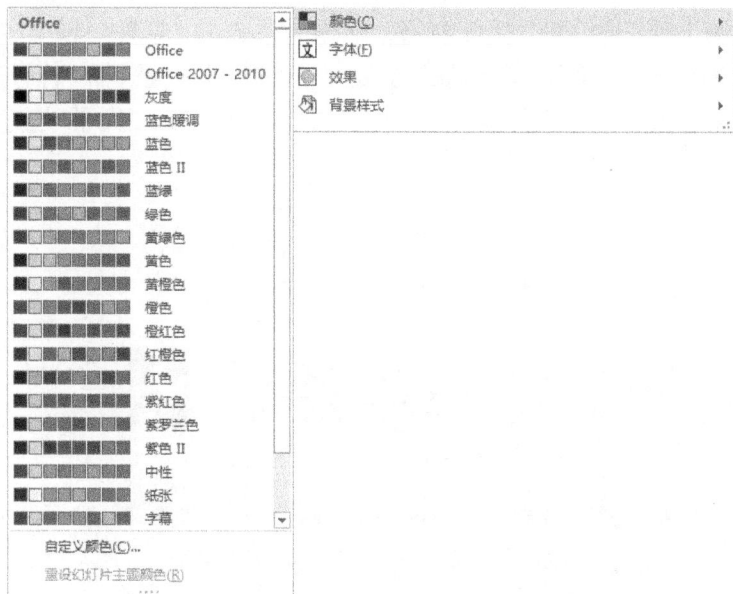

图8-15　"Office"弹出菜单

（2）在"效果"中有"细微固体"、"带状边缘"和"烟灰色玻璃"等的变体效果，选择"Office"效果，如图8-16所示。

图8-16 "效果"弹出菜单

8.4 在演示文稿中插入对象、超链接

8.4.1 插入对象

1. 插入剪贴画

具体操作步骤如下：

（1）插入剪贴画：单击菜单栏"插入"菜单中的"图片"子菜单，点击"剪贴画"命令，在屏幕右侧出现"剪贴画"任务窗格，点击右下方的"管理剪辑"，在"收藏集系列表"中选择"Office收藏集"，出现各类剪贴画的分类目录，选择"符号"类型，则在屏幕中央会显示各种符号的剪贴画，在相应的文本框中输入"天平"进行搜索，结果如图8-17所示。

图8-17 "天平"搜索结果

（2）选择要用的"天平"符号，把它复制后再粘贴至幻灯片中，可得如图8-18所示的幻灯片效果。

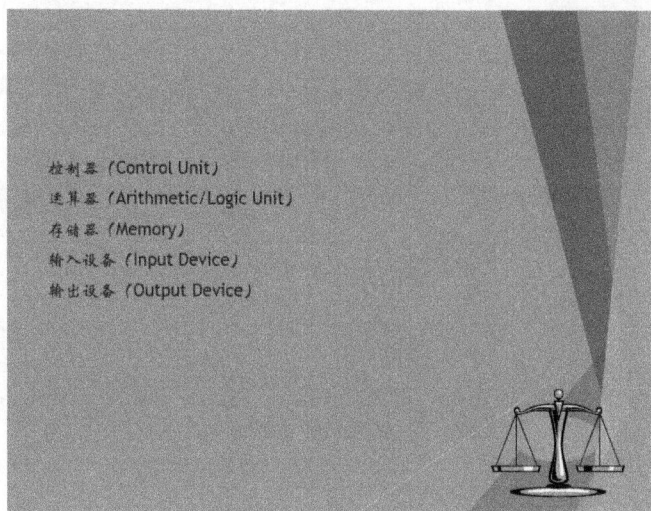

控制器（Control Unit）
运算器（Arithmetic/Logic Unit）
存储器（Memory）
输入设备（Input Device）
输出设备（Output Device）

图8-18　插入剪贴画后的幻灯片效果

2．插入声音

插入声音具体操作步骤如下：

（1）执行"插入"面板→"音频"命令，选择"联机音频"，将弹出"联机音频"的对话框，在相应的文本框中输入"哈利路亚"进行搜索，结果如图8-19所示，单击"插入"按钮。

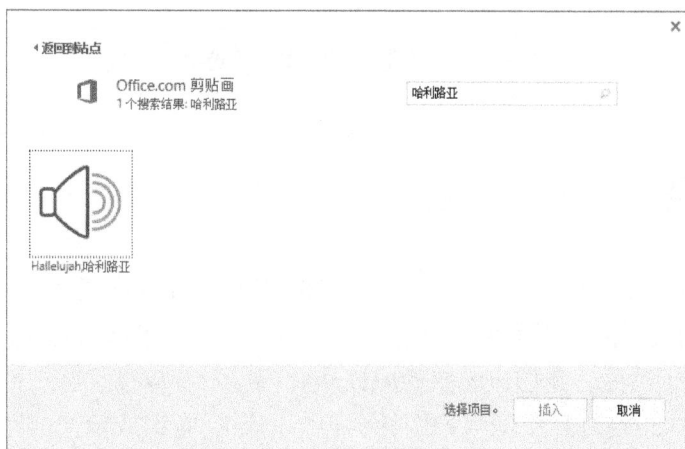

图8-19　"插入声音"对话框

（2）该音乐即被加载到幻灯片中，并显示一个喇叭符号，如图8-20所示。

图8-20　插入声音后的幻灯片

（3）在音频工具"播放"面板的音频选项中（如图8-21所示），可以作如下设置：设置播放的音量；"开始"项中可以选择声音是在"单击时"播放还是"自动"播放；可以选择是否"跨幻灯片播放"；也可以选择是否"循环播放，直到停止"。声音图标可以设置为是否"放映时隐藏"；声音可以设置为是否"播完返回开头"。

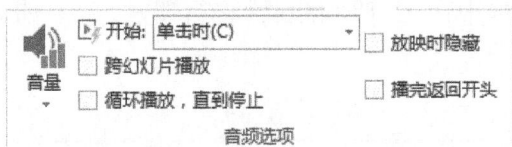

图8-21　"播放"面板的音频选项

8.4.2　在演示文稿中插入超链接

操作步骤：

（1）建立一个Word文档，文件命为"天平的作用"，保存在桌面上，并输入如下文字："这架小小的天平的作用可大了，它不仅让同学们学会了质量的测量方法，更重要的是让同学学会了珍爱，我们班教室的门锁从此再也没有坏过。"

（2）点击图8-20幻灯片中的天平图标，再单击鼠标右键或单击"插入"面板的"超链接"，将会弹出"插入超链接"的对话框。选择"当前文件夹"，"查找范围"选择"文档"，在目录中选择Word文档"天平的作用"，如图8-22所示，按"确定"。

（3）将插入超链接后的幻灯片设置为放映状态，点击片中的天平图标，放映自动链接并打开Word文档"天平的作用"。

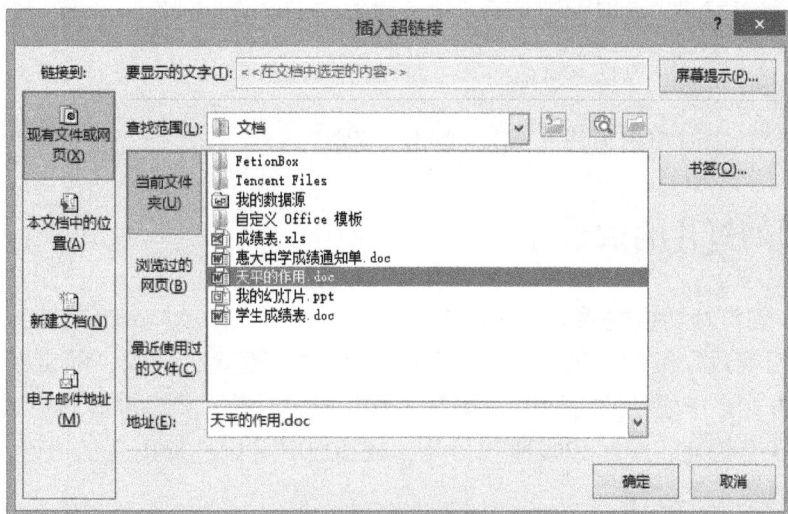

图8-22 "插入超链接"对话框

8.4.3 在演示文稿中插入动作

动作为所选对象提供当单击或鼠标悬停时要执行的操作。例如，您可以将鼠标悬停在某个对象上方以跳转到下一张幻灯片，或单击它时打开一个新的程序。

（1）选中对象"天平"，执行"插入"面板→"链接"组→"动作"命令，将会弹出"操作设置"对话框，如图8-23所示。

图8-23 "操作设置"对话框

（2）在"单击鼠标"选项卡中，在"单击鼠标时的动作"标签中选择"超链接到"下一张幻灯片。

（3）在"播放声音"中选择"照相机"。

（4）勾选"单击时突出显出"，最后单击"确定"。

8.5 设置幻灯片的效果

8.5.1 幻灯片切换效果

幻灯片切换效果细微型的有切出、淡出、推进、擦除、分割、随机线条、形状、揭开和覆盖方式；华丽型的有溶解、棋盘、百叶窗、时钟、梳理和随机方式。

播放速度有快速、中速和慢速。另外，在播放时可以选择内置的声音，比如：打字机、风铃和激光等声音。

换片方式可以选择单击鼠标时或者时间间隔。

幻灯片切换的具体操作步骤如下：

（1）在"切换"面板中执行"幻灯片切换"的下拉按钮，将弹出"幻灯片切换"菜单，如图8-24所示。

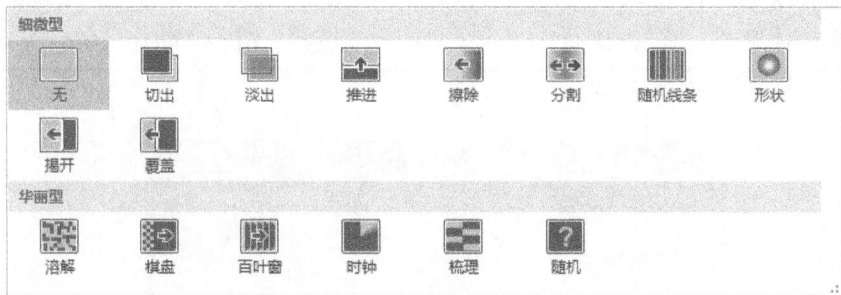

图8-24 "幻灯片切换"菜单

（2）在面板的"持续时间"中设定切换的持续时间及是否"全部应用"。

（3）点击屏幕下方的"播放"按钮，观察切换效果是否满意，否则可更改成其他的切换效果。

8.5.2 对象的动画效果

PowerPoint 2013为幻灯片对象提供了若干类型的动画方案。"进入"类型有出现、淡出、飞入、劈裂、擦除、形状、轮子、随机线条、翻转式由远及近、缩放、旋转和弹跳。

"强调"类型有脉冲、彩色脉冲、脱脱板、陀螺旋、放大/缩小、不饱和、加深、变淡、透明、对象颜色、补色、填充颜色、画笔颜色、字体颜色、下划线、加粗闪烁、加粗展示和波浪形。

"退出"类型有消失、淡出、飞出、浮出、劈裂、擦除、形状、轮子、随机线条、收缩并旋转、绽放、旋转和弹跳。

设置幻灯片对象动画方案的具体操作步骤如下：

（1）选图8-20幻灯片中的"天平"，执行"动画"面板中的"动画"下拉按钮，将弹出"动画"菜单，如图8-25所示。

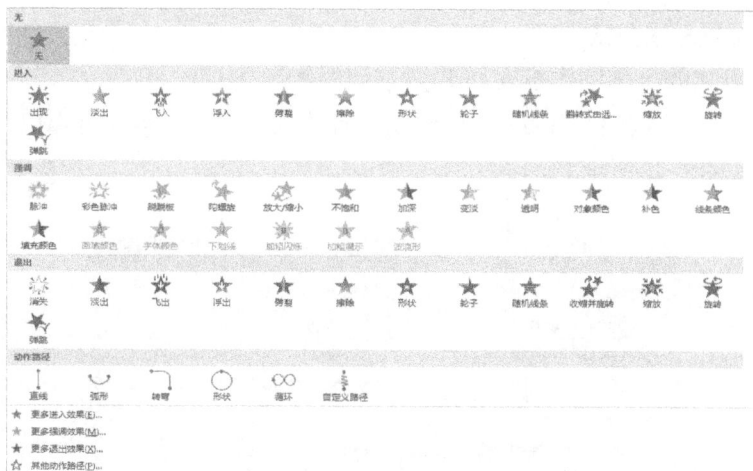

图8-25 "动画"弹出菜单

（2）选择"动画方案"中你喜欢的一种，如"飞入"，选中面板中的"预览"，可以观察到你所选择的动画效果。如不满意此效果，可重新选择另外一种动画方案。

8.5.3 自定义动画

自定义动画的具体操作步骤如下：

（1）执行"动画"面板中的"效果选项"，将弹出"方向"菜单，如图8-26所示。选择"自底部"。

（2）面板中的"高级动画"和"计时"组中有相应功能可供设置，如图8-27所示。

图8-26 "方向"弹出菜单

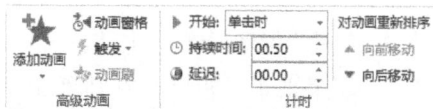

图8-27 "高级动画"组命令

（3）执行"幻灯片放映"面板→"从当前幻灯片开始"命令，以查看幻灯片的动画效果。

8.6 幻灯片的播放

8.6.1 设置放映方式

设置放映方式的具体操作步骤如下：

（1）执行"幻灯片放映"面板→"设置幻灯片放映"命令，系统会弹出"设置放映方式"对话框，如图8-28所示。

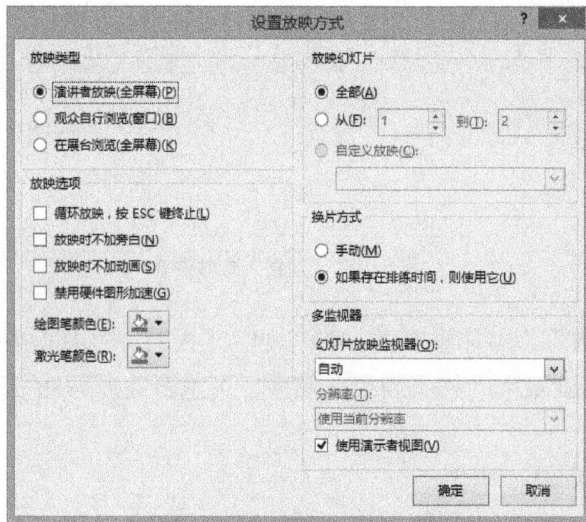

图8-28 "设置放映方式"对话框

（2）在"放映类型"标签中可以选择不同的放映类型，有演讲者放映（全屏幕）、观众自行浏览（窗口）和在展台浏览（全屏幕）三种放映类型。通常情况下，用户都是选择第一种演讲者放映（全屏幕）进行演示文稿的放映。

（3）在"放映选项"标签中，可以根据需要选择"循环放映，按Esc键终止"、"放映时不加旁白"和"放映时不加动画"。如果选了"放映时不加旁白"，则在幻灯片播放时不播放任何旁白。如果选了"放映时不加动画"，则在幻灯片播放时，原来设置的动画效果将失去作用，但动画效果设置依然有效。如果又想在播放时出现动画效果，则可以在此取消选择"放映时不加动画"。

（4）在"放映幻灯片"标签中，可以根据需要选择是放映全部幻灯片还是自定义幻灯片放映。

（5）在"换片方式"标签中，可以根据需要选择是"手动"还是"如果存在排练时间，则使用它"。如果选了"如果存在排练时间，则使用它"，并且用户已经作了排练计时的相关操作，幻灯片在播放时会根据"排练计时"设定的自动换页时间自动地进行幻灯片的切换，无须人为干预。

（6）在"性能"标签中，可以选择是否使用硬件图形加速和设置幻灯片放映的分辨率。通常情况下，幻灯片放映的分辨率会使用当前分辨率。如果演示文稿运行较慢，可以尝试使用硬件图形加速或者降低幻灯片放映分辨率。

另外，以下方法也可以加快演示文稿的播放速度：可以缩小动画显示的图片和文本的尺寸；不要使用渐变、旋转或缩放等动画效果，可以使用其他动画效果替换这些效果；不要使用大量过渡或透明对象，而使用纯色填充；减少同步动画数目，可以尝试将同步动画更改为序列动画；减少按字母和按字动画效果的数目，例如，只在幻灯片标题中使用这些动画效果，而不将其应用到每个项目符号上。

（7）放映方式设置结束，单击"确定"命令按钮。

8.6.2　排练计时

为了使演讲者的讲述速度和幻灯片切换保持同步，且不再需要人为干预，可以使用PowerPoint 2013提供的"排练计时"功能，预先排练好每页幻灯片的播放时间。

排练计时的具体操作步骤如下：

（1）执行"幻灯片放映"面板→"排练计时"命令，系统此时进入全屏幕的幻灯片放映视图方式，用户所做的键盘、鼠标操作所花的时间将被记录下来。"排练计时"之"预演"工具栏如图8-29所示。

图8-29　"排练计时"之"预演"工具栏

（2）如果在排练计时过程中出现失误，可以单击"预演"工具栏上的"重复"按钮，以便重新开始当前幻灯片的排练计时；单击工具栏上的"暂停"按钮可暂停当前的排练，同时计时器也将暂停；需要继续时，可以再次单击此"暂停"按钮。

（3）当演示文稿中所有的幻灯片放映时间设置完成后，屏幕上会出现一个对话框（如图8-30所示），告知用户演示文稿总共需要的播放时间，并提问是否保留新的幻灯片排练时间。如果选择"是"，则保存刚才的排练计时时间；如果不想保存，则可单击"否"按钮。

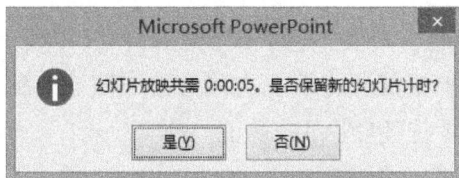

图8-30　"排练计时"之"是否保存"消息框

排练计时完成后，系统将自动切换至幻灯片浏览视图方式。同时，在每张幻灯片的下方均显示了播放该幻灯片所需要的时间。

8.6.3　录制幻灯片演示

录制幻灯片演示的具体操作步骤如下：

（1）执行"幻灯片放映"面板→"录制幻灯片演示"命令，系统会弹出"录制幻灯片演示"的对话框，如图8-31所示。

（2）若没有插入麦克风，则"旁白和激光笔（未找到麦克风）"不可勾选；插入麦克风之后，则变为可勾选，如图8-32所示。

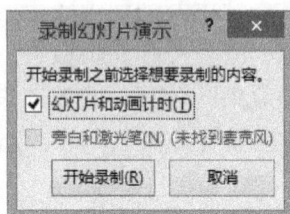

图8-31　"录制幻灯片演示"对话框　　　图8-32　"录制幻灯片演示"对话框

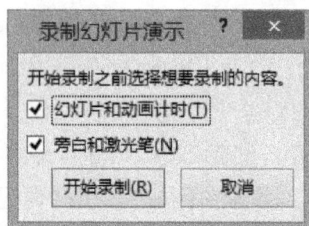

（3）单击"开始录制"按钮，便可开始放映幻灯片并录制幻灯片演示。

（4）幻灯片演示录制结束后，系统将弹出一个对话框，如图8-33所示，告知用户幻灯片演示放映共需的时间，并提示是否保留新的幻灯片计时。此时，用户可根据需要自行单击"是"或者"否"按钮。

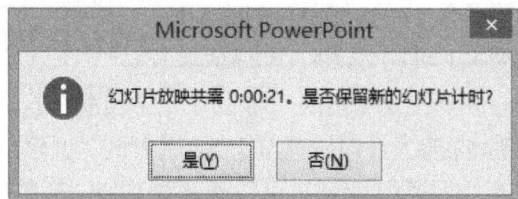

图8-33　"录制幻灯片演示"之是否保存消息框

8.7　演示文稿的打印与打包

如果需要将制作好的演示文稿整理成书面材料，以便演讲者或别人阅读，则需要将其用打印机打印出来。如果需要将演示文稿打包成演示文稿文件，以实现异机播放，则可以使用"文件"菜单的"打包成CD"功能。

8.7.1　幻灯片的页面设置

在"页面设置"对话框中，用户可以设置幻灯片大小、幻灯片编辑起始值、幻灯片方向等信息。

在要打印的文稿已打开时，可按如下步骤操作。

（1）执行"设计"面板→"幻灯片大小"→"自定义幻灯片大小"命令，打开如图8-34所示的"幻灯片大小"对话框。

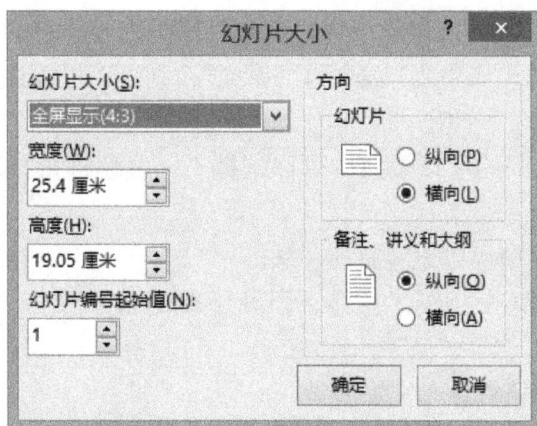

图8-34 "幻灯片大小"对话框

（2）在"幻灯片大小"列表框中选择所需的选项，比如"A4纸张"（210毫米×297毫米），系统会自动设置宽度为25.4厘米，高度为19.05厘米。如果用户选择"自定义"选项，则需要自行设定相应宽度和高度。

（3）在"幻灯片编号起始值"中的默认值是1，如果不想从第1张开始，可输入其他的数值。

（4）在"方向"的"幻灯片"标签可选择"纵向"或"横向"单选按钮进行方向的操作；同样，"备注、讲义和大纲"标签也可选择"纵向"或"横向"单选按钮进行方向的操作。即使幻灯片已经设置为"横向"，仍然可以"纵向"打印备注页、讲义和大纲。

（5）单击"确定"按钮，即可完成页面设置。

8.7.2 打印幻灯片

在"打印"对话框中，用户可设置打印范围、打印份数、打印内容、颜色/灰度、打印机设置属性等信息。通常情况下，幻灯片的打印采用讲义的形式，即1张A4纸打印6张幻灯片。

（1）执行"文件"菜单→"打印"命令，打开的"打印"对话框，如图8-35所示。

（2）在"打印机"标签中可以选择操作系统已安装的打印机。

（3）在打印范围中可以设置要打印的范围。若要有选择地打印某些幻灯片，可在"幻灯片"标签右边的文本框中输入要打印的幻灯片编号，例如：1, 3, 5-8，表示打印第1张、第3张、第5张、第6张、第7张和第8张共6张幻灯片，其中","符号两边表示单独的幻灯片，而"-"符号表示相连的若干张幻灯片。

图8-35 "打印"对话框

（4）在"打印版式"的下拉按钮中可以选择打印的内容，有幻灯片、讲义、备注页和大纲视图四项供选择。如果用户选择了"讲义"，则可以设置讲义中每页幻灯片数和水平/垂直顺序。

（5）在"颜色/灰度"的下拉按钮中可以选择不同颜色进行打印，有颜色、灰度和纯黑白三项可供选择。

（6）在"份数"标签中可以设置打印份数。

（7）设置完成后，单击"确定"按钮，即可开始按照用户的设置进行相应打印。

8.7.3 演示文稿的打包

将PowerPoint演示文稿复制到一个能被CD刻录程序复制到CD上的文件夹中具体操作步骤如下：

（1）执行"文件"菜单→"导出"→"将演示文稿打包成CD"命令，打开"打包成CD"菜单项，如图8-36所示。单击"将演示文稿打包成CD"按钮。

图8-36 "打包成CD"菜单项

（2）要复制的文件是当前文稿"我的幻灯片.ppt"，如果需要添加其他文件，则可以单击"添加"命令按钮，如图8-37所示。

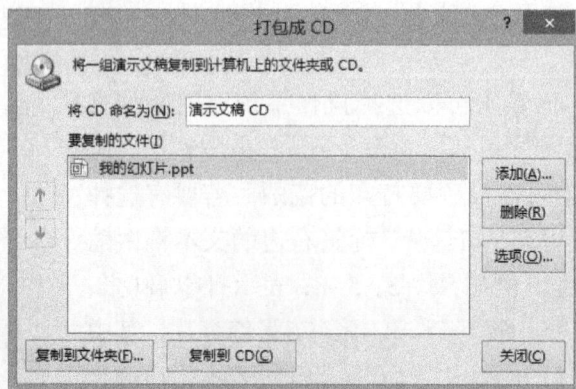

图8-37 打包成CD"添加文件"对话框

（3）在默认情况下，打包文件包含链接文件。若要更改此设置，可单击"选项"命令按钮，系统会弹出"选项"对话框，如图8-38所示。打包文件包含链接的文件和嵌入的TrueType字体。另外，可以设置帮助保护PowerPoint文件的打开文件的密码和修改文件的密码。

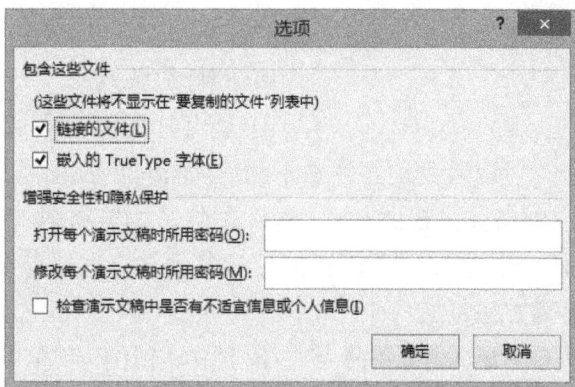

图8-38　"选项"对话框

（4）单击"打包成CD"对话框的"复制到文件夹"命令按钮，系统会弹出"复制到文件夹"对话框，如图8-39所示。用户可更改文件夹名称和位置，然后单击"确定"命令按钮即可完成打包成CD的操作。

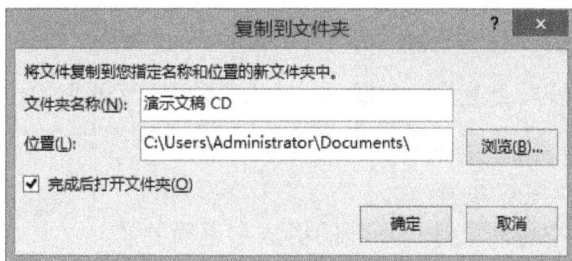

图8-39　"复制到文件夹"对话框

习　题

一、单选题

1. 演示文稿的基本组成单元是＿＿＿＿＿＿。

A. 文本　　　　　B. 图形　　　　　　C. 超链点　　　　　　D. 幻灯片

2. PowerPoint 2013演示文稿的扩展名是＿＿＿＿＿＿。

A. pptx　　　　　B. pwt　　　　　　C. docx　　　　　　D. xlsx

3. 可以使用拖动方法改变幻灯片顺序的PowerPoint视图是＿＿＿＿＿＿。

A. 幻灯片视图　　B. 备注页视图　　　C. 幻灯片浏览视图　　D. 幻灯片放映

4. 在 PowerPoint 中，将已经创建的多媒体演示文稿转移到其他没有安装 PowerPoint 软件的机器上放映的命令是_____。

A. 演示文稿打包　　　　　　　　　　B. 演示文稿发送

C. 演示文稿复制　　　　　　　　　　D. 设置幻灯片放映

5. 在 PowerPoint 中，改变某一幻灯片的布局可以使用"格式"下拉菜单中的命令_____。

A. 背景　　　　　　　　　　　　　　B. 幻灯片版式

C. 字体　　　　　　　　　　　　　　D. 幻灯片配色方案

6. 在 PowerPoint 中，可以看到幻灯片右下角隐藏标记的视图是_____。

A. 幻灯片视图　　B. 备注页视图　　　C. 幻灯片浏览视图　　D. 幻灯片放映

7. 在 PowerPoint 中，通过"背景"对话框可对演示文稿进行背景和颜色的设置，打开"背景"对话框的正确方法是_____。

A. 选中"编辑"菜单中的"背景"命令　　B. 选中"视图"菜单中的"背景"命令

C. 选中"插入"菜单中的"背景"命令　　D. 选中"格式"菜单中的"背景"命令

8. 在 PowerPoint 中，可对母版进行编辑和修改的状态是_____。

A. 幻灯片视图状态　　　　　　　　　B. 备注页视图状态

C. 母版状态　　　　　　　　　　　　D. 大纲视图状态

9. 保存在磁盘中的 PowerPoint 文件需要进行编辑时，用户选择该文件的对话框是_____。

A."文件"菜单中的"新建"对话框　　B."文件"菜单中的"打开"对话框

C."编辑"菜单中的"查找"对话框　　D."编辑"菜单中的"定位"对话框

10. PowerPoint 中，使字体加粗的快捷键是_____。

A. Shift+B　　　　B. End+B　　　　　C. Ctrl+B　　　　　D. Alt+B

11. 在 PowerPoint 中打开文件，下面的提法中正确的是_____。

A. 只能打开一个文件　　　　　　　　B. 最多能打开三个文件

C. 能打开多个文件，但不能同时打开　　D. 能打开多个文件，可以同时打开

12. 在 PowerPoint 中，组织结构图带有的特征是_____。

A. 图形　　　　　B. 表格　　　　　　C. 文本　　　　　　D. 组织结构

13. 在 PowerPoint 中，激活超链接的动作可以是在超链点对鼠标"单击"和_____。

A. 移过　　　　　B. 拖动　　　　　　C. 双击　　　　　　D. 按动

14. 欲为幻灯片中的文本创建超级链接，可用_____菜单中的"超级链接"命令。

A. 文件　　　　　B. 编辑　　　　　　C. 插入　　　　　　D. 幻灯片放映

15. 欲编辑页眉和页脚可单击_____菜单。

A. 文件　　　　　B. 编辑　　　　　　C. 插入　　　　　　D. 视图

16. 在Office系列软件中，以下_____菜单项是PowerPoint 2013特有的。

A. 视图   B. 工具   C. 幻灯片放映   D. 窗口

17. 在美化演示文稿版面时，以下不正确的说法是_____。

A. 套用模板后将使整套演示文稿有统一的风格

B. 可以对某张幻灯片的背景进行设置

C. 可以对某张幻灯片修改配色方法

D. 无论是套用模板、修改配色方案、设置背景，都只能使各张幻灯片风格统一

18. 在_____方式下，可采用拖放方法来改变幻灯片的顺序。

A. 幻灯片视图   B. 幻灯片放映视图

C. 幻灯片浏览视图   D. 幻灯片备注页视图

19. 选定多个图形对象的操作是_____。

A. 按住［Alt］键，同时依次单击要选定的图形

B. 按住［Shift］键，同时依次单击要选定的图形

C. 依次单击要选定的图形

D. 单击第1个图形，再按住［Shift］键的同时单击最后一个图形

20. 在PowerPoint中，在_____视图中，可以轻松地按顺序组织幻灯片，进行插入、删除、移动等操作。

A. 备注页视图   B. 幻灯片浏览视图

C. 普通视图   D. 幻灯片放映视图

21. 在幻灯片播放时，如果要结束放映，可以按下键盘上的_____键。

A. Esc   B. Enter   C. Space   D. Ctrl

22. 在展销会上，如果要求幻灯片能在无人操作的环境下自动播放，应该事先对PowerPoint 2013演示文稿进行的操作是_____。

A. 存盘   B. 打包   C. 自动播放   D. 排练计时

二、填空题

1. PowerPoint演示文稿的文件扩展名是_____。

2. 如果要输入大量文字，使用PowerPoint 2013的_____视图是最方便的。

3. 在以下_____视图中，不能进行文字编辑与格式化。

4. 在PowerPoint中，打开一个演示文稿文件，单击"视图"菜单中的_____子菜单，选择其中的"幻灯片母版"菜单项，此时会进入"幻灯片母版"设计环境。

5. 在PowerPoint中，若需调整行距则应先将光标置于要调整行距的文本行上，然后选择_____菜单栏的"行距"菜单项，打开相应的对话框，在该对话框中，在"行距"选项组的栏内键入需要的行距，单击"确定"按钮即可。

6. 欲为演示文稿提供不同的放映顺序，可采用插入_____。

7. PowerPoint中默认的第一个新建演示文稿的文件名是＿＿＿＿＿＿＿＿＿＿。

8. 在幻灯片浏览视图的窗口中移动、复制幻灯片，需先用鼠标单击某个幻灯片将其选中，之后可以使用常用工具栏上的剪切、＿＿＿＿＿＿＿＿＿＿、＿＿＿＿＿＿＿＿＿＿按钮实现操作。

9. 执行＿＿＿＿＿＿＿＿＿＿菜单中的"新幻灯片"命令，或单击＿＿＿＿＿＿＿＿＿＿工具栏上的"新幻灯片"按钮，可以添加一张新幻灯片。

10. 复制幻灯片可以在＿＿＿＿＿＿＿＿＿＿视图方式下进行，也可以在＿＿＿＿＿＿＿＿＿＿视图方式下进行。

11. 放映幻灯片时，所谓动画显示即是确定幻灯片上各类＿＿＿＿＿＿＿＿＿＿进入幻灯片的顺序。

12. 在PowerPoint的幻灯片中要插入剪辑库中的影片时，首先要单击"插入"菜单，然后选择"影片和声音"中的＿＿＿＿＿＿＿＿＿＿中的影片命令。

13. 选择幻灯片放映时的音响效果，必须安装Windows兼容的声卡及其＿＿＿＿＿＿＿＿＿＿程序。

14. 在演示文稿的播放过程中，如果要结束幻灯片的放映，可以按＿＿＿＿＿＿＿＿＿＿键。

15. 在PowerPoint中，打开一个演示文稿文件，单击＿＿＿＿＿＿＿＿＿＿中的"母版"子菜单，选择其中的"幻灯片母版"菜单项，此时会进入"幻灯片母版"设计环境。

16. 在实现对象的旋转中，可以利用"绘图"工具栏上的＿＿＿＿＿＿＿＿＿＿或翻转按钮实现自由旋转。

17. 在PowerPoint 2013中，在幻灯片的背景设置过程中，如果按＿＿＿＿＿＿＿＿＿＿按钮，则目前背景设置对演示文稿的所有幻灯片起作用；如果按＿＿＿＿＿＿＿＿＿＿按钮，则目前背景设置只对演示文稿的当前幻灯片起作用。

18. ＿＿＿＿＿＿＿＿＿＿是PowerPoint 2013提供的带有预设动作的按钮对象。

19. 要退出PowerPoint 2013应用程序，应使用"文件"菜单中的＿＿＿＿＿＿＿＿＿＿命令。

20. 在演示文稿中，尽量采用＿＿＿＿＿＿＿＿＿＿、图表，避免用大量的文字叙述。

21. 演示文稿中的第一张幻灯片是由若干个＿＿＿＿＿＿＿＿＿＿组成。

22. ＿＿＿＿＿＿＿＿＿＿视图方式下不能进行文字编辑与格式化。

23. 在幻灯片浏览视图方式下，如果要同时选中几张不连续的幻灯片，需按住＿＿＿＿＿＿＿＿＿＿键，逐个单击待选的对象。

24. 在幻灯片浏览视图方式下，如果要删除幻灯片，只需按＿＿＿＿＿＿＿＿＿＿键。

25. 如果将演示文稿置于另一台不带PowerPoint软件的计算机上放映，那么应该对演示文稿进行＿＿＿＿＿＿＿＿＿＿。

三、操作题

1. PowerPoint有哪些视图？分别说明这些视图的特点及互相之间切换的方法。

2. PowerPoint 2013 有几种母版类型，分别是什么？

3. 试想加入一个背景音乐文件，让其在幻灯片播放的过程中一直播放直至停止，应如何操作？

上机实验

实验　幻灯片的制作

1. 实验目的

掌握幻灯片的制作方法。

2. 实验要求

要求学习幻灯片的制作方法，学会使用幻灯片版式、自定义动画、背景设置等。

3. 实验内容

新建文件"PowerPoint1. ppt"，按如下要求进行操作：

（1）将下面所提供的两部分文字分别复制至两张幻灯片中，第一张幻灯片使用"标题与文本"版式，第二张幻灯片使用"文本与剪贴画"版式。

（2）在第一张幻灯片中的标题设置其出现的动画效果为"右侧飞入"。

（3）在第二张幻灯片的右下方插入一幅剪贴画（自选），设置其出现的动画效果为"溶解"。

（4）所有幻灯片的背景设为"心如止水"。

提示：

第一张幻灯片的标题：

惠州学院成人教育学院简介

第一张幻灯片的文本：

惠州学院成人教育学院是在原惠州大学成人教育学院基础上发展起来的，具有函授（业余）、自学考试、现代远程教育的学历教育、职业技能培训教育等多种功能合一的二级学院。学院坐落于美丽如画的惠州西湖丰湖半岛，办学实力强大，服务半径覆盖惠州、河源、东莞、汕尾等市，是东江流域的网络教育、继续教育基地，是在职人员和职业技术高中后教育的理想场所。

第二张幻灯片的文本：

学院以惠州学院的全日制师资力量为后盾，其中具有中、高级职称的占85%以上。学院开设有中文、法律、行政管理、外语、数学、物理、服装、经管、电子、艺术、土木等36个函授（业余）本科专业、19个专科专业，在读生5 815人。

参考答案

第1章　计算机基础知识

一、单选题

1. A　　2. A　　3. B　　4. C　　5. B　　6. C　　7. C　　8. B　　9. C　　10. D

二、填空题

1. ENIAC　美

2. 电子管　晶体管　中小规模集成电路　大规模或超大规模集成电路

3. 长城0520型计算机

4. 计算精确度高　自动化程度高　具有组网与协同工作能力（三选二）

5. 167 772 160

6. FFFE　1111111111111110

7. 科学计算　信息处理　过程控制　人工智能

8. 计算机辅助设计（CAD）　计算机辅助制造（CAM）　计算机辅助教学（CAI）　计算机辅助测试（CAT）

9. 巨型化　微型化　网络化　智能化

10. 智能家居　智能医疗　智能城市　智能环保　智能交通　智能司法　智能农业　智能文博

第2章　计算机组装与Windows 8

一、单选题

1. D　　2. C　　3. A　　4. A　　5. B　　6. C　　7. A　　8. B　　9. C　　10. D

二、填空题

1. 控制器　存储器　输出设备

2. 磁盘　光盘　U盘

3. 没有安装任何软件的计算机

4. txt

5. 视图

6. 硬盘

7. 创建文件夹　重命名　复制　移动

8. 格式化

9. 鼠标　麦克风　摄像头

10. 添加到压缩文件　添加到"www.rar"　压缩并E-Mail　压缩到"www.rar"并E-mail

第3章 家庭上网

一、单选题

1. C 2. A 3. C 4. D 5. C 6. D 7. B 8. C 9. A 10. D

二、填空题

1. 星型网络 总线型网络 环型网络 树型网络

2. C

3. 服务器 客户机 网络连接设备 传输介质

4. 网络地址 主机地址 A B C

5. ADSL拨号器 集线器 交换机 路由器 网桥

6. 有线介质 无线介质

7. 结点距离近 网络结构简单 数据传输速率高 误码率低 网络设备少

8. 结点分布远 网络结构复杂 数据传输速率低 误码率高 网络设备多

9. 连入网络并接受服务的计算机

10. 网络操作系统 网络通信协议 网络应用软件

第4章 计算机安全

一、单选题

1. C 2. D 3. C 4. B 5. D 6. C 7. C 8. B 9. B 10. C

二、填空题

1. 病毒爱好者 在校学生 失业的计算机人员 黑心的杀毒软件制造商

2. 金山毒霸 瑞星杀毒软件 小红伞杀毒软件 360杀毒软件

3. 安装杀毒软件

4. 受黑客控制进行不良行为的网络个人计算机

5. 黑客进不来 进来找不到 找到拿不走 拿走打不开 打开看不懂

6. 80

7. 金山卫士

8. 良性插件 恶意插件

9. 密码 电子邮箱 设置取回密码的问题和答案

10. 网址过滤 时间控制 记录功能

第5章 Internet应用技术

一、单选题

1. B 2. D 3. A 4. A 5. C 6. D 7. A 8. D 9. B 10. C

二、填空题

1. 百度网页搜索 百度新闻 百度贴吧 百度知道 百度百科 百度音乐 百度图片

2. 腾讯

3. 《人民日报》"权威性、大众化、公信力"

4. IE10   傲游   Firefox   360安全浏览器

5. IP课件   视频点播   直播课堂

6. 邮箱通信   论坛聊天   使用通信软件即时交流等

7. QQ   百度HI   Skype   Gtalk   FreeEIM   飞鸽传书

8. 酷狗音乐软件

9. www.youku.com   www.56.com

10. 益智类游戏   休闲类游戏

第6章   Word 2013实例教程

一、单选题

1. A   2. B   3. A   4. A   5. A   6. D   7. C   8. C   9. A   10. A

11. D   12. C   13. D   14. A   15. C   16. C   17. C   18. A   19. B

20. D   21. B   22. D   23. B   24. C

二、填空题

1. 页面   2. 公式   3. 另存为

4. Ctrl   5. 撤销   6. 另存为

7. 整段   8. 页眉   页脚   9. S

10. 固定值   11. 4   10，16   20   12. 计算机

13. 文本   14. BackSpace   Del   15. 插入   文件

16. Dot   17. 嵌入型   四周型   紧密型   浮于文字上方   衬于文字下方

18. Ctrl   19. 格式刷   20. 双

21. A   22. Space   23. 改写

24. Alt   25. Tab

第7章   Excel 2013实例教程

一、单选题

1. B   2. C   3. C   4. A   5. A   6. C   7. D   8. D   9. A   10. D

11. A   12. C   13. D   14. B   15. B   16. A   17. B   18. C   19. A

20. C   21. C   22. D   23. D   24. C   25. A

二、填空题

1. 高级筛选   2. 重命名   3. 3

4. xls   5. 相对地址   6. 右   左

7. 相对地址   绝对地址   混合地址   8. 256   65536

9. 填充柄   10. 另存为

11. ＝A5-B5   12. 20   13. 降序

14. 2   15. Shift   16. Shift

17. 排序   18. 确认   19. Del

20. Ctrl+Home   21. 就绪   22. $ A$1+$A$2+$B$3

23. 2   24. 3. 1   25. 左上

第8章   PowerPoint 2013实例教程

一、单选题

1. D   2. A   3. C   4. A   5. B   6. C   7. D   8. C   9. B   10. C

11. D   12. D   13. A   14. C   15. D   16. C   17. D   18. C   19. B

20. B   21. A   22. D

二、填空题

1. ppt   2. 大纲   3. 幻灯片浏览

4. 母版   5. 格式   6. 超链接

7. 演示文稿1   8. 复制   粘贴   9. 插入   格式

10. 幻灯片浏览   大纲   11. 对象   12. 剪辑管理器

13. 驱动   14. Esc   15. 视图

16. 旋转   17. 全部应用   应用   18. 动作按钮

19. 退出   20. 图形   21. 对象

22. 幻灯片浏览   23. Ctrl   24. Del

25. 打包

参考文献

［1］陈军. 新编计算机应用基础（第一版）. 广州：暨南大学出版社，2011.

［2］薛晓萍等. 大学计算机基础教程及实训指导. 北京：中国水利水电出版社，2012.

［3］百度搜索引擎，http://www.baidu.com/.

［4］百度图片搜索引擎，http://image.baidu.com/.

［5］百度百科，http://baike.baidu.com/.

［6］百度知道，http://zhidao.baidu.com/.

［7］WIKI，http://www.wiki.com/.

［8］郭晓科. 大数据. 北京：清华大学出版社，2013.

［9］黄禹钦，于樊鹏. 常用工具软件（第二版）. 北京：中国铁道出版社，2009.

［10］刘宇芳，郑建霞，吴志攀等. 大学信息技术基础实验指导与题解（第二版）. 北京：中国水利水电出版社，2010.